教育部高等学校电子信息类专业教学指导委员会规划教材

高等学校电子信息类专业系列教材

Broadband Transmission and Switching

宽带传输与交换

胡 明 编著

Hu Ming

清華大学出版社

北京

内 容 简 介

本书主要介绍宽带传输及分组交换技术，这两方面技术为我国信息高速公路的建设提供了强大的支撑作用。全书共有13章，第1章为绪论。第2～8章介绍传输技术，从我国早期采用的PDH技术到后来的SDH技术，再到目前广泛采用的DWDM技术，包括信号的处理过程、关键技术、主要设备、网络的拓扑结构及其保护等方面内容。第9～13章介绍分组交换技术，内容主要包括分组交换的基本原理、缓存策略、多级交换结构、队列调度算法，以及多协议标记交换技术。本书依据技术的发展过程，按照由浅入深、迭代改进的方式进行分析介绍，便于读者了解和掌握各项关键技术的发展脉络，既可作为通信专业教材，也可供相关领域的工程技术人员参考。

图书在版编目(CIP)数据

宽带传输与交换/胡明编著. —北京：清华大学出版社，2018（2022.7重印）
（高等学校电子信息类专业系列教材）
ISBN 978-7-302-49609-0

Ⅰ. ①宽…　Ⅱ. ①胡…　Ⅲ. ①宽带通信网－高等学校－教材　Ⅳ. ①TN915.142

中国版本图书馆CIP数据核字(2018)第026144号

责任编辑：文　怡
封面设计：李召霞
责任校对：李建庄
责任印制：朱雨萌

出版发行：清华大学出版社
网　　址：http://www.tup.com.cn，http://www.wqbook.com
地　　址：北京清华大学学研大厦A座　**邮　　编**：100084
社 总 机：010-83470000　**邮　　购**：010-62786544
投稿与读者服务：010-62776969，c-service@tup.tsinghua.edu.cn
质量反馈：010-62772015，zhiliang@tup.tsinghua.edu.cn
课件下载：http://www.tup.com.cn，010-83470236
印 装 者：北京九州迅驰传媒文化有限公司
经　　销：全国新华书店
开　　本：185mm×260mm　**印　　张**：15.75　**字　　数**：314千字
版　　次：2018年2月第1版　**印　　次**：2022年7月第3次印刷
定　　价：59.00元

产品编号：078232-01

高等学校电子信息类专业系列教材

序

FOREWORD

我国电子信息产业销售收入总规模在2013年已经突破12万亿元，行业收入占工业总体比重已经超过9%。电子信息产业在工业经济中的支撑作用凸显，更加促进了信息化和工业化的高层次深度融合。随着移动互联网、云计算、物联网、大数据和石墨烯等新兴产业的爆发式增长，电子信息产业的发展呈现了新的特点，电子信息产业的人才培养面临着新的挑战。

(1) 随着控制、通信、人机交互和网络互联等新兴电子信息技术的不断发展，传统工业设备融合了大量最新的电子信息技术，它们一起构成了庞大而复杂的系统，派生出大量新兴的电子信息技术应用需求。这些"系统级"的应用需求，迫切要求具有系统级设计能力的电子信息技术人才。

(2) 电子信息系统设备的功能越来越复杂，系统的集成度越来越高。因此，要求未来的设计者应该具备更扎实的理论基础知识和更宽广的专业视野。未来电子信息系统的设计越来越要求软件和硬件的协同规划、协同设计和协同调试。

(3) 新兴电子信息技术的发展依赖于半导体产业的不断推动，半导体厂商为设计者提供了越来越丰富的生态资源，系统集成厂商的全方位配合又加速了这种生态资源的进一步完善。半导体厂商和系统集成厂商所建立的这种生态系统，为未来的设计者提供了更加便捷却又必须依赖的设计资源。

教育部2012年颁布了新版《高等学校本科专业目录》，将电子信息类专业进行了整合，为各高校建立系统化的人才培养体系，培养具有扎实理论基础和宽广专业技能的、兼顾"基础"和"系统"的高层次电子信息人才给出了指引。

传统的电子信息学科专业课程体系呈现"自底向上"的特点，这种课程体系偏重对底层元器件的分析与设计，较少涉及系统级的集成与设计。近年来，国内很多高校对电子信息类专业课程体系进行了大力度的改革，这些改革顺应时代潮流，从系统集成的角度，更加科学合理地构建了课程体系。

为了进一步提高普通高校电子信息类专业教育与教学质量，贯彻落实《国家中长期教育改革和发展规划纲要(2010—2020年)》和《教育部关于全面提高高等教育质量若干意见》(教高【2012】4号)的精神，教育部高等学校电子信息类专业教学指导委员会开展了

“高等学校电子信息类专业课程体系”的立项研究工作，并于2014年5月启动了《高等学校电子信息类专业系列教材》(教育部高等学校电子信息类专业教学指导委员会规划教材)的建设工作。其目的是为推进高等教育内涵式发展，提高教学水平，满足高等学校对电子信息类专业人才培养、教学改革与课程改革的需要。

本系列教材定位于高等学校电子信息类专业的专业课程，适用于电子信息类的电子信息工程、电子科学与技术、通信工程、微电子科学与工程、光电信息科学与工程、信息工程及其相近专业。经过编审委员会与众多高校多次沟通，初步拟定分批次(2014—2017年)建设约100门课程教材。本系列教材将力求在保证基础的前提下，突出技术的先进性和科学的前沿性，体现创新教学和工程实践教学；将重视系统集成思想在教学中的体现，鼓励推陈出新，采用“自顶向下”的方法编写教材；将注重反映优秀的教学改革成果，推广优秀的教学经验与理念。

为了保证本系列教材的科学性、系统性及编写质量，本系列教材设立顾问委员会及编审委员会。顾问委员会由教指委高级顾问、特约高级顾问和国家级教学名师担任，编审委员会由教育部高等学校电子信息类专业教学指导委员会委员和一线教学名师组成。同时，清华大学出版社为本系列教材配置优秀的编辑团队，力求高水准出版。本系列教材的建设，不仅有众多高校教师参与，也有大量知名的电子信息类企业支持。在此，谨向参与本系列教材策划、组织、编写与出版的广大教师、企业代表及出版人员致以诚挚的感谢，并殷切希望本系列教材在我国高等学校电子信息类专业人才培养与课程体系建设中发挥切实的作用。

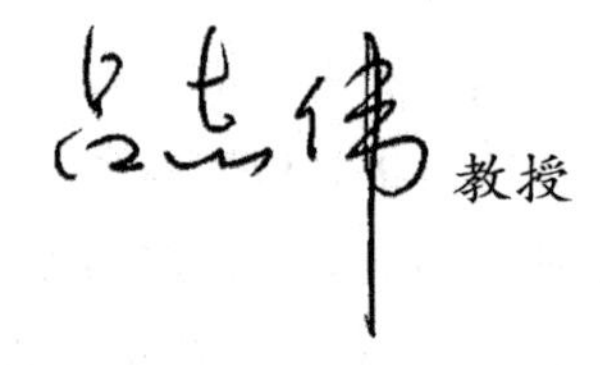
教授

前言

PREFACE

近二十多年以来，我国从只有少量的电话终端到户户都有电话机，再发展到人人都可以通过互联网进行工作、学习和娱乐，这一进程体现了我国通信行业的发展过程，也展示了我国信息高速公路的建设速度。为这一进程提供强大基础支撑作用的是宽带传输及分组交换技术。密集波分复用技术将信息高速公路由单车道扩展到了16、32车道，而大规模分组交换结构又大幅增强了通信枢纽的业务疏导能力。为了将构建宽带通信网的传输及分组交换技术纳入同一本书，使读者对宽带通信网有一个整体认识，满足现有教学需要，特编著本书。

全书共有13章。第1章绪论主要介绍通信网络的基础背景知识，包括网络组成、基本的传输及交换技术、差错控制技术等内容，为后续章节的学习作准备。

第2～8章介绍传输技术，从我国早期采用的PDH技术到后来的SDH技术，再到目前广泛采用的DWDM技术。其中，PDH技术在第2章作了简要介绍。而SDH技术作为重点，在第3～7章对其核心内容进行了详细分析、说明，包括帧结构、复用映射过程、指针处理、主要设备构成、网络拓扑结构、网络保护等内容。作为骨干网扩容主要手段的密集波分复用技术，在第8章进行了介绍，主要包括系统框架及其关键部件，由于每个波长信道传输的基本仍然是SDH信号，因此前面章节介绍的SDH关键技术在密集波分复用系统中仍然有效。

作为交换技术的核心内容，分组交换结构在第9～12章进行介绍，包括分组交换的基本原理、缓存策略、多级交换结构、队列调度算法等内容。先介绍基本工作原理，然后再对几项关键内容进行重点分析、说明。在介绍缓存策略、调度算法等内容时，均参照其发展历程，按照由浅入深、迭代改进的方式进行，以便读者掌握其发展过程及脉络。

作为网络通信发展过程中的一项新兴技术，多协议标记交换技术在第13章进行介绍。多协议标记交换技术将网络层连接映射到数据链路层，通过数据链路层的标记交换就可以完成网络层数据分组的传递过程，简化了处理流程，提升了传统IP网络的服务质量。这一章主要对其中的核心内容进行介绍，包括基本概念及工作原理、标记的分配、标记交换路径的建立等内容。

由宽带传输与交换技术构建起来的信息高速公路，为我国各行各业的发展提供了强大通信平台。在这个平台上，人们可以远程办公、远程学习、远程购物、远程视频，它让人们随时随地都能体会到“天涯若比邻”的感觉，大量创业公司正在以这个平台为基础进行各种应用的开发，人们的生活、工作方式正在因此而发生改变。本书可以帮助读者对我国的骨干网络技术有一个初步了解和认识。

由于篇幅有限，本书只介绍了宽带传输、大规模交换结构、多协议标记交换技术等的基本知识及关键内容，要对这些内容及其关联知识作进一步了解和学习，还需要查阅其他相关资料。同时，由于编者水平有限，书中难免会存在一些不妥之处，希望广大读者不吝批评指正。

编　者

2017年10月

目录

CONTENTS

第 1 章　绪论 …… 1

1.1　数据通信网的组成及特点 …… 1

1.2　网络传输技术 …… 5

1.3　网络交换技术 …… 10

1.4　差错控制技术 …… 14

1.5　网络体系结构 …… 19

本章小结 …… 29

思考题 …… 29

第 2 章　PDH、SDH 概述 …… 30

2.1　PDH 概述 …… 30

2.2　PDH 过渡到 SDH …… 34

本章小结 …… 38

思考题 …… 39

第 3 章　SDH 帧结构以及复用映射结构 …… 40

3.1　SDH 信号的帧结构 …… 40

3.2　开销 …… 42

3.3　基本复用映射结构 …… 51

3.4　映射、定位和复用 …… 54

3.5　PDH 信号适配到 SDH 信号流 …… 56

本章小结 …… 65

思考题 …… 66

第 4 章　SDH 中的指针 …… 67

4.1　指针的作用 …… 67

4.2　指针调整 …… 70

本章小结 …… 72

思考题 …… 73

第 5 章　SDH 网络的主要设备 …… 74

5.1　SDH 网络的常见网元 …… 74

5.2 SDH 设备的逻辑功能模块 …… 78
5.3 几种常见网元的逻辑构成 …… 91
本章小结 …… 92
思考题 …… 93
第 6 章 SDH 网络拓扑 …… 94
6.1 基本的网络拓扑结构 …… 94
6.2 复杂网络的拓扑结构及特点 …… 98
6.3 SDH 网络的整体层次结构 …… 102
本章小结 …… 103
思考题 …… 104
第 7 章 SDH 网络的保护与恢复 …… 105
7.1 SDH 网络保护 …… 105
7.2 SDH 网络恢复 …… 113
本章小结 …… 115
思考题 …… 116
第 8 章 密集波分复用网 …… 117
8.1 密集波分复用系统框架 …… 118
8.2 DWDM 系统关键部件 …… 125
本章小结 …… 132
思考题 …… 132
第 9 章 分组交换基本原理 …… 133
9.1 基本概念 …… 134
9.2 时分交换 …… 141
9.3 空分交换 …… 142
本章小结 …… 150
思考题 …… 150
第 10 章 交换结构中的缓存策略 …… 152
10.1 时分交换结构的缓存策略 …… 152
10.2 空分交换结构的缓存策略 …… 157
本章小结 …… 164
思考题 …… 164
第 11 章 多级交换结构 …… 166
11.1 多级交换结构中的路由决策方式 …… 167
11.2 Clos 交换结构的路由选择 …… 169
11.3 Banyan 交换结构的路由特点及改进 …… 179
本章小结 …… 184
思考题 …… 184
第 12 章 队列调度 …… 186
12.1 交换结构基本模型及最大极限匹配 …… 187
12.2 最大匹配 …… 191

12.3　输出端分组调度 …… 206
本章小结 …… 211
思考题 …… 212
第 13 章　多协议标记交换(MPLS)技术 …… 213
13.1　基本概念及工作原理 …… 213
13.2　标记分配 …… 221
13.3　LDP 的操作过程 …… 225
13.4　标记交换路径 …… 229
13.5　MPLS 提供的服务 …… 233
本章小结 …… 237
思考题 …… 237
参考文献 …… 238

第1章 绪　论

CHAPTER 1

随着网络规模的不断扩大、网络速率的迅速提高，通信网的主要业务已从传统的窄带话音业务发展到宽带多媒体业务，宽带传输技术和宽带交换技术为这一发展过程提供了重要支撑。互联网的快速发展对以电话业务为主的传统电信网络带来巨大冲击，传统网络已不能满足日益增长的用户需求，同时也很难适应多媒体通信应用，这正是推动网络宽带化的市场动力。SDH技术、DWDM技术、ATM技术的成熟应用及其与IP技术的结合是实现网络宽带化的技术保证。为进一步学习宽带传输与交换技术，本章将简要介绍一些必备的基础知识，包括数据通信网的组成及特点、网络传输技术、网络交换技术、差错控制技术、网络体系结构等方面的内容。

1.1 数据通信网的组成及特点

数据通信网是一种使用传输设备、交换设备以及传输链路，将处于不同地理位置的终端设备互连起来，实现通信和信息交换的网络，如图1-1所示。传输及交换设备是现代通信网的核心，也称为网络节点，其功能首先是为各条输入信息选择路由，也就是从设备的哪个输出端口发出；其次是采用交换结构，将数据分组转发到对应的输出端口等待发送；最后是采用不同的传输方式，将数据分组纳入不同的帧结构后顺序发出。此外，还提供信息的存储、流量控制、网络管理等功能。传输链路是网络节点的连接媒介，是信息的传输通路。终端设备是数据通信网中的源点和目的点。其主要功能是把待传送的信息与在信道上传送的信号进行相互转换。因此，终端设备要具有信号处理功能、协议产生和识别功能。

数据通信网有多种分类方法，包括按服务对象分类、按服务范围分类、按拓扑结构分类等，各种分类方法如下所示。

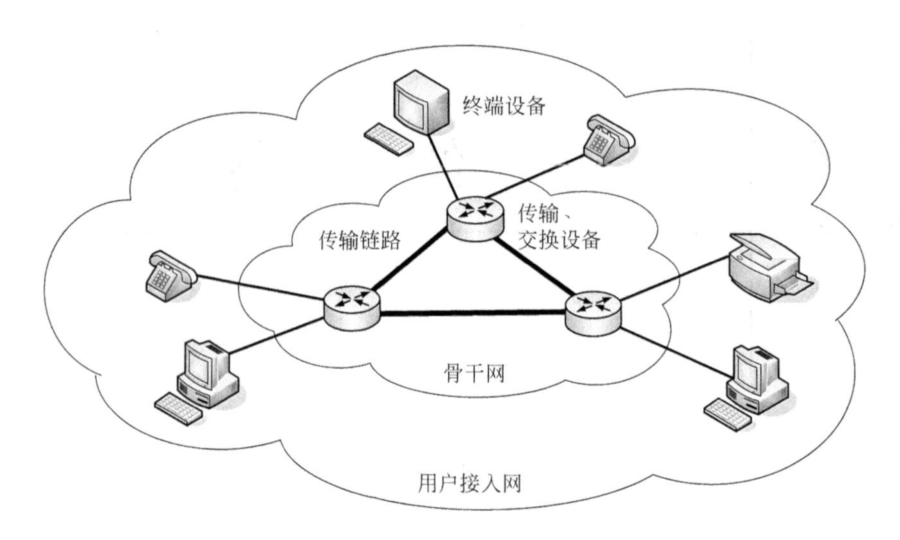

图 1-1　数据通信网的组成

1. 按服务对象分类

(1) 公用数据通信网：它是向全社会开放的数据通信网，由国家电信部门经营，是国家电信网的主体。

(2) 专用数据通信网：它是为了满足各专业性行业的通信需要而建立的数据通信网。如银行、军队、铁路、公安、石油、水利电力、煤炭等系统自建(或向电信部门租用)的专供本系统使用的数据通信网。专用数据通信网也是国家数据通信网的重要组成部分。

2. 按服务范围分类

(1) 局域网(LAN)：通信距离一般在几千米以内，覆盖范围一般是一个房间、一幢大楼、一所校园或一家企业。

(2) 广域网(WAN)：通信距离可达几十至几千千米，它可以覆盖一个国家或地区，甚至横跨几个洲。Internet 就是典型的广域网。

(3) 城域网(MAN)：通信距离介于局域网和广域网之间，约为几十千米。城域网的设计目标主要是满足一个城市范围内各个企业、机关、学校等众多局域网互联的需求。

3. 按拓扑结构分类

(1) 总线网：采用一条数据总线作为传输媒介，所有节点通过相应的接口直接连接到数据总线上，如图 1-2(a)所示。任何一个节点发送的信号都沿着总线传播，可以被其他所有节点接收。总线拓扑结构有所需电缆数量少、结构简单、增加或减少用户方便等优点，但是也存在一些不足之处，包括系统范围较小、故障诊断和隔离较困难、存在多个节点同时争用总线的问题等。

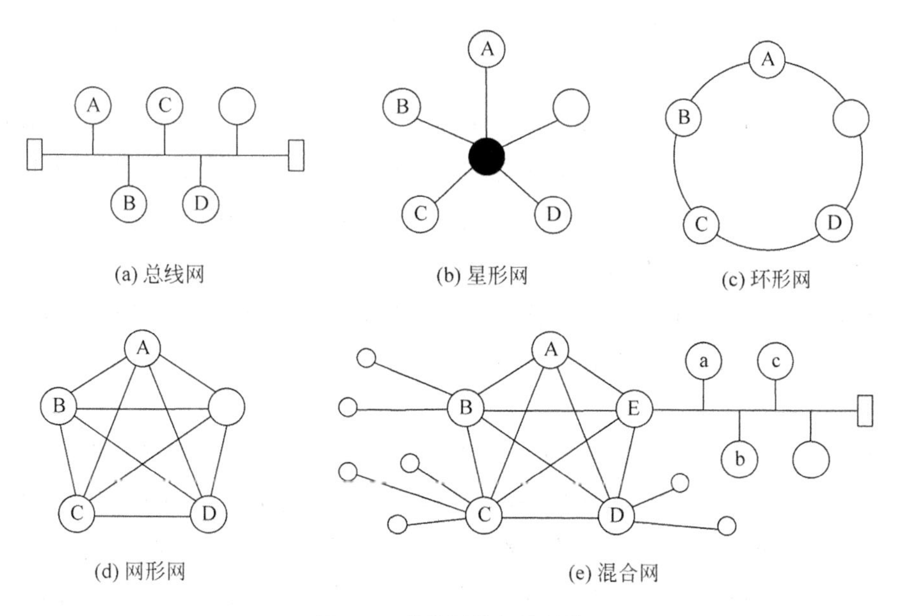

(a) 总线网　(b) 星形网　(c) 环形网

(d) 网形网　(e) 混合网

图 1-2　通信网的拓扑结构

(2) 星形网：由中央节点和直接连接中央节点的多个站点组成，如图 1-2(b)所示。中央节点负责集中控制，所以其地位非常重要。星形拓扑结构具有控制简单、容易进行故障诊断和隔离等优点，其不足之处主要体现在中央节点负担重，容易形成瓶颈，一旦发生故障，可能引发全网瘫痪。

(3) 环形网：由多个节点和连接节点的链路形成一个闭合环，如图 1-2(c)所示。环路既可以是单向也可以是双向。单向环形网络中的数据只有一个传输方向，双向环形网络中的数据可以沿两个方向同时传输。由于多个节点连接在同一个环上，因此需要采用分布式控制方法。环形拓扑结构的优点主要体现在增加或减少工作节点时比较方便，只需简单的连接，而且当采用双环或多环结构时，其抗毁能力较强。当采用单环结构时，单节点故障可能严重影响整个网络的通信。

(4) 网形网：一般指多个节点相互交错连接的网络。当全部节点之间均有直达通路时，就成为全连通的网络拓扑，如图 1-2(d)所示。网形拓扑结构的优点主要体现在可靠性高、无瓶颈问题等。但其结构比较复杂、网络成本高。

(5) 混合网：混合网一般由多种网络相互连接而成，如图 1-2(e)所示。它在业务量大的区域采用网形网结构，而在流量小的区域可以采用星形网或总线网。我国的整个通信网就是一个混合网。

数据通信网的发展方向是宽带化、综合化、智能化、个人化和标准化。宽带化的目标就是要满足用户对各类业务的综合需求，包括质量达到演播室水平的语音信号、高清晰度视频信号、实时互动游戏等。一般情况下，将传统电信网传输的语音信号视为窄带数字信号，其码速率为 64kb/s，而将高于该速率的数字信号视为宽带信号。目前已实际应用的很多宽带业务，其数据速率已远远高于 64kb/s。

综合化包括两重含义，即业务综合和网络综合。前者指话音、数据、图像等各种业务的综合，后者指电信网、计算机网、电视网等各种网络的综合。智能化是指在数据通信网中引入更多智能部件以构成智能网(IN)，从而提高网络的应变能力。它可以对网络资源进行动态分配，随时提供满足各类用户需要的服务。个人化是指任何人在任何时候、位于任何地方，都能自由地与世界上其他任何人进行通信。同时，数据通信网中的各种设备、模块都需要满足相应的国内或国际标准，使得各个设备之间能够互连互通，保证整个通信网的正常工作。

数据通信与传统的电话通信相比有一些新特点。首先，数据传输的可靠性要求高，数据通常以二进制“1”和“0”的组合编码表示，如果一个码组中的一个比特(“1”或“0”)在传输过程中产生错误，则在接收端可能被理解为完全不同的信息，甚至是相反含义。特别是对于像银行业务或军事上用的自动控制系统，数据的差错可能引起严重后果，因此数据通信要达到很低的误码率，一般要求小于 10^{-8}。而语音、电视信号的误码率要求是小于 10^{-2}，压缩视频的误码率要求是 10^{-6}，图片的误码率要求是 10^{-4}，而且要求在出现差错时能够自动检错、纠错。

其次，数据通信业务存在明显的突发性特征。其平均速率很低，但峰值速率往往很高，有的可达平均速率的千倍以上。为此，在设计数据通信系统时，通信线路的传输速率应当满足峰值速率要求。由此可以看出，如果为一对收发设备配置专用通信链路，其资源利用率会很低，因此，在网络中广泛采用资源共享技术，分组交换就是其中的典型代表。

在数据通信网中，有一些常用的技术参数，包括码元速率、数据速率、频带利用率、误码率、误比特率等。其中，码元速率是指单位时间内传输的信号码元数量，单位是波特(B)，用符号 R_B 表示，$R_B=1/T$，T 为一个码元的持续时间。数据速率表示单位时间内传输的二进制符号数量，单位是比特/秒(bit/s)，用符号 R_b 表示。一个 N 进制的数据信号，其数据速率与码元速率之间的关系是 $R_b=R_B\log_2 N$。

数据通信网中另一个重要参数是频带利用率，其定义是单位带宽内所能实现的数据速率，即 R_b/B，单位为比特/秒赫兹(bit/s · Hz)，其中，B 是信号的传输带宽，R_b 是信号的数据速率，它表示系统利用传输带宽的效率。在传输带宽相同时，若数据速率越高，则频带利用率越高，反之则越低。若系统的码元速率相同，通过加大 N 或减少 B 都可以提高频带利用率。前者可以采用多进制调制技术实现，后者可采用单边带调制等方法实现。

在数据通信中，一般采用误码率、误比特率等指标来表示系统的可靠性。误码率指发生差错的码元数占传输总码元数的比例。误比特率指发生差错的比特数占传输总比特数的比例。对于二进制数字信号,误码率和误比特率相等。而对于多进制数字信号,其误码率总是大于等于误比特率。

1.2 网络传输技术

数据信号的传输是数据通信网的基础,它主要包括传输媒介和传输方式两个方面。本节主要介绍其中的基本方法和基本概念,对于传输媒介,将简要介绍双绞线、电缆、光缆、无线媒介等,对于传输方式,将介绍串行传输和并行传输、基带传输和频带传输、频分复用和时分复用技术等。

1.2.1 传输媒介

1. 双绞线

双绞线是一种常用的传输媒介,由呈螺线排列的两根绝缘导线组成,两根导线相互扭绞在一起,可使线对之间的电磁干扰减至最小。双绞线既可用于传输模拟信号,也可用于传输数字信号,比较适合短距离传输。局域网用双绞线作为传输媒介时,其传输速率取决于所采用的芯线直径、传输距离、采用的收发信号技术等因素。一般情况下,在100m内传输速率可达10～100Mb/s甚至更高。在低频传输时,双绞线的抗干扰能力强于同轴电缆,而当传输信号频率高于10～100kHz时,双绞线的抗干扰能力就弱于同轴电缆。在局域网中双绞线是一种廉价的传输媒介,特别是10Base-T和100Base-T网络技术的发展,为双绞线的应用开辟了广阔前景。

在局域网中所使用的双绞线有非屏蔽双绞线(Unshielded Twisted Pair,UTP)和屏蔽双绞线(Shielded Twisted Pair,STP)两类。每一类中又包含若干等级,如UTP分为3类UTP、4类UTP、5类UTP等,它们的传输带宽分别为16MHz、20MHz和100MHz。因此,在100Mb/s的高速网络中,通常使用5类UTP作为传输媒介。另外,屏蔽双绞线的传输速率要高于非屏蔽双绞线。

2. 电缆

电缆的线径比双绞线粗,一般用于较长距离的传输。对称电缆芯线大多为软铜线,线径一般为0.4～1.4mm。同轴电缆根据尺寸不同分为中同轴、小同轴及微同轴。同轴电缆由于外导体的屏蔽作用,所受外界干扰较小,因而适用于高频传输。我国中同轴电缆用于1800路和4380路系统,其传输频率分别为8.428MHz和21.644MHz。小同轴电缆用于300路和960路系统,其传输频率分别为1.3MHz和4.188MHz。微同轴电缆主要用于数字通信系统，传输二次群(120 路)和三次群(480 路)的 PCM 信号，码速率分别为 8.448Mb/s 和 34.368Mb/s。

在局域网中主要使用的同轴电缆有 RG-8 和 RG-11，它们是以太网中常用的粗缆。另外，以太网中常用的细缆 RG-58，其传输速率为 1～20Mb/s，阻抗为 50Ω，主要用于基带信号传输。对于电视信号的传输，一般采用 CATV 电缆 RG-59，阻抗为 75Ω，它也可用于宽带数据传输，其带宽可达 300～400MHz。它既能传输数据，也能传输话音和视频信号，是宽带综合业务网的一种理想媒介。

电缆具有信道容量大、传输质量稳定、受外界干扰小等优点，在光缆大量使用之前，电缆在有线传输中占据主要地位。

3. 光缆

光缆由多根光纤组成。当纤芯直径小于 5μm 时，光在光波导中只有一种传播模式，这样的光纤称为单模光纤。当纤芯直径较粗时，光在光波导中可能有许多沿不同途径同时传播的模式，这种光纤称为多模光纤。光纤的主要传输特性为损耗和色散。

损耗主要来源于瑞利散射和材料吸收。当光传播过程中遇到不均匀或不连续点时会出现散射，导致部分光能量向各方向发散而不能到达终点。另外，材料中含有的杂质离子会在光波作用下发生振动从而吸收部分能量。总体上看，损耗就是光信号在光纤中传输单位长度后的衰减，单位是 dB/km。

色散也称频散。由于光载波具一定的频谱宽度，而光纤材料的折射率会随频率发生变化，因此，光信号的不同频率分量就具有不同的传播速度，即经过不同的时延到达接收端，从而使信号脉冲展宽，其单位为 ns/km。

光纤的损耗会限制传输过程中的中继距离，而色散会限制传输的数据速率。另外，光纤传输具有频带宽、容量大、不受外界电磁干扰影响等优点。

4. 无线媒介

在不便敷设电缆的环境条件下可采用无线媒介，也就是通过空间环境，采用微波、红外线、激光等作为传输媒介。其中，微波通信技术已经成熟，其工作频率范围是 3×10^{2}～3×10^{5} MHz，手机的工作频段就在微波频段。局域网可直接利用微波收发机进行通信，或用作中继接力以延长传输距离。红外线通信的方向性较强，工作频率范围是 3×10^{11}～3.8×10^{14} Hz。激光通信的工作频率范围是 3.8×10^{14}～7.9×10^{14} Hz。大气激光通信的容量大、保密性好、不受电磁干扰，但激光在大气中传输时受雨、雾、雪等影响较大。此外，还有卫星通信等方式。

5. 综合布线系统

在现代化的高层建筑中，弱电信号的管路设计一般需要包括电话通信系统、计算机网络系统、闭路电视系统、消防控制系统、保安监视系统、空调控制系统、自动电梯控制系统等多种应用系统。传统的设计方法是各个应用系统都自成体系，敷设各自的专用线路，这使得大楼内的各种管道线路纵横交错、错综复杂，由此带来较多问题。一方面，多套管道系统的同时存在，往往有较多冗余，重复建设必然增加成本。另一方面，线路交错复杂，没有互换性，给维护及检查造成较大困难。而且，各个系统都要配备维护和管理人员，浪费人力。

为了改变这种落后的弱电布线方式，出现了综合布线系统，使智能化大楼的弱电配线设计方法产生质的飞跃。综合布线系统采用结构化设计，通常分为6个子系统，包括建筑群主干子系统、设备间子系统、管理区子系统、垂直主干线子系统、水平支干线子系统、工作区子系统。各个子系统既相对独立，彼此间又相辅相成，任何子系统的改动都不会影响其他子系统。典型产品有美国AT&T公司的PDS、加拿大北方电讯公司的IBDN等。这种综合布线系统的主要特点是，采用双绞线以及光纤作为传输媒介，通过各种配线架、接线盒和转接器，将电话网、计算机网以及各种控制信号传输网进行统一布线、设计和管理。当系统中的设备发生增减或迁移时，可在不影响原工作状态的情况下经过微调完成。同时，还可以完成电话信号、计算机网络信号、监控视频信号、闭路电视信号等的综合传输。

1.2.2 传输方式

通信系统的工作方式有单工通信、半双工通信和全双工通信三种，如图1-3所示。单工通信是指两个站点之间只能沿一个方向传输数据，如图1-3(a)所示，数据由A站传到B站，而B站至A站只能传送联络信号，前者称为正向信道，后者称为反向信道，正向信道传输速率较高，反向信道传输速率较低。远程数据收集系统（如气象数据的收集）就是典型的单工通信，因为在这种数据收集系统中，大量数据只需要从一端送到另一端，而反向信道只需要传输少量联络、控制信号。半双工通信是指两个站点之间能够在两个方向

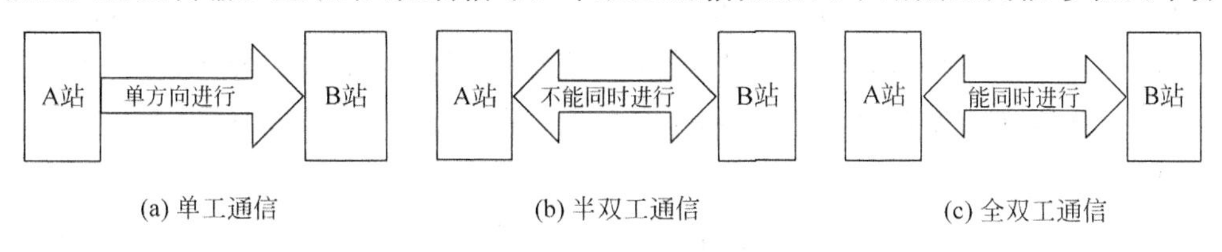

(a) 单工通信　　(b) 半双工通信　　(c) 全双工通信

图1-3　数据通信方式

上传输数据，但不能同时进行。问询、检索、科学计算等数据通信系统适用半双工通信方式。全双工通信是指两个站点之间能够在两个方向上同时进行数据传输，这种通信方式适用于计算机之间的高速数据传输。

以上三种方式确定了信息的传输方向，那么在每一个传输方向上又有哪些具体传输技术呢？常见的有串行传输与并行传输、基带传输与频带传输、频分复用与时分复用等，下面分别加以说明。

1. 串行传输与并行传输

串行传输是指一个数据码组的多个码位通过一个端口依次顺序发出，而并行传输是指一个数据码组的多个码位通过多个端口同时发出，如图 1-4 所示。串行传输的特点是易于实现，但是为了使收、发双方的码组或字符同步，需要外加同步措施。在长距离传输中常采用串行传输。并行传输的特点是不需要专门措施就可实现收、发双方的码组或字符同步，但该方式需要的传输信道多，设备复杂且成本高。并行传输适用于近距离传输。

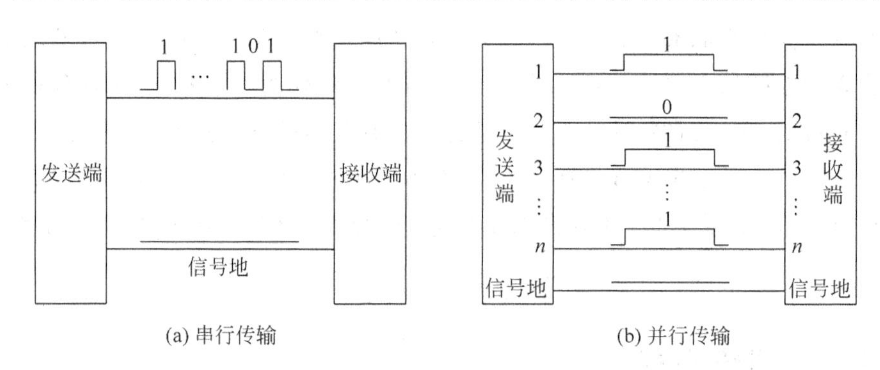

(a) 串行传输　　(b) 并行传输

图 1-4　数据的串行、并行传输

2. 基带传输与频带传输

基带传输是指传输的信号是基带信号，整体上没有进行调制(或频谱搬移)。在数据通信系统中通常存在两类变换过程，一类是将原始信息变换为数字基带信号，另一类是将数字基带信号整体调制到一个高频载波上进行传输。然而，并非所有系统都会经过以上两类变换过程，有时可以直接传输数字基带信号，这就构成了基带传输系统。

基带传输系统的基本结构模型如图 1-5 所示，它由发送滤波器、传输信道、接收滤波器和抽样判决器等模块组成。发送滤波器的作用是滤除基带信号的带外分量，产生适合于信道传输的基带数字信号波形，使码间串扰为最小。接收滤波器的作用是滤除信道干扰。抽样判决器则是对受到干扰的失真信号进行鉴别，并判决出各个信号波形所代表的数字基带信号。为了便于传输，在传输基带数字信号以前需要对数字信号进行编码。常用的编码方式有不归零(NRZ)编码、归零(RZ)编码、曼彻斯特(Manchester)编码等。

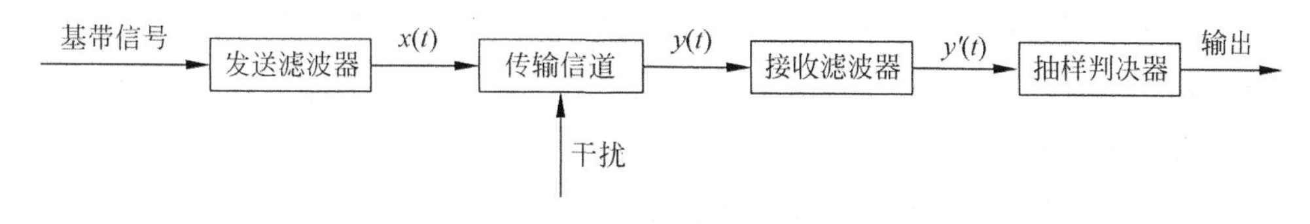

图 1-5 基带传输系统模型

频带传输系统与基带传输系统的区别在于增加了调制、解调装置,也就是对传输的信号进行了频谱搬移,频带传输系统的基本结构模型如图 1-6 所示。基带信号经发送低通滤波器后形成带限基带信号,经调制后完成频谱搬移,然后通过发送带通滤波器进一步滤除带外杂散信号,将一个较“干净”的信号送入传输信道。在接收端,首先通过接收带通滤波器除去信道中的带外噪声,然后对信号进行解调,经过接收低通滤波器去除解调过程中产生的带外信号及其他杂散信号后,初步得到基带信号,最后经抽样判决进一步消除噪声及杂散信号的影响,完成数据信号的恢复接收。

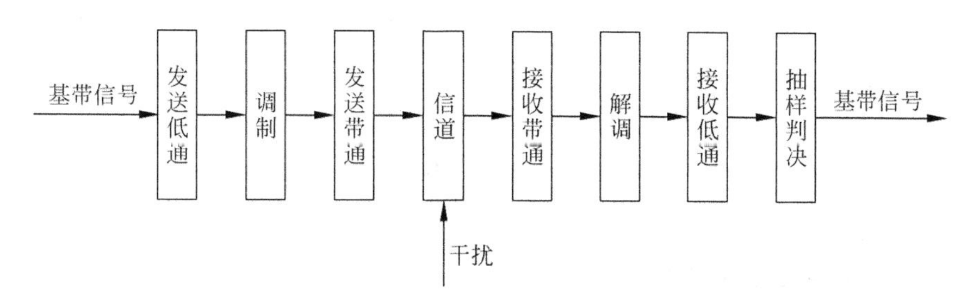

图 1-6 频带传输系统的基本结构

3. 频分复用与时分复用

频分复用(FDM)和时分复用(TDM)都是将多路独立的“小”信号合并为一路“大”信号的技术,这样,合成后的信号就只需要一条传输线路,不再需要为每一路“小”信号单独准备一条传输线路,有利于提高信道利用率、节约网络成本,下面分别简要说明。

频分复用是指将多路信号按照它们各自所占用的频带宽度,通过调制的方式,分别将它们搬移到整个频带不同位置的方法,同时,在频谱搬移完成后做到顺序排列、互不重叠,如图 1-7 所示。例如,语音信号的带宽是 300～3400Hz,可以采用 4kHz 的整倍数载频,分别将多路语音信号调制后形成等间隔频谱信号,然后通过一个信道进行传输。

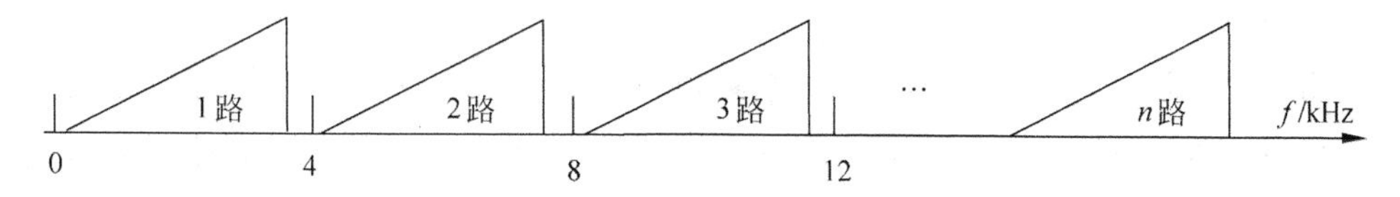

图 1-7 多路语音信号的频分复用

频分复用的特点是，在同一信道上同时传输的各路信号，它们所占用的频段不同。因此在分离这些信号时需要采用带通滤波器。当带通滤波器不够理想时，滤波后的各路信号中还会有少量其他路信号残余，这将出现信号混叠，出现各路信号之间的相互串扰。所以，滤波器性能的优劣会直接影响信号的传输效果。

在时分复用方式中，时间被划分为固定长度的帧格式，每一帧又进一步划分为多个成均匀时间间隔的时隙(TS)，各路信号固定占用每个帧结构中的一个或多个时隙，也就是各路信号占用不同的 TS，同时在一个信道中传输，如图 1-8 所示。时分多路复用技术已经在数字通信系统中广泛应用，经过时分复用后，多路低速信号会合成一路高速数字信号。

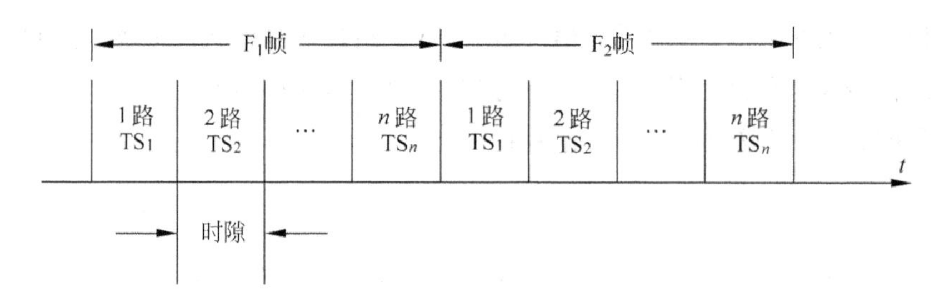

图 1-8 多路信号的时分复用

1.3 网络交换技术

数据通信网是由网络节点和链路，按照一定的拓扑形式互连在一起的网络。一个入网数据流到达的第一个节点称为其源节点，离开网络前到达的最后一个节点称为其目的节点。数据通信网需要为全部入网数据提供从源节点到目的节点的通路，而实现这种能力的技术称为数据交换技术。交换方式的选择是建设数据通信网的一个基本问题，这直接关系到数据通信网的有效性、可靠性和经济性。数据交换有两大类，分别是电路交换和存储/转发交换。电路交换的典型代表是传统电话交换，存储/转发交换的典型代表是数据分组交换。

1.3.1 电路交换

采用电路交换的网络能为每一个入网数据流提供一条临时的专用物理通路，它是由通路上各节点内部在空间上(布线接续)或在时间上(时隙互换)完成信道转接而构成，在源节点与目的节点之间建立起一条专用线路。电路交换的通信过程包括电路建立、数据传输、电路拆除这 3 个阶段。电路建立阶段通过呼叫信令完成逐个节点的接续，最终建立起一条端到端的电路。在数据传输阶段，在已建立的端到端直通电路上完成数据的传输。数据传输结束后，在电路拆除阶段拆除已建立的连接，释放信道资源供其他业务使用。

电路交换的最主要特点，是在一对节点之间建立一条专用数据通路。为此，在数据传输之前需要花费一段时间来建立这条通路，这段时间被称为呼叫建立时间，在公用电话网中，呼叫建立时间较长。因为所建通路上所有被使用的链路在通信期间都被一对收发节点所独占，即使在数据传输间歇期间也一直占用，所以电路交换方式的信道利用率低。在性能方面，数据传输前有一段较长的呼叫建立时间。然而，一旦通路建立，两个节点之间的数据传输就会畅通无阻，而且除线路传播时延外，没有其他附加时延，具有很好的实时性。

由于电路建立以后提供给一对用户的是物理通路，所以对用户信息是“透明”传输。两端收发设备的速率由双方预先确定，采用相同速率，因此不存在流量控制问题。路由选择在电路建立阶段完成，一旦建立中途不能改变路由。

1.3.2 存储/转发交换

存储/转发交换不要求网络为通信的双方预先建立一条专用传输通路，因此也就不需要建立电路和拆除电路的过程。在图1-9中，如果A站欲发送数据给B站，可在数据分组上添加B站的地址后发往节点1，节点1先将数据分组完整地接收并存储，然后选择合适的链路发到下一个节点(例如节点3)，这样一直下去直到B站。在这一过程中，每个节点都对数据分组进行存储/转发操作，可见数据分组在网络中是以接力方式在传送，通信双方事先并不确知数据分组所要经过的传输路径，但数据分组确实经过了一条逻辑上存在的通路。例如，上述A站的数据分组经过的路径就可能是“A站→节点1→节点3→节点5→B站”。

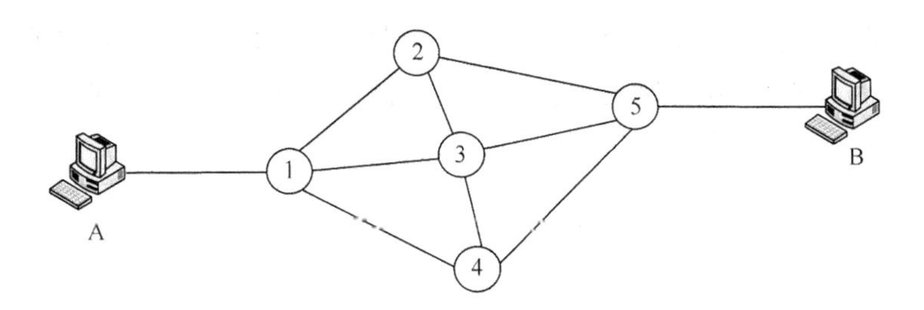

图1-9 存储/转发交换过程

在电路交换网中，路径一旦建立，数据比特流在各个交换节点不需要作任何处理，全部及时、透明传输。但是，在存储/转发交换方式下，各交换节点需要配置足够的缓存，以便存储收到的全部数据分组，然后分析数据分组的头部信息，以决定处理方法和转发方向。若不能立即提供传输链路，数据分组就需要在缓存中排队等待。因此，一个节点对一个数据分组所带来的时延包括存储处理时间、排队时间和转发时间这三部分。

在存储/转发交换方式下，任何时刻一个数据分组只可能在一条链路上传输，每一条链路都单独对数据分组的传输负责，这样带来一些优点，首先不必要求每条链路的数据速率相同，因而也不必要求源端和目的端工作于相同的速率。其次，传输中的差错控制可在各条链路上分段进行，当发现问题时及时处理，对于无法恢复的数据及时丢弃，不必占用网络资源继续传输。第三，由于是以接力方式传输，所以任何时刻一个数据分组最多只会占用一条链路资源，而不会同时占用通路上的全部链路资源。因此，通路上的传输资源在一个时间段内可供多个收发节点共享，这就提高了网络资源的使用效率。由此不难看出，在网络资源相同的条件下，采用存储/转发交换方式的网络所容纳的业务总量就远大于电路交换方式。此外，由于在存储/转发交换方式下每个节点独立处理各个数据分组，导致等待时间的长短各不相同，因此，这种方式不适用于传输实时业务。

对于一个较大的数据包，在传输时一般将其分为多个数据分组，每个数据分组都包含目的节点地址信息，各个节点为每一个数据分组独立地寻找路径，因此，一个较大的数据包所包含的不同分组可能沿不同路径到达目的节点。由于不同路径的时延各不相同，各个分组到达目的节点的时间顺序就不一定与发送顺序一致，出现乱序现象，所以需要对它们重新排列，以恢复原来的顺序。显然，为了使交换节点能为每个分组确定路由、用户终端能识别数据分组的来源和排列顺序，每个数据分组中都需要有源地址、目的地址和顺序号。

如图 1-10 所示，假设 A 站有一个大数据包要发往 B 站，A 站首先将数据包分成 3 个数据分组(P_1,P_2,P_3)，然后按顺序依次发给节点 1，节点 1 每收到一个数据分组都先存储下来，然后分别对它们进行单独的路由选择。例如，一种可能的方案是，将 P_1 送往节点 3，将 P_2 送往节点 4，将 P_3 送往节点 2。选择路由主要取决于节点 1 在处理相应数据分组时各输出端口的忙闲状态。由于每一个数据分组都带有目的节点地址，所以虽然它们不一定经过同一条路径，但最终都能到达同一个目的节点 5。这 3 个数据分组到达节点 5

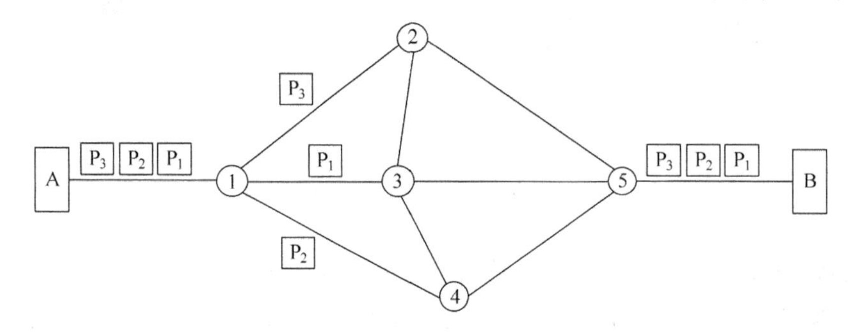

图 1-10　分组交换中的乱序

的顺序并不一定是 $P_1P_2P_3$，这就要求目的节点 5 对它们进行重新排序后再发给 B 站。当然，也可以把这项工作交给目的站点 B 来完成。

1.3.3 虚电路交换

提高传输线路利用率的主要方法是采用统计时分复用技术，也称为异步时分复用。该方法的核心思想是，用户数据不再像电路交换那样固定地、周期性地占用时隙，而是根据用户请求和网络资源情况，由网络动态分配。相应地，接收端不按固定的时隙关系来提取用户数据，而是根据数据中携带的目的地址来接收数据。采用统计时分复用技术后，一条物理传输通道不再为单一的数据流服务，而是被多个收发节点对所共享。也就是在一条物理传输通道中存在多条逻辑通道，每条逻辑通道负责一对收发节点之间的数据传输。每条逻辑通道固定分配一个输入缓存和一个输出缓存，占用一条逻辑通道也就占用了相应的输入、输出缓存。

虚电路（Virtual Circuit，VC）的思想来源于电路交换，它同样存在建立连接、传输数据、拆除连接这三个阶段，其目的是让一对收发节点之间的数据传输沿着同一路径进行，避免接收端出现乱序现象，同时，由于各个收发节点对之间的业务量大小不一，为了高效利用传输资源，采用逻辑通道的方式将实际的物理通道作进一步划分。由此看出，“虚”的含义是指其传输通道是逻辑通道，只使用物理通道的一部分传输能力，而“电路”的含义是指在数据传输时，其方式与电路交换类似。

如果采用虚电路交换方式，两个用户终端在开始传输数据之前，需要通过网络建立逻辑连接，然后，用户发送的数据将按顺序通过该连接到达目的节点，数据传输完毕后，所建立的逻辑连接既可以拆除也可以保持。相应地将其分别称为交换虚电路和永久虚电路。如果连接一直保持，用户终端可以在任何时候发送数据（受流量控制的限制），如果用户终端暂时没有数据发送，网络可以将线路的传输资源用于其他服务。如果采用交换虚电路方式，当用户终端发送完数据后，该连接将被拆除。

永久虚电路的建立先由用户申请，然后由后台网管建立和拆除。交换虚电路是在源节点和目的节点之间建立的临时连接，在虚电路建立之前，由用户发出的呼叫称为虚呼叫。每当用户想通过子网与另一个用户进行通信时，它就要发出一个虚呼叫，呼叫的结果就是在两个用户之间建立起一条双向连接，然后所有与这次通信有关的数据分组均沿这条虚电路按顺序传输，直到虚电路终止，这就保证了目的节点的到达顺序与源节点的发出顺序完全一致。通信完毕后释放虚电路。

如图 1-11 所示，仍然假设 A 站有 3 个分组 P_1、P_2、P_3 要送往 B 站。A 站首先发一个“呼叫请求”分组到节点 1，要求连接到 B 站。节点 1 根据路由选择原则将请求分组转发到节点 3，节点 3 又将该分组转发到节点 5，再由节点 5 通知 B 站，这样就初步建立起一条 A→1→3→5→B 的逻辑通道。若 B 站准备好接收数据分组，可发一个“呼叫接受”分组到节点 5，该分组沿着同一条通道回传到 A 站，从而 A 站确认这条通道已经建立，并分配一个“逻辑通道”标识号。此后，P_1、P_2、P_3 等各个分组都附上这一标识号，交换网中的节点都按照该标识号将它们转发到同一条通道上传输，这就保证了这些分组一定能沿着同一条通道传输到 B 站。传输结束后，该逻辑通道上的任一节点均可发送一个“清除请求”分组来终止这条逻辑通道，具体过程由交换网内部完成。

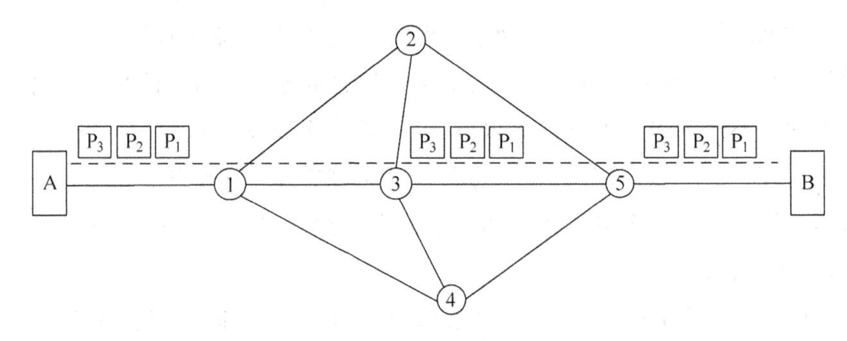

图 1-11 虚电路分组交换

虚电路分组交换的主要特点是，要求一对通信实体之间传输的所有数据分组都必须沿着预先建立的虚电路传输。但这并不意味着实体之间存在像电路交换方式那样的专用线路，这里数据分组所经过的所有节点都会对数据分组进行存储/转发操作，这一点与电路交换方式有本质上的区别。另外，虚电路标识号只是对逻辑通道的一种编号，并不指某一条物理线路本身，一条物理线路包含多个逻辑通道编号，这正好体现了信道资源的共享性。

1.4 差错控制技术

信号在传输、处理过程中难免会受到各种各样的影响而出现差错。这些影响既有外界的噪声又有内部的码间干扰。虽然在通信系统中采取了各种措施来避免噪声、减小码间干扰，但从它们产生的机理看，却无法彻底消除。既然无法消除误码产生的根源，那么可以换一个角度寻求解决方法，当出现误码后，如果能够发现和纠正错码，不也同样可以进一步减小误码率吗？于是出现了各种差错控制技术。差错控制是数据通信系统的一个组成部分。

差错控制的核心是抗干扰编码。它的基本思想是通过对信息序列作某种变换，使原来彼此独立、没有相关性的信息码元序列，经过这种变换后，产生某种规律性，从而在接收端有可能根据这种规律性来检错和纠错。不同的变换方法就构成不同的编码方式。

在数据通信系统中，差错控制的基本工作方式主要有四种，分别是前向纠错、检错重发、信息反馈、混合纠错，如图 1-12 所示。

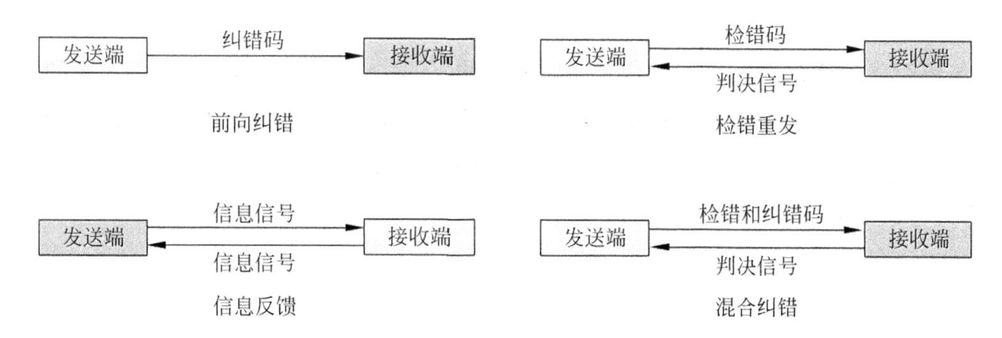

图 1-12　差错控制的基本工作方式

前向纠错(FEC)又称自动纠错，这种方式是发送端编码器将输入的信息序列变换成能够纠正错误的码，接收端的译码器根据编码规律检错并纠错。其优点是实时性好，不需要反向信道。缺点是插入的监督码较多，传输效率低，译码设备复杂。

检错重发又称自动反馈重发(ARQ)，其方法是发送端采用某种能够检查出错误的码，在接收端根据编码规律校验有无错码，并把校验结果通过反向信道反馈到发送端，若有错码就重发信号，若重发后仍有错码，则再次重发，直至检不出错码为止。

信息反馈是指发送端不进行纠错编码，直接发送信息码，接收端收到信息码以后，不管有无差错一律通过反向信道反馈到发送端，在发送端与原信息码比较，若发现错误就将有差错的部分重发。这种方式的优点是不需要插入监督码，设备简单。主要缺点是实时性差，需要反向信道。

混合纠错是前向纠错和自动反馈重发的混合应用。发送端发送纠错码，在接收端校验后，如果错码在纠错能力以内，译码器就自动纠错，如果错码的数量超过接收端的纠错能力，就通过反向信道通知发送端重发信息。混合纠错具有前向纠错和自动反馈重发的特点，需要反向信道和复杂的设备，但它能更好地发挥检错和纠错能力，在极差的信道中能获得较低的误码率。

在以上四种差错控制的基本工作方式中，除信息反馈方式的差错检测在发送端完成以外，其余三种方式的差错检测均在接收端进行。

1.4.1 纠错编码的基本原理

1. 码长、码重和码距

码组中码元的数量称为码组的长度，简称码长。码组中非“0”码元的数量称为码组的重量，简称码重。对二进制码来说，码重就是码组中“1”码的个数。例如，对于码组11011，其码长为5、码重为4。两个等长码组之间对应位上数字不同的位数称为这两个码组的汉明(Hamming)距离，简称码距。例如，11001与10011之间的码距为2。码组集合中全体码组之间距离的最小值称为最小码距。由于两个码组模2相加后，其不同的对应位结果必为“1”，而相同的对应位结果必为“0”，所以两个码组模2相加得到的新码组的重量，就是这两个码组之间的距离。最小码距 d_0 的大小直接关系到编码的检错、纠错能力，因此，最小码距 d_0 是一个重要参数。

2. 基本原理

先看一个例子，对于由3位二进制数字构成的码组，一共有8种不同的组合，如果将其全部用来表示天气，则可以表示8种不同的天气，例如，000(晴)，001(云)，010(阴)，011(雨)，100(雪)，101(霜)，110(雾)，111(雹)。其中任一码组在传输中如果发生一个或多个错码，就将变成另一个信息码组，而这时的接收端无法发现错误。如果在上述8种码组中只准许使用4种来传送信息，例如，000(晴)，011(云)，101(阴)，110(雨)。这时虽然只能传送4种不同的天气，但是接收端却有可能发现码组中的一个错码。假设000(晴)中错了一位，则接收码组将变成100或010或001，而这3种码组都是不准许使用的，称为禁用码组，故接收端在收到禁用码组时，就认为发现了错码，当发生3个错码时，000变成111，它也是禁用码组，故这种编码也能检测3个错码。但是这种编码不能发现两个错误，因为发生两个错码后产生的码组是允许使用的码组。由此可以看出，增加码长，允许禁用码组的存在，是纠错编码的基本方法。

上面这种码只能检测错误，不能纠正错误。例如，当收到的是禁用码组100时，在接收端将无法判断是哪一位码发生了错误，因为晴、阴、雨三种情况错了一位都可以变成100。要想纠正错误，还要增加冗余度。例如，若规定只允许用两个码组：000(晴)，111(雨)，其他都是禁用码组，就能检测1个或2个错码，能纠正1个错码。假设收到禁用码组100，若规定仅有1位错码，则可以判断此错码发生在“1”位，从而纠正为000(晴)，因为111(雨)发生任何一位错码时都不会变成100。但若假定错码数不超过2位，就存在两种可能，000错一位和111错两位都可能变成100，此时就只能检测出存在错码而无法纠正。

由上面的例子可以得到关于“分组码”的一般概念。如果不要求检(纠)错，为了传输4种不同的信息，采用两位码组就够了(00、01、10、11)，这些两位码代表所传信息，称为信息位。如果使用3位码，多增加的1位称为监督位。这种为每组信息码附加若干监督码的编码，称为分组码。在分组码中，监督码元仅监督本码组中的信息码元。

分组码一般用符号(n,k)表示，其中 k 是每组码元中信息码元的数量，n 是编码组的码长，$r(=n-k)$是每个码组中的监督码元数量，或称监督位数量，分组码的结构如图1-13所示。

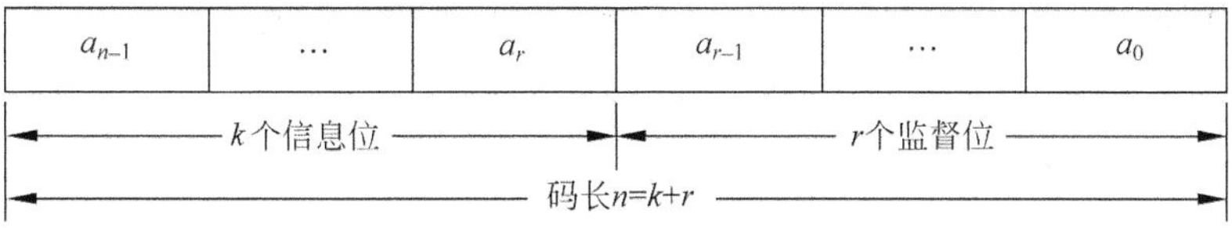

a_{n-1}	…	a_r	a_{r-1}	…	a_0

图 1-13 分组码结构图

纠错编码的检错、纠错能力主要取决于码组的最小码距。最小码距越大，检错、纠错能力越强。为能检出 e 个错码，则要求最小码距 $d_0 \geqslant e+1$。为能纠正 t 个错码，则要求最小码距 $d_0 \geqslant 2t+1$。

为了度量码组中信息码元所占的比例，提出了参数编码效率(R)，$R=k/n$。一种好的编码方案，不但希望它的抗干扰能力强，即检错、纠错能力强，而且还希望它的编码效率高。但两方面的要求是矛盾的，在设计中需要全面考虑。

按照对信息码元处理方法的不同，编码分为分组码和卷积码。分组码是将 k 个信息码元划分为一组，然后由这 k 个码元按照一定的规则产生 r 个监督码元，从而组成长度为 $n=k+r$ 的码组。在分组码中，监督码元仅监督本码组中的信息码元。在卷积码中，每组的监督码元不但与本码组的信息码元有关，而且还与前面若干组信息码元有关，有时也称为连环码。

1.4.2 奇偶校验码

奇偶校验码是一种最简单的检错码，其编码规则是先将所要传输的数据码元分组，一般按字符分组比较方便，即一个字符或若干个字符构成一组，然后在各组的数据后面附加一位校验位，使得该码组加上校验位后，码字中的“1”的个数为偶数(称为偶校验)或为奇数(称为奇校验)。在接收端按照同样的规律进行校验，如果发现不符合规律就说明产生了差错，但是不能确定差错的具体位置。

奇校验的检错能力不强，它能检出码字中任意奇数个错误，却会漏检所有偶数个错误。对于偶校验也同样如此。奇偶校验适用于检测随机差错，因为在这种情况下单个错码出现的概率最大。

1.4.3 循环码

循环码是一种分组码，它基于严格的数学理论基础，其编译码设备都不太复杂，但其检错和纠错能力较强。假设 $V(x)$ 表示一个(n,k)循环码多项式，$m(x)$为信息多项式，$g(x)$为生成多项式，那么 $V(x)$的产生过程如下。

设要编码的 k 位信息是 $m=(m_{k-1},\cdots,m_1,m_0)$，则相应的码多项式为

$$m(x)=m_{k-1}x^{k-1}+\cdots+m_1x+m_0$$

用 x^{n-k} 乘以 $m(x)$ 有

$$x^{n-k}\cdot m(x)=m_{k-1}x^{n-1}+\cdots+m_1x^{n-k+1}+m_0x^{n-k} \tag{1.1}$$

用 $g(x)$ 除 $x^{n-k}\cdot m(x)$ 有

$$[x^{n-k}\cdot m(x)]/g(x)=q(x)+r(x)/g(x)$$

$$x^{n-k}\cdot m(x)=q(x)\cdot g(x)+r(x) \tag{1.2}$$

式中，$q(x)$ 和 $r(x)$ 分别为商式和余式。因为 $g(x)$ 是一个 $(n-k)$ 次多项式，故余式 $r(x)$ 的次数不会高于 $n-k-1$，所以可将 $r(x)$ 写成

$$r(x)=r_{n-k-1}x^{n-k-1}+\cdots+r_1x^1+r_0 \tag{1.3}$$

重新安排式(1.2)得

$$x^{n-k}\cdot m(x)+r(x)=q(x)\cdot g(x) \tag{1.4}$$

可见，等式左边是生成多项式的一个倍式，其次数不高于 $(n-1)$。将式(1.1)、式(1.3)代入可得

$$\begin{aligned}x^{n-k}\cdot m(x)+r(x)=&m_{k-1}x^{n-1}+\cdots+m_1x^{n-k+1}+m_0x^{n-k}\\&+r_{n-k-1}x^{n-k-1}+\cdots+r_1x^1+r_0\end{aligned} \tag{1.5}$$

对应的码字为 $(m_{k-1},\cdots,m_1,m_0,r_{n-k-1},\cdots,r_1,r_0)$，它由 k 个信息位和附加在后面的 $(n-k)$ 个监督位构成。

由以上分析可知，循环码的编码可归结为以下 3 个步骤。

(1) 用 x^{n-k} 乘以 $m(x)$。

(2) 用 $g(x)$ 除 $x^{n-k}\cdot m(x)$，得到余式 $r(x)$。

(3) 联合 $x^{n-k}\cdot m(x)$ 和 $r(x)$，得到循环码多项式 $x^{n-k}\cdot m(x)+r(x)$。

循环码可用硬件电路实现，也可用软件编程实现。在数据通信中，国际上推荐常用的循环码有三种，它们的生成多项式分别为 CRC-12$=x^{12}+x^{11}+x^3+x^2+x+1$、CRC-16$=x^{16}+x^{15}+x^2+1$、CRC-ITU-T$=x^{16}+x^{12}+x^5+1$。

接下来看看接收端检测误码的原理。由前面编码原理的讨论可知，编码电路输出的循环码多项式为

$$V(x)=x^{n-k}\cdot m(x)+r(x) \tag{1.6}$$

在传输过程中受到干扰的影响，使接收到的码字变成 $V'(x)$，设产生差错的多项式为 $e(x)$，则有

$$e(x)=V(x)+V'(x)(\text{模 }2) \tag{1.7}$$

上式可改写成

$$V'(x)=e(x)+V(x) \tag{1.8}$$

同样用 $g(x)$ 对 $V'(x)$ 进行除法运算，可得

$$V'(x)/g(x) = [e(x) + V(x)]/g(x) \tag{1.9}$$

将 $V(x)=q(x) \cdot g(x)$ 代入，得

$$V'(x)/g(x) = [q(x) \cdot g(x)]/g(x) + e(x)/g(x) \tag{1.10}$$

可见，当接收到的码字没有差错，即 $e(x)=0$ 时，$V'(x)$ 将被 $g(x)$ 整除。

1.5 网络体系结构

网络体系结构是指为了完成计算机之间的通信，把计算机互连的功能划分成多个层次，规定了同层次通信的协议、相邻层之间的接口及服务，将这些层、协议、接口及服务统称为网络体系结构。体系结构是一个抽象的概念，它不涉及具体的实现细节，体系结构的说明必须提供足够信息，以便网络设计者能够为每一层编写出完全符合要求的程序。

1. 层、子系统与实体

分层是进行系统分解的最好方法之一，层次化体系结构的优点主要有三点。首先，各层相对独立，彼此不需要知道各自的实现细节，而只要了解其通过层间接口提供的服务。当某一层发生变更时，只要接口关系保持不变，就不会对其上下层产生影响。其次，易于实现和维护，由于系统已被分解为相对简单的若干层次，已成为模块化结构，所以设计和维护都相对简单。第三，易于标准化，因为每一层的功能和所提供的服务均已有精确说明。

三个开放系统互连在一起的情况如图1-14所示。每一个开放系统均可分为多层，每一层称为一个子系统。每个子系统与上、下相邻的子系统进行交互作用，这种作用通过子系统之间的公共边界进行。在所有互连开放系统中，位于同一水平(即同层)的对等层构成一个子系统。对各层次可作如下描述：除了最高层和最低层以外，任何一层都可称为(N)层，意即“第 N 层”，与(N)层相邻的上层和下层分别称为($N+1$)层和($N-1$)层。这种对层次的描述方法也适用于其他概念，如($N+1$)协议、(N)实体、(N)功能、($N-1$)服务等。实体表示进行发送或接收信息的硬件或软件进程，所以每一层都可看成由若干个实体组成，位于不同开放系统的对等层交互实体称为对等实体。

2. 服务、协议和服务访问点

在同一开放系统中，(N)实体可以通过层间边界与上层的($N+1$)实体或下层的($N-1$)实体进行通信。然而，位于不同开放系统中的对等实体，没有这种直接通信能力，

它们之间的通信需要借助相邻低层及其下面各层的通信来实现。也就是说，对等实体之间的通信需要通过下层对等实体之间的通信来完成。

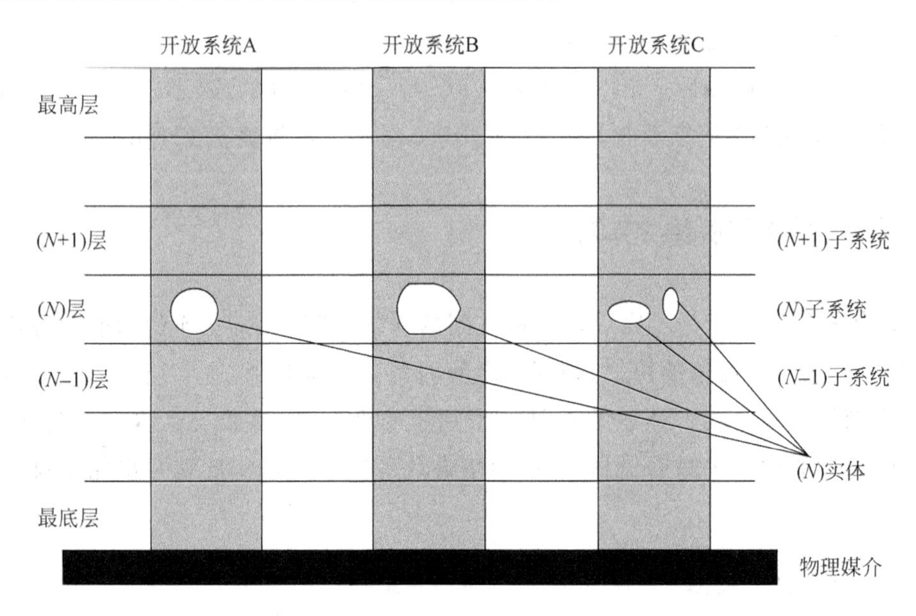

图 1-14　开放系统中的层、子系统和实体

不同开放系统对等实体之间的通信，需要(N)实体向相邻的上一层(N+1)实体提供一种能力，这种能力称为(N)服务。接受(N)服务的相邻上一层实体，即(N+1)实体，称为(N)服务用户或(N)用户。这样，(N+1)实体需要(N)实体提供的(N)服务来完成它们之间的通信。同理，(N)实体也需要请求(N－1)实体提供的(N－1)服务来完成通信。以此类推，直至最底层。最底层的两个对等实体则通过连接它们的物理媒介直接进行通信。

确定两个对等(N)实体通信的行为规则集合称为(N)协议。(N)服务用户只能看见(N)服务，却无法看见(N)协议的存在，即(N)协议对(N)服务用户是透明的。服务与协议的概念可通过图 1-15 进一步加深理解。服务是同一开放系统中相邻层之间的操作，协议则是不同开放系统的对等实体之间进行通信所必须遵守的规定。服务和协议虽是两个不同概念，但两者之间密切相关，(N)协议的实现需要依靠(N－1)服务以及在(N－1)层的对等实体按照(N－1)协议进行信息的交互。

对于层间通信，通信双方都必须遵守事先约定的规则。一般将那些为在网络中进行数据交互而建立的规则、标准或约定，统称为网络协议。网络协议不仅要明确所交换的数据格式，而且还要对事件发生的次序(即同步)做出明确过程说明。一个网络协议主要由语义、语法、同步这三部分组成。语义规定通信双方准备“讲什么”，即确定协议元素的类型。语法规定通信双方“如何讲”，即确定协议元素的格式。同步规定通信双方的“应答关

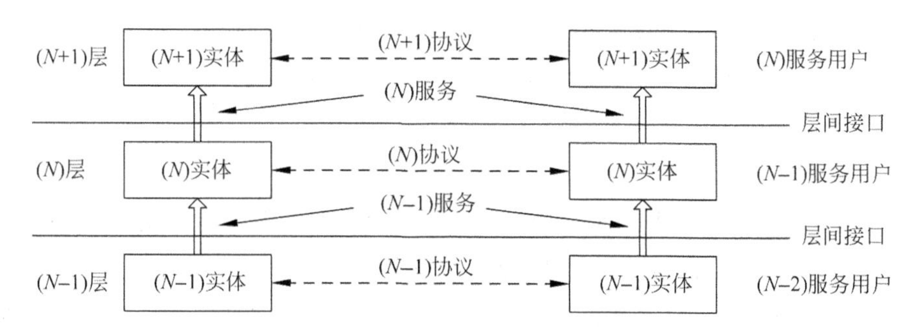

图 1-15　服务与协议的概念

系”，即确定通信过程中的状态变化，此项可用状态机来描述。由此可见，网络协议是计算机网络体系结构中不可缺少的组成部分。

(N)实体向(N+1)实体提供服务的交互处，称为(N)服务访问点(Service Access Point，SAP)，该服务访问点位于(N)层与(N+1)层之间的界面上，是(N)实体与(N+1)实体进行交互连接的逻辑接口。服务访问点有时也称为端口或插口。每一个服务访问点都被赋予一个唯一的标识地址。在同一开放系统的相邻两层之间允许存在多个服务访问点。一个(N+1)实体可以连接到一个或多个(N)服务访问点上，这些(N)服务访问点又可连接到相同的或不同的(N)实体上。一个服务访问点一次只能连接一个(N)实体和一个(N+1)实体，服务访问点与实体的连接关系如图 1-16 所示。

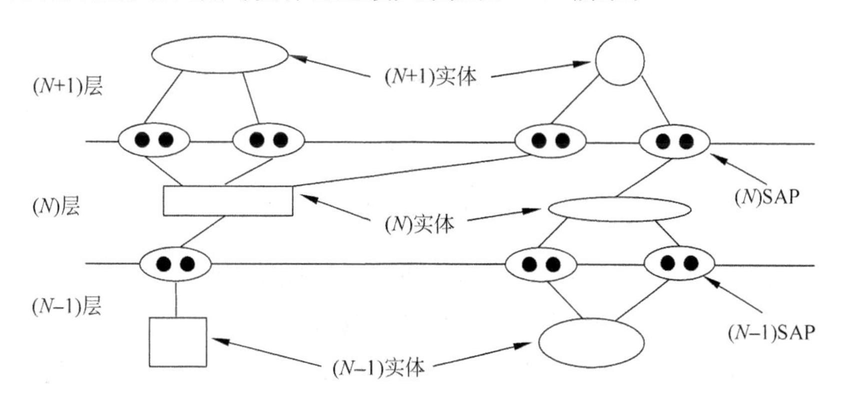

图 1-16　服务访问点与实体的关系

3. 服务原语

相邻子系统内的实体通过服务访问点发送或接收服务原语进行交互作用。(N)服务原语可以由(N)实体向(N+1)实体发送，或由(N+1)实体向(N)实体发送。每一层均可使用的服务原语有请求、指示、响应、证实这四种类型。请求由(N+1)实体发往(N)实体，表示(N+1)实体请求(N)实体提供指定的(N)服务，如请求建立连接、请示数据传送等。指示由(N)实体发往(N+1)实体，表示(N)实体发生了某些事件，例如接收到远地对等实体发来的数据等。响应由($N+1$)实体发往(N)实体，表示对(N)实体最近一次送来指示的响应。证实由(N)实体发往($N+1$)实体，表示该($N+1$)实体所请示的服务已经完成，予以确认。

两个开放系统的服务用户使用这4种类型服务原语的情况如图1-17所示。图中采用时间表示法，带圈的数字表示各类服务原语的先后发生次序，图中的服务提供者为两个开放系统的(N)层及其以下各层。这四种类型的服务原语可用于不同场合，如建立连接、数据传送和断开连接等。服务有证实型和非证实型之分，证实型服务的每次服务都要用到这四种类型的服务原语，而非证实型服务只使用前两种类型的服务原语。由图1-17可见，证实型服务要求服务用户双方完整地交互一次，这需要较长的时间，但能提高其可靠性。因此，诸如建立连接的服务应属于证实型服务，而数据传送和断开连接一般采用非证实型服务。

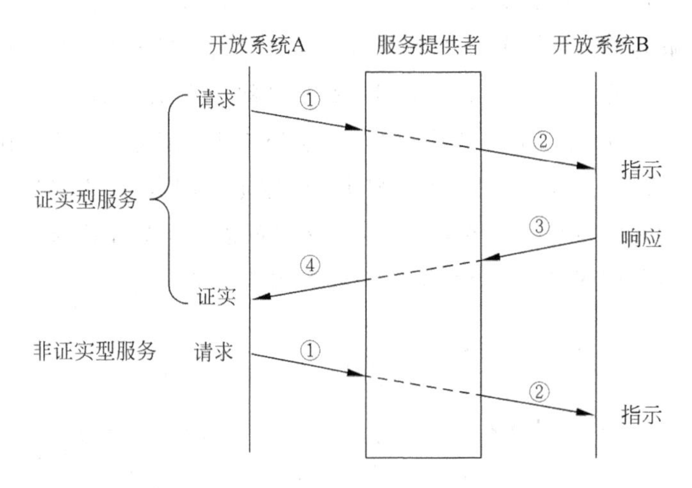

图1-17 证实型服务与非证实型服务

一个完整的服务原语应包含3个基本组成部分，即原语名字、原语类型和原语参数。前两者一般用英文表示，其间用圆点或空格隔开，原语参数可用英文或中文表示，并加上括号。例如，请求建立传输连接的服务原语可写成“T-CONNECT. request(被叫地址，主叫地址，加速数据选择，服务质量，用户数据)”。

4. 数据单元

在OSI(开放系统互连)环境中，对等实体按协议进行通信，相邻层实体按服务进行通信，这些通信都是以数据单元作为信息传递单位。OSI模型中规定了服务数据单元(Service Data Unit，SDU)、协议数据单元(Protocol Data Unit，PDU)、接口数据单元(Interface Data Unit，IDU)这3种类型的数据单元。服务数据单元是相邻层实体之间传送信息的数据单元，($N+1$)层与(N)层之间传送信息的服务数据单元记为(N)SDU。协议数据单元是对等实体间传送信息的数据单元,(N)层的协议数据单元记为(N)PDU,(N)PDU由(N)用户数据、(N)协议控制信息这两部分组成,分别记为(N)UD、(N)PCI。如果某层的协议数据单元只用于控制,则协议数据单元中的用户数据可省略,此时只有该层的PCI。接口数据单元是相邻层实体通过服务访问点一次交互信息的数据单元,(N)层的接口数据单元记为(N)IDU。(N)IDU也由两部分组成,一部分是(N+1)实体与(N)实体交互的数据,称为接口数据,记为(N)ID,另一部分是为了协调(N+1)实体与(N)实体的交互操作而附加的控制信息,这些控制信息称为接口控制信息,记为(N)ICI。由于接口控制信息只在交互信息通过服务访问点时才起作用,所以,当接口数据单元通过服务访问点后就可以将其去掉。

上述3种数据单元的关系如图1-18所示。由图可见,(N+1)PDU是借助(N)SDU通过(N)SAP传送到(N)层,此时(N)SDU就相当于(N)层的用户数据,对它加上(N)PCI后便构成了(N)PDU。这样,(N+1)PDU似乎等同于(N)SDU,实际上,(N+1)层PDU与(N)SDU不一样长的情况也存在。有时发送方需要将数个(N+1)PDU拼接成一个(N)SDU,而在接收方对等实体则需要将一个(N)SDU分割成数个(N+1)PDU来操作。另外,当(N)SDU较长而(N)协议所要求的(N)PDU较短时,就要对(N)SDU进行分段处理,分别加上各自的协议控制信息,构成多个(N)PDU。而在接收方则要进行相应的合段操作。还需指出,图1-18仅表示(N+1)实体与(N)实体交互(N)SDU时,一个(N)SDU正好等于一个(N)ID的情况,事实上,也可能出现一个(N)SDU等于数个(N)ID的情况。此时,(N+1)实体与(N)实体之间就需要通过数次交互(N)IDU才能实现传

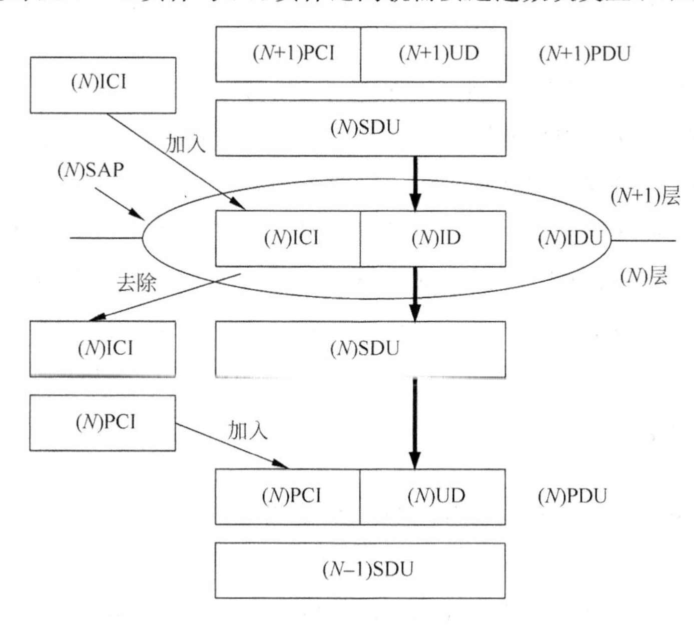

图1-18 3种数据单元的关系

送(N)SDU。

5. 对等实体之间的通信

不同开放系统中对等实体之间的通信是借助相邻低层及其下面各层的通信来实现的。这种通信在时序上要经历建立连接、数据交换、释放连接这3个阶段。

1) 建立连接阶段

当位于不同开放系统同一(N+1)层的两个(N+1)实体需要通信时,首先需要在(N)层利用(N)协议建立逻辑联系,这种联系称为(N)连接。建立一个(N)连接主要包括:指出为(N+1)实体提供通信服务的(N)实体名以及服务访问点,同时对(N)实体提供的服务质量提出要求。

在建立(N)连接时,两个(N)实体均应处于能够连接的状态。(N)层对等实体之间的通信可以借助于建立(N-1)连接来实现,并以此类推,直至最低层。

2) 数据交换阶段

建立了(N)连接以后,对等(N+1)实体之间可分别通过与它相连的(N)SAP实现数据交换,数据交换是(N)层为(N+1)层提供的服务。事实上,这种服务是(N)层及以下各层所提供的一种综合服务,但由于(N)层以下提供的服务被(N)层所屏蔽,因此,(N-1)层及以下各层所提供服务对(N+1)实体是透明的。可以将(N)连接看成是为(N+1)实体之间提供的一条逻辑通路,(N+1)实体之间通过这条逻辑通路进行数据交换。为了提高数据交换速度,这种(N)数据交换服务一般是非证实型服务。

3) 释放连接阶段

当两个对等(N+1)实体完成数据交换之后,任何一方的(N+1)实体都可以请求释放它们之间的(N)连接以中止通信,这一过程称为释放连接,释放连接也是一种服务。正常释放(N)连接是一种非证实型服务。

除正常释放连接以外,还存在有序释放连接和异常释放连接两种情况。有序释放连接是通信双方协商式的释放连接,而异常释放连接是因(N)服务用户和(N)服务提供者发现了异常情况,不能再保持(N)连接上的数据交换,要求立即释放(N)连接的过程。

6. 服务的类型

两个对等实体之间的通信与服务类型有关,服务可分为面向连接服务和无连接服务这两种类型。

面向连接服务是指两个对等实体在进行数据交换之前需要先建立连接,当数据交换结束后,再终止或释放这种连接关系。因为面向连接的服务具有建立连接、数据交换和释放连接三个阶段，以及按顺序传送数据的特点，所以面向连接的服务在网络层上又称为虚电路服务。面向连接服务虽然因建立连接和释放连接过程而增加了通信开销，但能提供可靠的有序服务，因此它适合于在一定期间内要向同一目的地发送多个数据分组的情况。

无连接服务是指两个对等实体之间的通信不需要先建立一个连接，具有灵活方便、传递迅速的优点，但也存在数据丢失、重复及乱序的可能性。它适合于传送少量数据分组的场合。无连接服务有数据报、证实交付、请求回答这三种类型。

数据报的特点是服务简单、通信开销少，发完就结束通信，不需要接收端做出任何响应。数据报服务适用于一般电子邮件，特别适用于广播和组播服务。证实交付又称可靠的数据报服务，它要求提供服务的层对每一个报文产生一个证实发给用户，因此它只保证报文已经发出，但不能保证远端目的站已经收到该报文。而请求回答要求接收端用户对收到的一个报文向发送用户回送一个应答报文，如果接收端发现报文有误，则响应一个表示有差错的报文。当然，双方发送的报文都可能存在丢失现象。这种服务适用于事务处理和查询服务的场合。

7. 开放系统互连参考模型

在20世纪70年代出现的公司级网络推动了计算机网络的发展，但由于网络体系结构不同，各公司生产的计算机之间很难相互通信。要充分发挥计算机网络的作用，就需要制定一个国际标准，以解决不同厂家所生产计算机的互通问题。于是，ISO(国际标准化组织)于1984年正式制定了标准化的开放系统互连参考模型(OSI/RM)，即ISO 7498。

在OSI/RM制定过程中，采用了层次化体系结构，总体上使用了体系结构、服务定义、协议规范这三级抽象，它们之间的关系如图1-19所示。其中，OSI体系结构(即OSI参考模型)是网络系统在功能、概念上的抽象模型，是三级中最高一级的抽象概念。描述OSI体系结构的文件ISO 7498定义了一个七层模型，作为一个概念性框架来协调各层标准的制定。OSI服务定义是较低一级的抽象概念，它详细地定义了每一层所提供的服务。某一层的服务是指该层及其以下各层通过层间的抽象接口提供给更高一层的一种能力。另外，各种服务还要定义层间的抽象接口，以及各层为进行层间交互所要用到的服务原语。OSI协议规范是OSI标准中最低级的抽象概念，每一层协议规范说明控制信息的内容及其相关过程。

OSI参考模型采用的七个层次体系结构如图1-20所示，从下到上依次为物理层、数据链路层、网络层、传输层、会话层、表示层、应用层。物理层的作用是为数据链路层提供一个物理连接。这里所说的“物理连接”不是永远存在于物理媒介之中，而是需要由物理

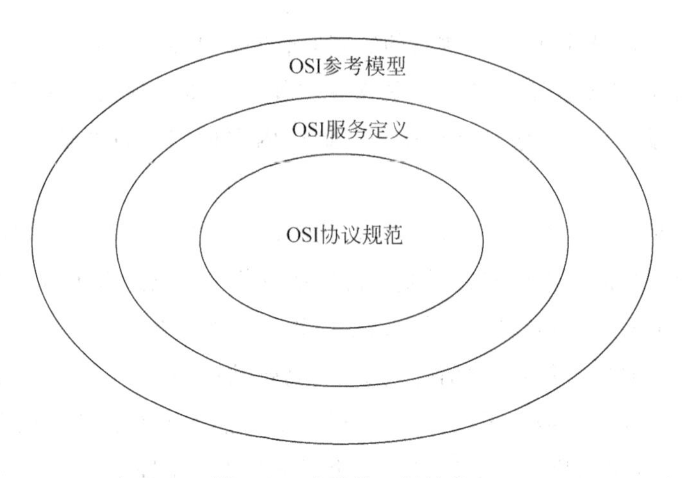

图 1-19 OSI 的三级抽象

层去建立、维护和终止。物理层的数据传输单位是比特。数据链路层的作用是为网络层提供一个数据链路连接,在一条可能出差错的数据链路上进行几乎无差错的数据传输。数据链路层通过校验、确认以及反馈重发等手段将原始的物理连接改造成无差错的数据链路。帧是数据链路层传送数据的单位,帧包含地址、控制、数据、校验等信息。帧的控制信息用于帧同步和流量控制。与物理层类似,数据链路层也要负责建立、维护和释放数据链路的连接。

网络层对通信子网的运行进行控制。在网络层,数据的传送单位是分组或包。网络层的作用是将传输层送来的数据组合为分组数据,选择合适的路由和交换节点,并防止网络发生阻塞。当分组需要通过多个通信子网到达目的节点时,网络层还要解决网际互联的问题。

应用层
表示层
会话层
传输层
网络层
数据链路层
物理层

图 1-20 OSI 参考模型层次结构

传输层的作用是为会话层用户提供一个端到端(即主机到主机)透明的数据传输服务。高层用户可以直接利用传输层提供的服务进行端到端的数据传输。对于会话层而言,传输层使高层看不见通信子网的存在以及通信子网的替换或技术改造。传输层的数据传送单位是报文。当报文长度大于分组时,应先将报文划分后再交给网络层进行传输。当高层用户请求建立一条传输虚通信连接时,传输层通过网络层在通信子网中建立一条独立的网络连接。如果需要较高的吞吐量,传输层也可以建立多条网络连接来支持一条传输连接,起到分流的作用。反之,若需要节省通信开销,传输层可以将多条传输连接合在一起使用一条网络连接。传输层还负责端到端的差错控制和流量控制。

会话层允许不同主机上的各种进程之间进行会话,并参与管理,这是一个进程到进程的层次。会话层管理和协调进程之间的对话，它管理对话关系并确定其采用双工或半双工的工作方式。提供在数据流中插入同步点的机制，以便在网络发生故障时，只需要重传最近一个同步点以后的数据，而不必重传全部数据。会话层及其以上层次的数据传送单位一般都统称为报文。

表示层主要为上层用户解决用户信息的语法问题，其目的是让不同的计算机能够采用不同的编码方法来表示用户的抽象数据类型和数据结构。表示层需要管理这些抽象的数据结构，并把计算机内部的表示形式转换成网络通信中采用的表示形式。数据加(解)密、数据压缩等都是表示层提供的表示变换功能。

应用层是 OSI 模型的最高层，它为特定类型的网络应用提供访问 OSI 环境的手段。由于网络应用的要求很多，所以应用层最复杂，所包含的应用层协议也最多。如报文处理系统，文件的传送、存取和管理，远程数据库访问等。

8. Internet 网络体系结构

Internet 起源于 ARPANET，在其发展过程中，为了完成异构网络的互连，采用了 TCP/IP 分层体系。TCP/IP (Transfer Control Protocol/Internet Protocol)于 20 世纪 70 年代末开始研究开发，到 1983 年初，ARPANET 完成了向 TCP/IP 的全部转换工作。现在 TCP/IP 已广泛应用于各种网络中，不论是局域网还是广域网都可以用 TCP/IP 来构造网络环境。以 TCP/IP 为核心协议的 Internet 更加促进了 TCP/IP 的应用和发展，TCP/IP 已成为事实上的国际标准。

TCP/IP 分层体系只包含 4 个功能层，即应用层、传输层、网际层和网络接口层，它与 OSI/RM 的对应关系如图 1-21 所示。其中，网络接口层相当于 OSI 的物理层和数据链路层，网际层与 OSI 的网络层相对应，传输层包含 TCP 和 UDP 两个协议，与 OSI 传输层相对应，应用层包含了 OSI 会话层、表示层和应用层的功能，主要定义了远程登录、文件传送及电子邮件等应用。

OSI/RM 层次
应用层
表示层
会话层
传输层
网络层
数据链路层
物理层

TCP/IP 层次
应用层
传输层
网际层
网络接口层

TCP/IP 协议集

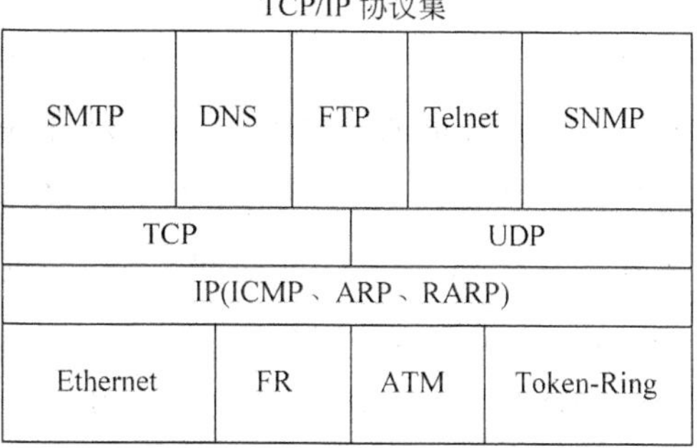

图 1-21　OSI/RM 与 TCP/IP 层次对比

TCP/IP 不包含物理层和数据链路层协议，它只定义了各种物理网络与 TCP/IP 之间的网络接口，即网络接口层。这些物理网络包括多种广域网（如 ARPANET、ATM、FR、X. 25 公用数据网等）以及各种局域网（如 Ethernet、Token-Ring 等）。

网际层是因特网实现异构网络互联最关键的一层，网际层又称为 IP 层，包含 4 个重要协议（IP、ICMP、ARP 和 RARP）。它使用网际协议（Internet Protocol，IP）使不同物理网络在逻辑上互联起来，从而完成主机到主机之间的“端到端”IP 数据报传输的连通性。网际层向上一层（传输层）提供统一的无连接型网络服务，并且对它的上层完全屏蔽掉了下层物理网络的具体细节和差异，从而为应用系统创建了开放的互联环境。网际层的主要功能由 IP 提供。IP 除了提供端到端的分组发送功能以外，还提供了很多扩充功能。例如，用于标识网络号及主机节点号的地址功能；为了克服数据链路层对帧大小的限制，提供了数据分段和重新组装的功能，使得很大的 IP 数据报能以较小的分组在网络上传输；处理网际传输中的路由、流量控制、拥塞预防等。

网际层的另一个重要服务是在互相独立的局域网上建立互联网络。在互联网络中，连接两个以上网络的节点称为路由器（在 TCP/IP 中，有时也称为网关），网络之间的报文根据它的目的地址通过路由器传送到另一个网络。

传输层是为了实现主机进程之间“端到端”数据的可靠传输，又称为 TCP 层，与 OSI/RM 中定义的传输层基本相同。在这一层中定义了传输控制协议、用户数据报协议这两个端到端传送协议。传输控制协议（Transfer Control Protocol，TCP）是一个面向连接的数据传输协议，它完成因特网内主机到主机之间数据无差错传输控制过程，包括对数据流的分段与重装、端到端流量控制、差错检验与恢复以及目标进程的识别等操作。用户数据报协议（User Data Protocol，UDP）是一个不可靠、无连接、直接面向多种应用业务的数据报传输协议。例如，网络控制和管理性的数据业务，客户/服务器模式的查询响应数据业务，以及话音和视频数据业务等。UDP 是实现高效、快速响应的重要协议。

因特网的应用层与 OSI/RM 中的应用层差别很大，它不仅包括了会话层及以上各层中可能有的全部功能，而且还延伸到本地应用进程。可以这样认为，在传输层以下是开放的网络环境，即人们常说的 TCP/IP 网络环境，而应用层就是这个网络环境以外的、但又要直接利用网络环境的一切应用系统或应用程序。

应用层主要包括一系列应用系统协议，如远程终端协议（Telnet）、文件传输协议（FTP）、简单邮件传输协议（SMTP）、简单网络管理协议（SNMP）、超文本传输协议（HTTP），等等。

Internet 网络体系结构是一个简洁、实际的分层方法。它把网络层以下的部分留给了各个物理网络自己，而只需考虑对各种子网的接口关系，简化了高层部分而形成单一的应用层，并将应用层功能一直延伸到主机的应用进程（即包括完整的应用程序），而不像 OSI/RM 那样应用层只涉及应用服务接口。

本章小结

本章概要性地介绍了通信网的基础知识，包括网络的基本构成、基本传输技术、基本交换技术、差错控制方法及网络体系结构等方面内容，目的是为学习后续章节打基础，为骨干网传输及交换技术的介绍做准备。

在我国建设信息高速公路的过程中，大容量光纤传输系统以及巨型交换结构发挥了关键性作用，两者缺一不可。而差错控制方法在整个通信系统中无处不在。同时，要深刻理解通信各个环节之间的关系，只能从网络体系结构这一基本点出发。因此，这里对相关基础知识进行了介绍。如果要进一步详细了解，可继续学习后续章节，对于后续章节未涉及的内容，也可查阅相关书籍。

思考题

1. 数字信号和模拟信号之间的区别是什么？

2. 局域网的拓扑结构一般有哪几种？

3. 什么是多路复用？多路复用的方式有哪几种？

4. 什么是单工、半双工和全双工数据传输？

5. 数字信号的码速率是 2048kb/s，直接在信道中传输，所需要的最小带宽是多少？其频带利用率为多少？如果将其转换成八进制信号后再通过信道传输，其所需要的最小带宽、频带利用率分别是多少？

6. 如果在两座城市之间铺设一条长度为 2200km 的光纤链路，当光纤中的码速率分别为 1Gb/s、10Gb/s 时，传播时延分别是多少秒？

7. 说明电路交换与分组交换的主要优缺点。

8. 简述电路交换与虚电路交换的异同点。

9. 分组交换会出现乱序问题吗？为什么？

10. 差错控制的目的是什么？

11. 在各项差错控制技术中，哪些适用于短距离数据传输，哪些适用于长距离数据传输？

12. 有一码多项式为 $m(x)=x^9+x^7+x^6+x^3+x+1$，生成多项式为 $g(x)=x^4+x^2+x+1$，试求出其循环码。

13. 简述 OSI/RM 七层协议模型和每层需要完成的功能。

14. 试述两个开放系统对等实体之间的通信工程。

15. 简述 TCP/IP 网络体系结构。

第2章 PDH、SDH概述

CHAPTER 2

从本章开始，将依照骨干网传输技术的发展分别介绍PDH、SDH、DWDM技术。早期的通信网络都是以话音业务为主，就是打固定电话，所以其传输体制都是依据话音业务而建立，无论是PDH还是SDH都是如此，这在后续的介绍中可以慢慢体会到。

在20世纪90年代初，一个家庭里面有一部固定电话是一件很不容易的事，所以那时整个通信网络的容量还很小。随着社会和技术的不断进步和发展，越来越多的家庭安装上了固定电话，其背后的技术变革就是传输技术从PDH发展到了SDH。再到21世纪初，网络终端得以迅速普及，让人们可以随时随地上网查资料、看视频、聊天等，其背后的技术变革就是传输技术从SDH发展到了DWDM。由此看出，在通信让人们的交流越来越方便的演进过程中，其背后的支撑实质上是相关技术的飞速发展。本章将首先介绍PDH，然后说明PDH向SDH的过渡。

2.1 PDH概述

数字技术的发展，特别是数字集成电路的出现，为在电信网中实现数字时分复用(Time Division Multiplexing，TDM)技术创造了条件。将每个模拟话路变换为64kb/s数字话路，为进一步提高链路容量，多个64kb/s信道又以字节为单位作进一步交错复接。30个64kb/s话音信道与2个用于监控的信道复接在一起，形成包含32个数字信道的“帧结构”，复接后比特率是2.048Mb/s，称其为基群信号，就是人们常说的E1信号。将4个基群信号复接为8Mb/s信号流，接着进一步提升到34Mb/s、139Mb/s及565Mb/s，形成一个完整的比特速率系列。

在复接过程中，支路信息可来自不同设备，有各自的主时钟，导致各支路信号不完全同步。为了便于复接，需要规定各支路比特流之间的异步范围，即规定各主时钟允许偏离标称值的范围。这种对比特率偏差的约束，就是所谓的准同步工作要求，相应的比特系列称为准同步数字体制(Plesiochronous Digital Hierarchy，PDH)。

将基群信息流(速率为 2Mb/s)进一步复接为高次群(2～5 次群：对应为 8～565Mb/s)信息流的复接方法是逐次实现的。例如，将一路 64kb/s 数字信号复接到一个五次群码流中，要经过基群、2～5 次群总共五次复接才能实现，这其中要 4 次加入辅助比特信息。高次群复接采用逐比特异步复接的方法。在异步复接中，规定各支路信息流速率有相同的标称值，而实际值允许在一定容差范围内变化。这是一种准同步复接，其复接过程要通过两步实现：首先采用正码速调整办法，将各支路信息变换为相互同步的数字信号码流(其速率、相位达到确定值)，然后将各支路信息以及相关辅助信息逐比特同步交错复接，形成一个高速信息流。

这里以 4 个 2Mb/s 复接成 8Mb/s 为例，简单说明其处理过程。基群和二次群的标称值分别为 2048kb/s 和 8448kb/s，容差分别为 50ppm 和 30ppm，即：速率分别为 2048 kb/s±102.4b/s 和 8448kb/s±253.44b/s。为了能将 4 个基群复接，可首先将每个基群的速率调整到(8448kb/s±253.44b/s)的 1/4，因调整后的速率高于调整前的速率，故称之为正码速调整。处理过程如图 2 1 所示，首先分别提取 4 个支路码流的时钟，然后将其送给对应的“码速调整”模块，用于提取各支路数据。在“码速调整”模块，各支路数据恢复后，在本地时钟的控制下，按照各支路数据的异步状况，分别插入不同数量的冗余比特，将各支

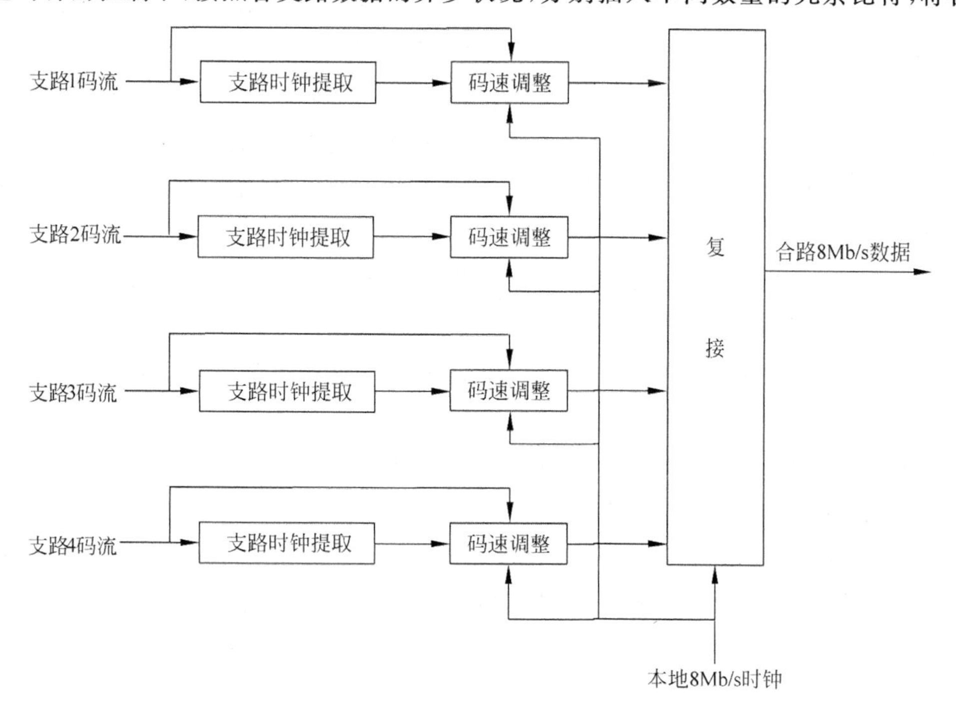

图 2-1　基群复接为二次群

路数据提速到相同的二次群速率，此时 4 路信号已完全同步，最后将 4 路信号送到“复接”模块进行同步复接，输出二次群码流。

PDH 传输体制提供了将多路低速数字话音信号合并成一路高速数字信号的方法，在通信技术的发展过程中具有里程碑意义，但随着通信范围的进一步扩大以及对上下支路信号便利性的要求等，PDH 的不足之处逐渐显现。高度发达的信息社会要求通信网能提供多种多样的电信业务，通过通信网传输、交换处理的信息量将不断增大，这就要求通信网向数字化、综合化、智能化和个人化方向发展。传输系统是通信网的重要组成部分，传输系统的好坏直接制约着通信网的发展。当前世界各国大力发展的信息高速公路，其中一个重点就是组建大容量的传输光纤网络，不断提高传输线路上的信号速率、扩宽传输频带，就像一条不断扩展的能容纳大量车流的高速公路。同时，用户希望传输网能有世界范围的接口标准，能实现地球上每一个用户能随时随地便捷通信。而由 PDH 组建的传输网，由于其复用的方式不能满足信号大容量传输的要求，另外，PDH 的地区性规范也给网络互联增加了难度，因此，在通信网向大容量、标准化发展的过程中，PDH 已经愈来愈成为现代通信网的瓶颈，制约了传输网向更高的速率发展。PDH 的不足之处主要体现在以下几个方面。

1. 接口

只有地区性的电接口规范，不存在世界性标准。PDH 数字信号序列有三种信号速率等级：欧洲系列、北美系列和日本系列，各种系列的电接口速率等级、帧结构、复用方式均不相同，这就造成了国际互通困难，使通信范围受到一定限制，三种系列电接口速率等级如图 2-2 所示。即使在同一系列中，各次群的帧周期也不尽相同。例如，对于欧洲系列，基群的帧周期为 125μs，每帧有 256 比特，而二次群的帧周期约为 100μs，每帧共 848 比特。

没有世界性标准的光接口规范。为了对光路上的传输性能进行监控，各厂家各自采用自行开发的线路码型。典型的例子是 mBnB 码，其中 mB 为信息码，nB 是冗余码，冗余码的作用是实现设备对线路传输性能的监控功能，由于冗余码的接入使同一速率等级上光接口的信号速率大于电接口的标准信号速率，不仅增加了发光器的光功率，而且由于各厂家加上的冗余码不同，导致不同厂家同一速率等级的光接口码型和速率不一样，从而使不同厂家的设备无法实现横向兼容。这样，在同一传输路线两端就必须采用同一厂家设备，给组网及网络互通带来困难。要实现不同厂家设备的互通，就只有通过光电转换，变成标准接口才能互连，这不仅增加了网络的复杂性，也提高了网络成本。

2. 复用方式

PDH 体制中，只有 1.5Mb/s 和 2Mb/s 速率信号是同步复接，其他速率信号都是异

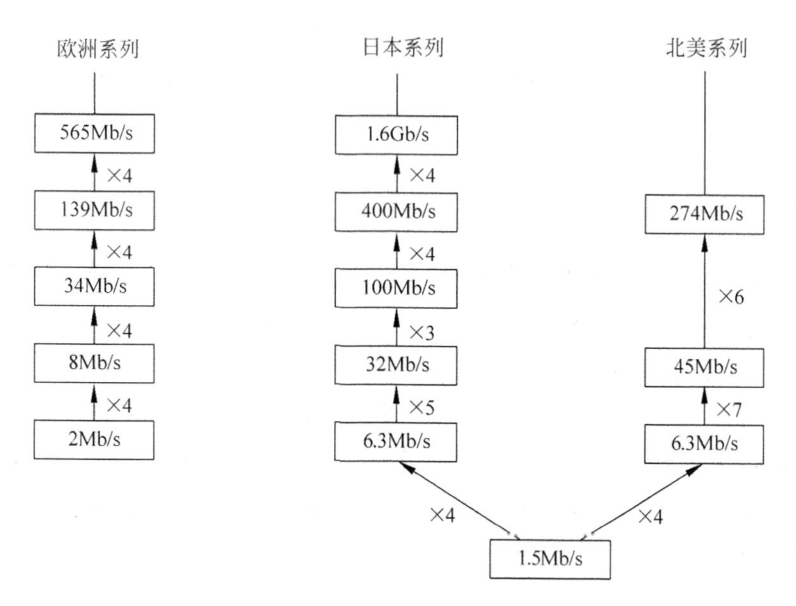

图 2-2 三种 PDH 系列速率等级

步复接，需要通过码速调整来匹配和容纳时钟差异，然后再进行逐比特同步复接。由于PDH 采用异步复用方式，当低速信号复用到高速信号时，就会使低速信号在高速信号帧结构中的位置没有规律性和固定性，因此无法从高速信号中直接分离出低速信号。就像在一群人中去寻找一个没见过的人，若这一群人排成整齐的队列，只要知道所要找的人在第几排、第几列，就可以直接找到他，若这一群人杂乱无章地站在一起，若要找到这个人，就只能一个一个地用照片去比对。

在这种异步复接方式下，向高速信号中插入低速信号或从高速信号中分离出低速信号，均要按照速率等级逐级依次进行，从而使上、下支路信号不够方便、直接。例如，从139Mb/s 的信号中插分出 2Mb/s 低速信号要经过的过程如图 2-3 所示。从图中看出，在从 139Mb/s 信号中插分出 2Mb/s 信号过程中，使用了大量"背靠背"设备。通过三级解复用设备从 139Mb/s 信号中插分出 2Mb/s 低速信号；再通过三级复用设备将 2Mb/s 低速信号复用到 139Mb/s 信号中。从总体上看，一个 139Mb/s 信号可复用进 64 个 2Mb/s

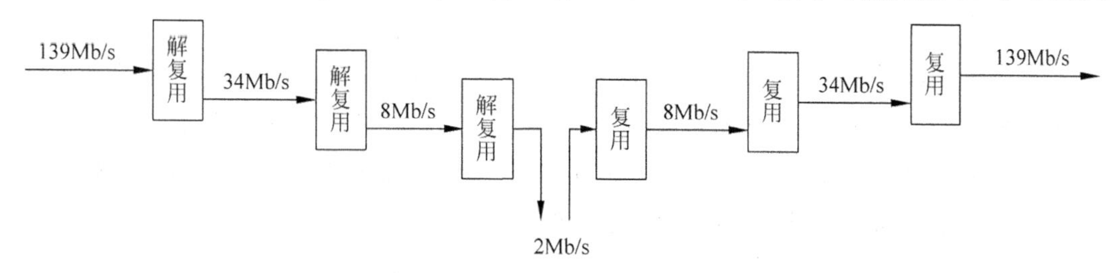

图 2-3 从四次群信号分离、插入基群信号示意图

信号，但如果仅从 139Mb/s 信号中上、下一个 2Mb/s 信号，也需要全套的三级复用和解复用设备。这不仅增加了设备的体积、成本、功耗，还增加了设备的复杂性，降低了设备的可靠性。

3. 运行维护

PDH 信号采用大量的人工操作来实现数字信号的交叉连接，所以帧结构中用于运行管理维护(Operation，Administration and Maintenance，OAM)工作的开销字节不多，正是基于这一原因，在设备进行光路上的线路编码时，要通过增加冗余编码来完成线路性能监控功能。这就限制了网络管理能力的进一步提高，给网络的分层管理、性能监控、业务调度、传输带宽控制、告警的分析定位等带来困难。另外，PDH 没有统一的网管接口，这就要求网络运营商在购买厂家的传输设备时，要同时购买该厂家的网管系统，不利于形成统一的电信管理网。

2.2 PDH 过渡到 SDH

由于以上种种缺陷，使 PDH 传输体制越来越不适应传输网的发展，于是美国贝尔通信研究所首先提出了同步光网络(Synchronous Optical Network，SONET)概念，它包含一整套分等级的标准数字传递结构。制定 SONET 标准的初衷是实现标准光接口，便于各厂家设备在光路上互通，这有利于当初北美市场的进一步开放和公平竞争，但后来 SDH 的发展已远远超越这一预期。国际电报电话咨询委员会(International Telephone and Telegraph Consultative Committee，CCITT，目前是国际电信联盟电信标准部，即 International Telecommunication Union-Telecommunication Standardization Sector，ITU-T)于 1988 年接受了 SONET 概念，并重命名为同步数字体制(Synchronous Digital Hierarchy，SDH)，使其成为不仅适用于光纤传输，也适用于微波和卫星传输的通用技术体制。

SDH 包含一系列传输协议，ITU-T 于 1988—1998 年共完成有关 SDH 的 31 个标准，对网络节点接口、比特率、复用结构、复用设备、网络管理、网络保护、光接口、误码及抖动性能等进行了规范。

SDH 的核心是从统一的国家电信网和国际互通的高度来组建数字通信网，是构成综合业务数字网(Integrated Services Digital Network，ISDN)，特别是宽带综合业务数字网(B-ISDN)的重要组成部分。与 PDH 传输网不同，SDH 传输网是一个高度统一、标准化、智能化的网络，它采用全球统一的接口以实现多厂家设备兼容，在全程全网范围实现协调一致的管理和操作，包括灵活的组网与业务调度、实现网络自愈功能等，提高了网络资源利用率，由于维护功能加强，大幅降低了设备的运行维护成本。下面从几个方面进一步说明 SDH 所具备的优势。

1. 接口

1) 电接口

SDH 对网络节点接口(NNI)作了统一规范,规范的内容有数字信号速率等级、帧结构、复接方法、线路接口、监控管理等。这就使 SDH 设备容易实现多厂家互连,在同一传输线路上安装不同厂家的设备,体现横向兼容性。

SDH 有一套标准的信息传输结构等级,即有一套标准的速率等级。最低等级的信号传输结构是 STM-1(Synchronous Transport Module-1),相应的速率约为 155Mb/s。高等级的数字信号系列,例如,622Mb/s(STM-4)、2.5Gb/s(STM-16)等,可通过将低等级的信息模块(例如 STM-1)通过字节间插、同步复接而成,复接的个数是 4 的倍数,例如,STM-4=4×STM-1,STM-16=4×STM-4。那什么是字节间插复用方式呢?用一个例子来说明,如图 2-4 所示,有 A、B、C、D 四个信号,它们的帧结构均是每帧 3 个字节,若将这四个信号通过字节间插的方式进行复用,那么复用成的信号 E,一帧中共有 12 个字节,且这 12 个字节的排放次序如图 2-4 所示,这样的复用方式就是字节间插复用方式。而在 PDH 将低速信号复接成高速信号的过程中,采用的是码速调整后的逐比特同步复接,也就是比特间插,而不是字节间插。

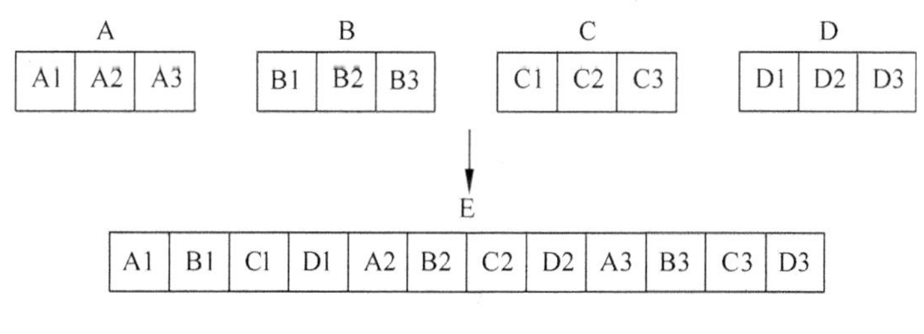

图 2-4 字节间插

2) 光接口

光接口采用世界统一标准规范,SDH 信号的线路编码仅对信号进行扰码,不再进行冗余码插入。扰码标准全世界统一,这样对端设备仅需通过标准的解码器就可与不同厂家 SDH 设备进行光接口互连。扰码的目的是抑制线路码中的长连“0”和长连“1”,便于从线路信号中提取时钟信号。由于线路信号仅通过扰码,所以 SDH 的线路信号速率与 SDH 电接口标准速率一致,不会增加发送端激光器的光功率代价。

2. 复用方式

由于低速 SDH 信号是以字节间插方式复用进高速 SDH 信号的帧结构中,这样就使低速 SDH 信号在高速 SDH 信号帧结构中的位置固定且有规律性，也就是各低速 SDH 信号在高速信号流中的位置具有可预见性。这就能从高速 SDH 信号（例如速率为 2.5Gb/s 的 STM-16 信号）中直接插分出低速 SDH 信号（例如速率为 155Mb/s 的 STM-1 信号），简化了信号的插入和分离过程，使 SDH 更适合于高速大容量的光纤通信系统。

此外，由于采用了同步复用方式和灵活的映射结构，可将 PDH 低速支路信号（例如速率为 2Mb/s 的 E1 信号）复用进 SDH 信号的帧结构中，使低速支路信号在 STM-*N* 帧结构中的位置也具备可预见性，可以从 STM-*N* 信号中直接插分出 PDH 低速支路信号。注意此处不同于前面所说的从高速 SDH 信号中直接插分出低速 SDH 信号，此处是指从 SDH 信号中直接插分出 PDH 低速支路信号，例如 2Mb/s、34Mb/s 与 139Mb/s 等 PDH 低速信号。节省了大量“背靠背”的复用和解复用设备，增加了可靠性，减少了信号损伤、设备成本、功耗等，使业务的上下更加简便。图 2-5 显示了 SDH 与 PDH 上下 E1 信号的对比，可以看出，SDH 上下 E1 信号的过程及设备都更加简单。

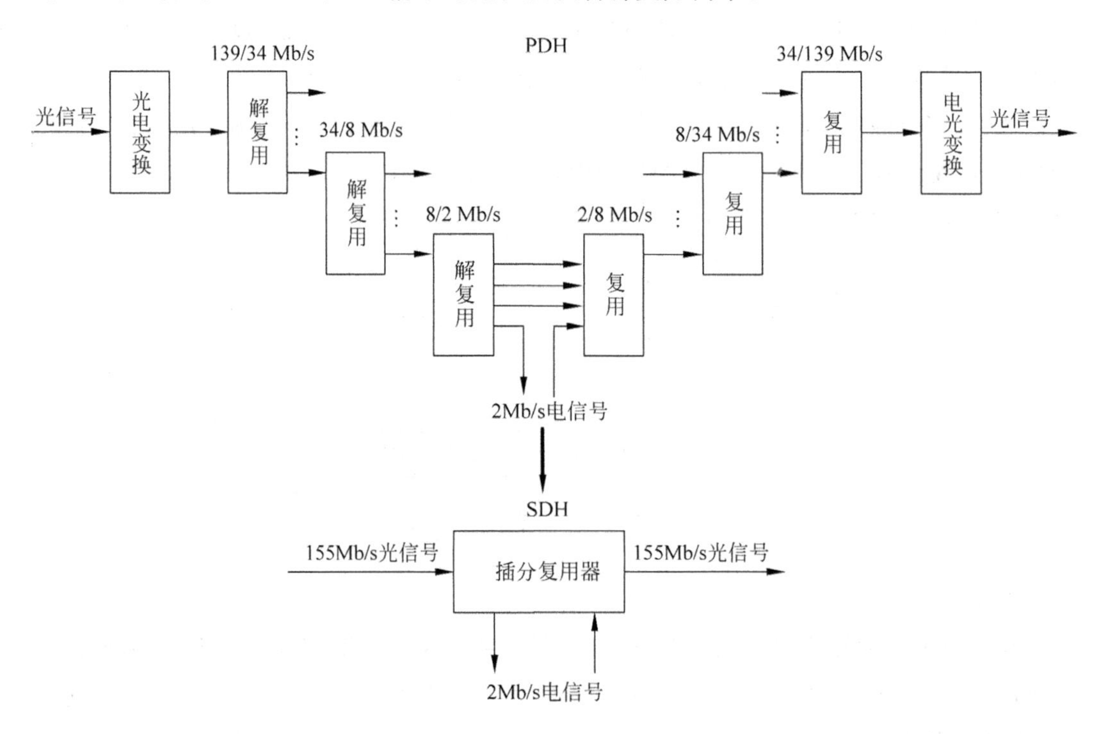

图 2-5 SDH 与 PDH 上下 E1 信号的对比

SDH 的这种复用方式使数字交叉连接（Digital Cross Connection，DXC）功能更易于实现，让网络具有强大的自愈功能，便于用户按需动态组网，灵活地进行业务调配。那什么是网络自愈功能呢？网络自愈是指当业务信道损坏导致业务中断时，网络会自动将业务切换到备用业务信道，使业务能在较短的时间（ITU-T 规定为 50ms）内恢复正常传输。

注意这里仅是指业务传输得以恢复,而发生故障的设备和发生故障的信道还是要人去修复。为了实现网络自愈,设备除了具有DXC功能(完成将业务从主信道切换到备用信道)外,还需要有冗余信道(备用信道)和冗余设备(备用设备),如图2-6所示。

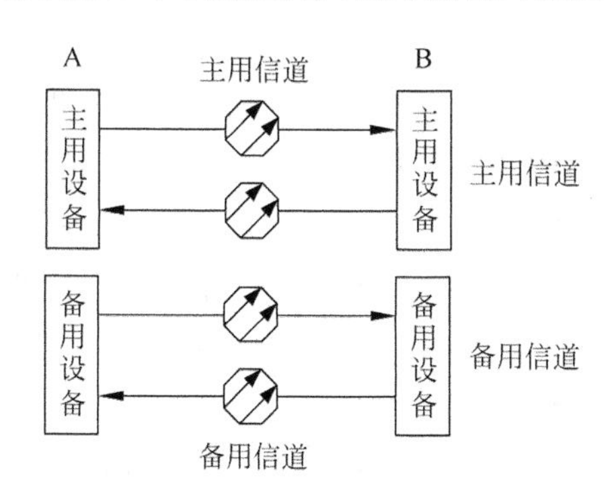

图2-6 SDH网的自愈

3. 运行维护

SDH信号的帧结构中安排了丰富的用于运行管理维护(OAM)功能的开销字节,使网络监控、维护的自动化程度大大加强。PDH信号中开销字节不多,以至于在对线路进行性能监控时,还要通过在线路编码时加入冗余比特来完成。在通信设备的综合成本中,维护费用占相当大一部分,丰富的开销字节使SDH系统的维护费用大大降低。

4. 兼容性

SDH传输网有很强兼容性,当组建SDH传输网时,原有PDH传输网不会作废,两种传输网可以共同存在,可以用SDH网传送PDH业务。为了兼容PDH系列数字信号,SDH针对典型PDH信号有专门的接口。

综上所述,SDH统一了PDH的三大体系标准、简化了复分接方式、增强了运营维护功能。SDH采用G.707、G.708、G.709世界性的统一网络接口和G.957光接口标准,使SDH能支持现有的PDH,便于顺利地从PDH向SDH过渡,体现了后向兼容性。不同厂家的设备可以中途交会,实现横向兼容。另外,通过采用指针处理、灵活的复用映射结构等,只需利用软件即可从高速信号中一次直接插分出低速信号,省去了全套背靠背复分接设备。

ITU-T规定的同步传输模块第1级(STM-1)速率为155.52Mb/s,第N级(STM-N)可按字节同步复接获得(N=1、4、16、64),共有4个等级:STM-1(速率为155.52Mb/s)、STM-4(速率为622.08Mb/s)、STM-16(速率为2488.32Mb/s)、STM-64(速率为9953.28Mb/s),由于是按照4倍关系同步复接,因此其速率是整4倍关系。

既然SDH有较多优点,那么这些优势是以什么代价换来的呢?其不足之处主要体现在如下几方面。

1. 频带利用率低

有效性和可靠性往往是一对矛盾，增加了可靠性就会降低有效性，反之亦然。例如，收音机的有效性增加意味着可选电台数量的增多，这就提高了选择性，但是这往往会使每个电台的带宽变窄，导致音质下降，这又降低了可靠性。同样道理，SDH 的优势是提高了系统的可靠性，即提高了网络 OAM 的自动化程度，但由于加入了大量用于 OAM 功能的开销字节，这会使在传输同样多有效信息的情况下，SDH 所传输的总字节数要大于 PDH 所传输的总字节数，也就是 SDH 信号的传输速率（或占用带宽）要比 PDH 信号的传输速率（或占用带宽）高，这又降低了 SDH 的有效性。例如，SDH 的 STM-1 信号可复用进 63 个 2Mb/s 或 3 个 34Mb/s（相当于 48×2Mb/s）或 1 个 139Mb/s（相当于 64×2Mb/s）的 PDH 信号，只有当 PDH 以 139Mb/s 的信号复用进 STM-1 帧结构时，STM-1 信号才能容纳 64 个 2Mb/s(E1)，但此时 SDH 的信号速率是 155Mb/s，高于 PDH 同样信息容量的 E4 信号（139Mb/s），这说明即使是采用较高效率的方式容纳 E1 信号，SDH 的效率也只有约 84%，而 PDH 的效率可达 94%，SDH 以牺牲一定的有效性换取了较高的可靠性。

2. 指针调整机理复杂

SDH 可从高速信号流（例如 STM-1）中直接分离出低速信号（例如 2Mb/s），省去了 PDH 采用的多级复用/解复用过程，而这种功能的实现需通过指针来完成。SDH 信号流中每个较小“颗粒”的信号流均有指针，指针的作用是指示低速信号的位置，以便在“拆包”时能正确地分离出所需的低速信号，指针是 SDH 的一大特色。但是指针功能的实现增加了系统的复杂性。

3. 大量的软件对系统安全性有较大影响

SDH 的一大特点是 OAM 的自动化程度高，这意味着软件在系统中占有较大比重，这不仅使系统容易受到计算机病毒的侵害，而且软件故障对系统的影响也是致命的。所以，如何保证系统的安全性就成为一个重要问题。

本章小结

本章首先介绍了我国早期采用的 PDH 传输体制，包括接口、复用方式等，然后从 PDH 的不足之处出发，引出了目前常用的 SDH 传输体制。SDH 的优势主要体现在具有统一的规范体制、便利的复分接方式、强大的 OAM 能力等方面。另一方面，在获得这些优势的同时，也付出了一定代价，如效率降低、指针处理过程复杂等。

在学习本章的过程中，要注意从技术的演变过程中体会其原动力所在，从而慢慢学会去思考、把握技术的发展趋势。同时，感受技术在进步过程中的代价和取舍。实际上，任何新技术都不是绝对的好，在获得优势的同时必然带来劣势，只要这种劣势没有超出可以接受的范围，技术就总会曲折前进。培养这种思维模式对于学习、了解通信相关知识都有巨大帮助。

思考题

1. 与 PDH 相比，SDH 有哪些优点，又存在哪些缺点？
2. 一路数字电话的码速率是多少？在一路 E1 信号中能容纳多少路数字电话？
3. 我国采用的 PDH 最低速率等级是多少？
4. 在 OSI/RM 中，IP、PDH、SDH 分别属于哪一层？
5. 什么是比特间插和字节间插？PDH 在从低速率复用到高速率的过程中，采用的是什么方式？

第 3 章

CHAPTER 3

SDH 帧结构以及复用映射结构

第 2 章说明了为什么要从 PDH 过渡到 SDH，从本章开始，将分别介绍 SDH 的各个关键部分，包括帧结构、复用映射结构、指针、网元设备、拓扑结构、网络保护及恢复等。本章将介绍 SDH 的帧结构以及复用映射结构，详细说明其帧格式、关键字节作用以及帧结构的形成过程等内容。

3.1 SDH 信号的帧结构

SDH 采用块状帧结构，以字节为单位。STM-1 的帧结构如图 3-1 所示，由 270 列、9 行 8 比特字节构成，帧长度为 270×9=2430 个字节，相当于 270×9×8=19440 比特，帧周期为 125μs，其比特速率为 19440/125=155.52Mb/s。帧结构中字节的传送是从左至右按行一个比特一个比特地传送，传完一行再传下一行，传完一帧再传下一帧。STM-1 帧

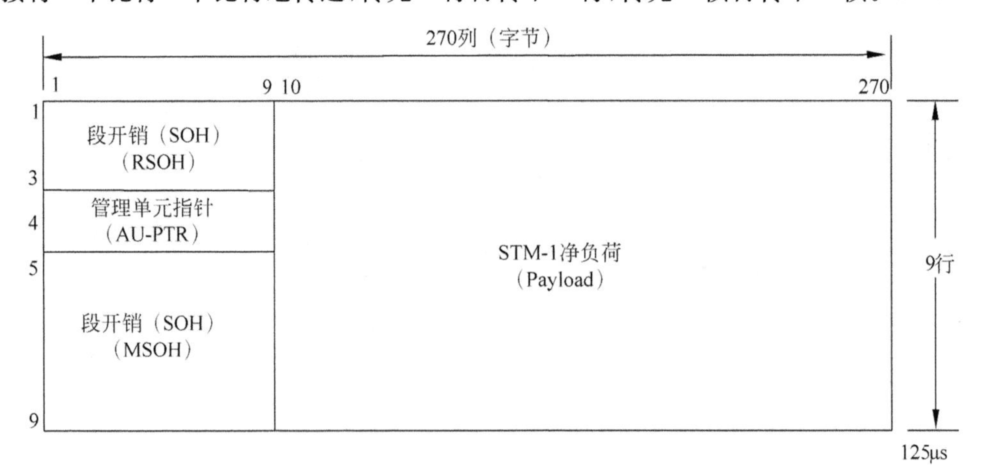

图 3-1　STM-1 帧结构

结构分为段开销(SOH)、管理单元指针(AU-PTR)和信息净负荷区三大部分。

除速率为155.52Mb/s的STM-1以外,还有STM-4、STM-16、STM-64等,其速率分别是STM-1的4倍、16倍和64倍。帧周期统一为125μs(PDH不同等级信号的帧周期不恒定),这表明相邻等级SDH信号每帧所容纳的字节数是4倍关系。SDH信号的这种规律性使得从高速SDH信号中直接插分出低速SDH信号成为可能,特别适用于大容量传输情况。反观PDH信号,不仅各等级PDH信号的帧周期不恒定,而且相邻等级PDH信号每帧所容纳的信息量也不是严格的4倍关系。

从图3-1中看出,STM-1的帧结构由3部分组成:段开销(Section Overhead,SOH)包括再生段开销(Regenerator Section Overhead,RSOH)和复用段开销(Multiplexer Section Overhead,MSOH),管理单元指针(Administration Unit Pointer,AU-PTR),信息净负荷(Payload)。下面以STM-1信号为例来分别说明这三部分的功能。

1. 信息净负荷(Payload)

信息净负荷区是SDH帧结构中存放用户信息的地方。在STM-1帧结构中,信息净负荷区由9行261列(10～270列)共9×261=2349个字节组成,为了实时监测低速信号在传输过程中是否有损坏,在装载低速信号的过程中,还加入了监控开销字节——通道开销(Path Overhead,POH)字节。POH作为净负荷的一部分与信息码块一起装载在净负荷区,它负责对低速信号进行通道性能监视、管理和控制。

如何理解通道的概念?由于STM-1信号可复用进63个2Mb/s的E1信号,那么可以将STM-1信号看成一条宽阔的传输大道,而这条宽阔的大道又分成了63条并行小道,每条小道上信息的传输速率为2Mb/s。这样,每一条小道就相当于一个低速信号通道,通道开销的作用就是监控各个小道上的传送状况。因此,所谓通道就是指相应的低速支路信号,POH的功能就是监控这些低速支路信号在SDH网上的传输。

2. 段开销(SOH)

段开销(SOH)是为了保证信息净负荷正常传送所必须附加的、实现网络OAM功能的字节。SOH负责整个STM-1信号的运行维护,而POH负责更小粒度支路信号的传输监控。SOH又分为再生段开销(RSOH)和复用段开销(MSOH),RSOH主要完成SDH帧结构的恢复、差错控制等,MSOH主要提供网管通道、保护倒换、复用段差错控制等功能。这里说的"段"相当于一条大的传输管道,是多个"通道"的集合,RSOH和MSOH的作用就是保证这条大传输通道的各项功能正常。

那么RSOH和MSOH的区别是什么呢?二者的区别在于监管范围不同。例如,若光纤上传输的是2.5Gb/s信号,那么RSOH负责的是16个STM-1信号的整体传输性能,而 MSOH 则是监控其中每一个 STM-1 的性能情况。STM-1 帧结构段开销字节的安排如图 3-2 所示。其中,数据通信通道(D1～D12)作为控制通路的物理层,在网元之间传输 OAM 信息,构成 SDH 网络管理信息的传送通路。

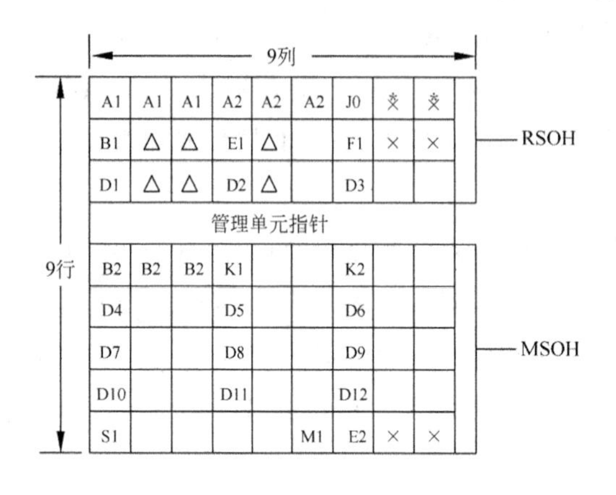

字节名称	基本作用
A1、A2	帧定位字节
J0	再生段跟踪字节,使收、发能正确对接
B1	再生段比特间插奇偶校验字节
D1～D3	再生段数据通信通道,可传送再生段运行数据
D4～D12	复用段数据通信通道,可传送复用段运行数据
E1、E2	公务联络字节
F1	使用者通道字节,用于维护数据/音频通道
B2	复用段比特间插奇偶校验字节
K1、K2	自动保护倒换字节,执行 APS 协议
S1	同步状态字节,指示同步状态、时钟级别等
M1	复用段远端差错指示

图 3-2 STM-1 帧结构段开销

3. 管理单元指针(AU-PTR)

管理单元指针是一种指示符,用来指示信息净负荷的第一个字节在 STM-1 帧内的位置,即相对于起始点的偏移量。指针处理是 SDH 所采用的信息位置调整方式,在帧结构中通过指针值的变化来进行字节放置位置的调整,以适应接入信码流的速率和相位变化。

管理单元指针位于 STM-1 帧中第 4 行的前 9 个字节,指针所指示的起始位置就是 STM-1 帧结构中第 4 行的第 10 个字节。SDH 之所以能够从高速信号流中直接插分出低速支路信号,就是因为指针的作用,使低速支路信号在高速 SDH 帧结构中的位置有预见性、规律性,让接收端按照指针值正确分离信息净负荷。

另外,指针有高阶、低阶之分,高阶指针是 AU-PTR,低阶指针是支路单元指针(Tributary Unit Pointer,TU-PTR),TU-PTR 的作用类似于 AU-PTR,只不过它位于净负荷区,指示更小信息流的起始位置,详细内容在后面作进一步介绍。

3.2 开销

如 3.1 节所述,开销完成对 SDH 信号提供层层细化的监控功能,监控的分类可分为段层监控、通道层监控。段层监控又分为再生段层和复用段层监控,通道层监控又分为高阶通道层监控和低阶通道层监控,由此实现了对 SDH 信号层层细化的监控。例如,对

2.5Gb/s 系统的监控，再生段开销负责对整个 STM-16 信号进行监控，复用段开销对其中 16 个 STM-1 的任一个进行监控，高阶通道开销再对每个 STM-1 中的 VC-4 进行监控，低阶通道开销进一步细化到对 VC-4 中的每个 VC-12 进行监控，由此实现了从 2.5Gb/s 级别到 2Mb/s 级别的多级监控手段。这些层层细化的监控功能都是通过开销字节实现。下面以 STM-1 信号为例，分别介绍段开销、通道开销各字节的作用。

3.2.1 段开销

STM-1 帧的段开销包括位于帧中的(1～3)行×(1～9)列的 RSOH 和位于(5～9)行×(1～9)列的 MSOH，如图 3-2 所示，下面对各字节进行详细说明。

1. 帧定位字节：A1、A2

A1、A2 字节起帧定位作用，表示一帧的开始。如前所述，SDH 可从高速信号流中直接插分出低速支路信号，原因就是接收端能通过指针(AU-PTR、TU-PTR)确定低速信号在高速信号中的位置。但这个过程的前提是：接收端在收到的信号流中能正确地分离出各个 STM-1 帧结构，就是要先确定每个 STM-1 帧的起始位置，然后再在各帧中定位相应的低速信号。就像在长长的阅兵队列中定位一个人时，要先定位到某一个方队，然后在该方队中再通过这个人所处行列数确定他的位置。A1、A2 字节就是起到定位一个方队的作用，接收端通过它可以确定每个 STM-1 帧的开始位置，再结合指针去定位帧结构中传输的每一路低速信号。

接收端是如何通过 A1、A2 字节定位帧开始的呢？A1、A2 有固定的值，就是有固定的比特图案，A1：11110110(f6H)，A2：00101000(28H)。接收端检测信号流中的各个字节，当发现连续出现 3 个 f6H，又紧跟着出现 3 个 28H 字节时(在 STM-1 帧中 A1 和 A2 字节各有 3 个)，就判定现在开始收到一个 STM-1 帧，接收端通过定位每个 STM-1 帧的起点，来区分不同的 STM-1 帧，以达到分离不同帧的目的。

当连续 5 帧以上(625μs)收不到正确的 A1、A2 字节，即连续 5 帧以上无法判别帧头，那么接收端进入帧失步状态，产生帧失步告警——OOF。若 OOF 持续了 3ms 则进入帧丢失状态，设备产生帧丢失告警 LOF，下插 AIS 信号，整个业务中断。另一方面，在 LOF 状态下，若接收端连续 1ms 以上又处于定帧状态，那么设备回到正常状态。

为了便于接收端能提取线路定时信号，STM-1 信号在线路上传输以前要经过扰码。但为了接收端能正确定位帧头，又不能将 A1、A2 字节进行扰码。为兼顾这两种需求，于是规定 STM-1 帧结构第一行的前 9 个字节(不仅包括 A1、A2 字节)不进行扰码，直接透明传输，STM-1 帧结构中的其余字节进行扰码后再上线路传输。这样既便于提取 STM-1

信号的时钟信号，又便于接收端确定 STM-1 帧结构的开始位置。

2. 再生段踪迹字节：J0

该字节被用来重复地发送段接入点标识符，以便使接收端能据此确认与指定的发送端处于连接状态。在同一个运营者的网络内，该字节可为任意字符，而在不同两个运营者的网络边界处，要使设备收、发两端的 J0 字节相同。通过 J0 字节可使运营者提前发现和解决故障，缩短网络恢复时间。

3. 数据通信通路(DCC)字节：D1～D12

SDH 的一大特点就是 OAM 功能的自动化程度很高，可通过网管终端对网元进行命令下发、数据查询，完成 PDH 系统所无法完成的业务实时调配、告警故障定位、性能在线测试等功能。这些用于 OAM 的数据均通过 STM-1 帧中的 D1～D12 字节传送。这样，D1～D12 字节就提供了所有 SDH 网元都可接入的通用数据通信通路，作为嵌入式控制通路(ECC)的物理层，在网元之间传输操作、管理、维护(OAM)信息，构成 SDH 管理网(SMN)的传送通路。

在 D1～D12 中，D1～D3 是再生段数据通路字节(DCCR)，速率为 3×64kb/s＝192kb/s，用于再生段终端间传送 OAM 信息；D4～D12 是复用段数据通路字节(DCCM)，共 9×64kb/s＝576kb/s，用于在复用段终端间传送 OAM 信息。DCC 通道总速率是 768kb/s，它为 SDH 网络管理提供了强大的通信基础。

4. 公务联络字节：E1、E2

分别提供一个 64kb/s 的公务联络语音通道，语音信息通过这两个字节进行传输。E1 属于 RSOH，用于再生段的公务联络，E2 属于 MSOH，用于复用段终端间直达公务联络。对于图 3-3 所示网络，若仅使用 E1 字节作为公务联络字节，A、B、C、D 四网元均可互通公务电话。这是因为，对于终端复用器，其作用是将低速支路信号插分到 SDH 信号中，所以它要处理 RSOH 和 MSOH，因此用 E1、E2 字节均可通公务电话；而对于再生器，其作用是信号的再生，只需处理 RSOH，所以用 E1 字节也可通公务电话。而如果仅使用 E2 字节作为公务联络字节，那么就仅有 A、D 间可以通公务电话，因为 B、C 网元不处理 MSOH，也就不会处理 E2 字节。

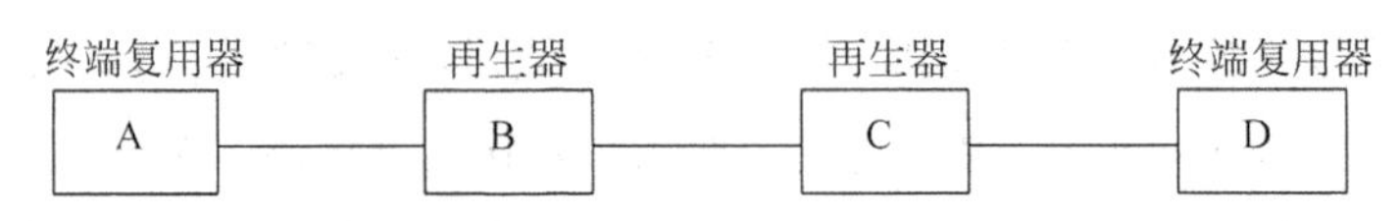

图 3-3 网络示意图

5．使用者通路字节：F1

提供速率为64kb/s的数据/语音通路，保留给使用者（通常指网络提供者），用于临时公务联络。

6．比特间插奇偶校验8位码（BIP-8）：B1

这个字节用于再生段误码监测（B1位于再生段开销中）。为了理解监测方法，下面先介绍BIP-8奇偶校验原理。

假设一个信号帧有4个字节：x1＝10110001、x2＝01011100、x3＝10101010、x4＝00001101，那么将这个帧进行BIP-8奇偶校验的方法，就是以8比特为一个校验单位，将此帧分成4块（每字节为一块，因1个字节为8比特正好是一个校验单元），按图3-4的方式摆放整齐。依次计算每一列中1的个数，若为奇数，则在得数（B）的相应位填1，否则填0。也就是加上结果B后，使每一列中1的总数为偶数。这种校验方法就是BIP-8奇偶校验，实际上是偶校验，因为保证的是1的个数为偶。B的值就是将x1x2x3x4这4个字节帧进行BIP-8校验所得的结果。

```
        x1  1 0 1 1 0 0 0 1
        x2  0 1 0 1 1 1 0 0
        x3  1 0 1 0 1 0 1 0
BIP-8   x4  0 0 0 0 1 1 0 1
      ---------------------
        B   0 1 0 0 1 0 1 0
```

图3-4　BIP-8奇偶校验示意图

B1字节的工作机理是：发送端对当前帧（第N帧）加扰后的所有字节进行BIP-8偶校验，将结果放在下一个待扰码帧（第$N+1$帧）的B1字节中；接收端将当前待解扰帧（第N帧）的所有比特进行BIP-8校验，所得结果与下一帧（第$N+1$帧）解扰后的B1字节相异或，如果异或结果中有1出现，就可以依据出现多少个1，判断第N帧在传输中出现了多少个误码块。

由此可以看出，高速信号的误码性能用误码块来反映，STM-1信号的误码情况实际上是误码块的情况。从BIP-8校验方式可以看出，校验结果的每一位都对应一个比特块（即一列比特），所以B1字节最多可从一个STM-1帧中检测出8个误码块。

7．比特间插奇偶校验24位码（BIP-24）：B2

B2的工作机理与B1类似，B1字节是对整个STM-1帧信号进行传输误码检测，而B2检测的是复用段层的误码情况，STM-1帧中有3个B2字节。检测机理是：发送端对前一个待扰的STM-1帧中除了RSOH（RSOH包括在B1对整个STM-1帧的校验中）外的全部比特进行BIP-24计算，结果放于当前待扰STM-1帧的B2字节位置；接收端对当前解扰后的STM-1帧，除去RSOH后的全部比特进行BIP-24校验，其结果与下一STM-1帧解扰后的B2字节相异或，根据异或后出现1的个数，判断在传输过程中出现了多少误码块。这种方式可检测出的最大误码块个数是24。

另外，对于STM-N信号，在发送端写完B2字节后，相应的N个STM-1帧按字节间插复用成STM-N信号，其中共有$3N$个B2字节。在接收端先将STM-N信号分成$N\times$STM-1信号，再分别校验这N组B2字节。由此看出，B2字节是在检测每一路STM-1信号。

8. 自动保护倒换(APS)通路字节：K1、K2(b1～b5)

这两个字节用于传送自动保护倒换(APS)信令，使设备能在故障时自动切换，让网络业务得以恢复(或称为“自愈”)。复用段的保护倒换由这两个字节控制。

9. 复用段远端失效指示(MS-RDI)字节：K2(b6～b8)

这是一个对告信息，由接收端(信宿)反馈给发送端(信源)，表示收信端检测到接收故障或收到复用段告警指示信号。也就是当接收端收到的信号质量较差时，接收端回送给发送端的MS-RDI告警信号，让发送端知道接收端的状态。若收到K2字节的b6～b8为110码，则此信号为对端对告的MS-RDI告警信号；若收到K2字节的b6～b8为111，则此信号为本端收到MS-AIS信号，此时要向对端发MS-RDI信号，即在发往对端信号帧的K2字节中，将b6～b8设置为110。另外，如果B2检测的误码块数超越门限，也会将b6～b8设置为110。

10. 同步状态字节：S1(b5～b8)

不同比特图案表示ITU-T的不同时钟质量级别，使设备能据此判定接收时钟信号的质量，以此决定是否切换时钟源，即是否切换到较高质量的时钟源。S1(b5～b8)的值越小，表示相应的时钟质量级别越高。

11. 复用段远端误码块指示(MS-REI)字节：M1

这是一个对告信息，由接收端回送给发送端。M1字节用来传送接收端由B2字节所检测出的误块数，以便发送端据此了解接收端的收信误码情况。

12. 与传输媒质有关的字节：Δ

Δ字节专用于具体传输媒质的特殊功能，例如用单根光纤作双向传输时，可用此字节来实现辨明信号方向的功能。

13. 国内保留使用字节：X

所有未做标记的字节，其用途由将来的国际标准确定。

上面讲述了 STM-1 帧中段开销(RSOH、MSOH)各字节的使用方法，通过这些字节，实现了 STM-1 信号的段层 OAM 功能。另外，对于未做明确规定的字节，各 SDH 生产厂家往往会用来实现一些自己设备的专用功能。

3.2.2　通道开销

段开销负责“大颗粒”信息的监控，那么更小颗粒的信息如何监控呢？这一任务由通道开销完成，通道开销位于净负荷区。根据监测通道速率的高低，通道开销又分为高阶通道开销和低阶通道开销。本书中，高阶通道开销指对 VC-4 级别的通道进行监测，可对 139Mb/s 在 STM-1 帧中的传输情况进行监测；低阶通道开销是完成 VC-12 通道级别的 OAM 功能，就是监测 2Mb/s 在 STM-1 帧中的传输性能。

段开销负责段层的 OAM 功能，而通道开销负责通道层的 OAM 功能。就类似于在将货物装到集装箱运输的过程中，不仅要监测集装箱货物的整体损坏情况(SOH)，还要知道集装箱中某一件货物的损坏情况(POH)。另外，VC-3 中的 POH 依据 34Mb/s 复用路线选取的不同，可划在高阶或低阶通道开销范畴，其字节结构和作用与 VC-4 的通道开销相同，所以下面主要介绍 VC-4、VC-12 的通道开销。

3.2.2.1　高阶通道开销：HP-POH

高阶通道开销的位置在 VC-4 帧中的第一列，共 9 个字节，如图 3-5 所示，下面对各字节的功能做进一步说明。

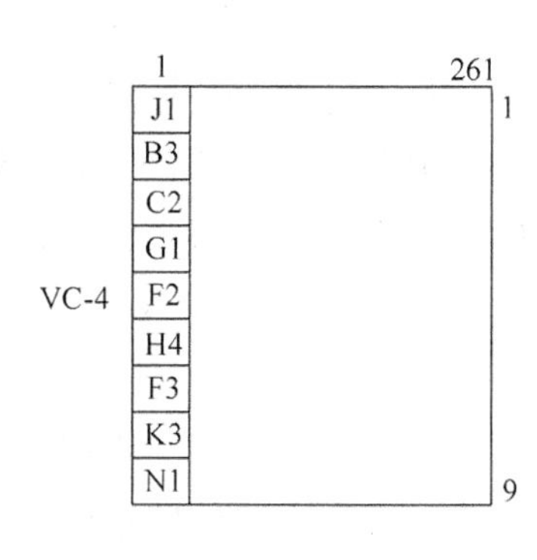

字节名称	基本作用
J1	通道跟踪字节
B3	监测 VC-4 在 STM-*N*帧中传输的误码性能
C2	信号标记字节
G1	通道状态字节
F2、F3	使用者通路字节
H4	TU 位置指示字节
K3	通道自动保护倒换字节
N1	网络运营者字节

图 3-5　高阶通道开销的位置及作用

1. 通道踪迹字节：J1

管理单元指针(AU-PTR)指的是 VC-4 起点在 AU-4 中的位置，即 VC-4 第一个字节的具体位置，以使收信端能依据 AU-PTR 的值，在 AU-4 中正确地分离出 VC-4。从图 3-5 可以看出，J1 字节是 VC-4 的起点，AU-PTR 所指向的正是 J1 字节的位置。

该字节的作用与J0字节类似，被用来重复发送高阶通道接入点标识符，使该通道接收端能据此确认与指定的发送端处于持续连接状态。要求也是收发两端J1字节相匹配即可。

2. 通道误码检测字节：B3

B3字节负责监测VC-4在传输过程中的误码性能，也就是监测139Mb/s信号在传输过程中的误码性能。监测机理与B1、B2相类似，只不过B3是对VC-4帧进行BIP-8校验。

若在接收端监测出误码块，那么设备本端的性能监测事件——HP-BBE（高阶通道背景误码块）显示相应的误块数，同时在发送端相应VC-4通道的性能监测事件——HP-REI（高阶通道远端误块指示）显示出接收端收到的误块数，相关信息由G1字节回传给发送端。B1、B2字节也与此类似，通过这种方式可实时监测信号传输的误码性能。

相应地，接收端通过B1字节检测出误码块，就在本端的性能事件RS-BBE（再生段背景误码块）中显示检测出的误块数。接收端通过B2字节检测出误码块，就在本端的性能事件MS-BBE（复用段背景误码块）中显示检测出的误块数，同时在发送端的性能事件MS-REI（复用段远端误块指示）中显示相应的误块数，MS-REI由M1字节传送。当接收端的误码超过一定限度，设备会上报一个误码越限的告警信号。

3. 信号标记字节：C2

C2用于指示VC帧的复接结构和净负荷性质，包括通道是否已装载、所载业务种类和它们的映射方式等。例如，当C2＝00H时，表示该VC-4通道未装载信号，这时要向该VC-4通道的净负荷TUG-3中插入全“1”码——TU-AIS，设备出现高阶通道未装载告警（HP-UNEQ）；当C2＝02H时，表示VC-4所装载净负荷是按照TUG结构复用而来，中国的2Mb/s复用进VC-4所采用的就是TUG结构；当C2＝15H时，表示VC-4的负荷是FDDI（光纤分布式数据接口）格式信号。

与J1字节一样，C2字节的设置也要使收/发两端相一致，做到收发匹配，否则在接收端会分别出现HP-TIM（高阶通道踪迹字节失配）、HP-SLM（高阶通道信号标记字节失配），这两种告警都会使设备向该VC-4的下级结构TUG-3插入全“1”码——支路单元告警指示信号（TU-AIS）。

4. 通道状态字节：G1

通道状态字节（G1）用来将通道终端状态和性能情况回送给VC-4通道源设备，从而允许在通道的任一端或通道中任一点对整个双向通道的状态和性能进行监视。这表明，

G1 字节传送的是对告信息，即由接收端送往发送端的信息，使发送端能据此了解接收端接收相应 VC-4 通道信号的情况。

在 G1 字节中，b1～b4 回传给发送端，由 B3(BIP-8)检测出的 VC-4 通道的误块数，就是 HP-REI。当接收端收到高阶通道未装载、误码超限、J1 失配、C2 失配等消息时，由 G1 字节的第 5 比特回送发送端一个 HP-RDI（高阶通道远端劣化指示），使发送端了解接收端接收相应 VC-4 的状态，以便及时发现、定位故障。G1 字节的 b6～b8 暂时未使用。

5. 使用者通路字节：F2、F3

这两个字节提供通道单元间的公务通信。

6. TU 位置指示字节：H4

该字节为净负荷提供位置指示，例如，当净负荷是 ATM 信元时，它指示 ATM 净负荷进入一个 VC-4 时的信元边界；当净负荷是 TU-12 复帧时，它指示复帧的编号。由于 2Mb/s 信号装进 C-12 时采用的是复帧形式(由 4 个基帧组成一个复帧)，那么在接收端为了正确分离出 E1 信号，就需要知道当前的基帧是复帧中的第几个基帧。H4 字节就是指示当前的 TU-12(VC-12 或 C-12)是当前复帧的第几个基帧，起着位置指示的作用。H4 字节的范围是 01H～04H，若在接收端收到的 H4 不在此范围内，则接收端会产生一个 TU-LOM(支路单元复帧丢失告警)信号。

7. 通道自动保护倒换字节：K3

该字节共 8 个比特，其中 b1～b4 用于传输高阶通道自动保护倒换协议(APS)的指令，b5～b8 留作将来使用。

8. 网络运营者字节：N1

用于特定的管理目的。

3.2.2.2 低阶通道开销：LP-POH

低阶通道开销指 VC-12 中的通道开销，它监控 VC-12 通道的传输性能，就是监控 2Mb/s 的 PDH 信号在 STM-1 帧中的传输情况。图 3-6 显示了一个 VC-12 复帧结构，由 4 个 VC-12 基帧组成，低阶 POH 就位于每个 VC-12 基帧的第一个字节，一组低阶通道开销共有 4 个字节：V5、J2、N2、K4。

1. 通道状态和信号标记字节：V5

V5 是复帧的第一个字节，TU-PTR 指示 VC-12 复帧的起点在 TU-12 复帧中的具体

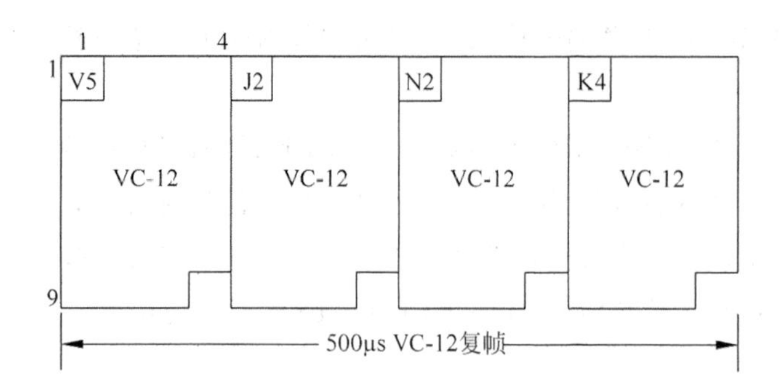

字节名称	基本作用
V5	通道状态和信号标记字节
J2	VC-12通道踪迹字节
N2	网络运营者字节
K4	通道自动保护倒换字节

图 3-6 低阶通道开销的位置及作用

位置，也就是 V5 字节在 TU-12 复帧中的具体位置。V5 具有误码校测、信号标记和 VC-12 通道状态表示等功能，与前面讲述的高阶通道开销相比，V5 字节具有高阶通道开销中 B3、G1 和 C2 字节的功能。V5 字节的结构如图 3-7 所示。

误码监测 （BIP-2）		远程误块指示 （REI）	远端故障指示 （RFI）	信号标记 （Signal Lable）			远端接收失效指示 （RDI）
1	2	3	4	5	6	7	8
传送比特间插奇偶校验码BIP-2。第一个比特的设置应使上一个VC-12复帧内所有字节的全部奇数比特的奇偶校验为偶数。第二比特的设置应使全部偶数比特的奇偶校验为偶数		BIP-2检测到误码块就向VC12通道源发1，无误码则发0	有故障发1，无故障发0	表示净负荷装载情况和映射方式。3比特共有8个二进值： 000 未装载VC通道 001 已装载非特定净负荷 010 异步映射 011 比特同步映射 100 字节同步映射 101 保留 110 O.181测试信号 111 VC-AIS			接收失效时发1，接收成功时发0

图 3-7 低阶通道开销 V5 字节结构

若接收端通过 BIP-2 检测到误码块，就在本端性能事件 LP-BBE（低阶通道背景误码块）中显示由 BIP-2 检测出的误块数，同时由 V5 的 b3 回送给发送端 LP-REI（低阶通道远端误块指示），这时可在发送端的性能事件 LP-REI 中显示相应的误块数。V5 的 b8 是 VC-12 通道远端失效指示，当接收端收到 TU-12 的 AIS 信号，或接收端判断收发信号失配时，回送给发送端一个 LP-RDI（低阶通道远端劣化指示）。

当劣化（失效）条件持续期超过了设定门限时，劣化转变为故障，这时接收端通过 V5 的 b4 回送给发送端一个 LP-RFI（低阶通道远端故障指示）信息，让发送端知晓接收端相应 VC-12 通道出现接收故障。

b5～b7 提供信号标记功能，只要收到的值不是 0 就表示 VC-12 通道已装载，即 VC-12 负荷不为空。若 b5～b7 为 000 超过 5 帧，就表示 VC-12 为空载，这时接收端出现

LP-UNEQ(低阶通道未装载)告警,此时接收端下插入全“0”码(注意:不是全“1”码)。若收发两端 V5 的 b5~b7 不匹配,则接收端出现 LP-SLM(低阶通道信号标记失配)告警。

2. 通道踪迹字节:J2

J2 字节的作用类似于 J0、J1,用于重复发送由收发两端商定的低阶通道接入点标识符,使接收端能据此确认与发送端在此通道上处于持续连接状态。当收发两端的 J2 字节不匹配时,将出现 LP-TIM(低阶通道踪迹字节失配)告警。

除上面介绍的 V5、J2 字节外,低阶通道开销还包括 N2 和 K4 字节。其中,N2 是网络运营者字节,用于特定的管理目的;K4 的 b1~b4 用于低阶通道自动保护倒换,b5~b8 备用。

本节以 STM-1 帧结构为例,详细介绍了 SDH 的开销功能。由上述介绍可以看出,开销的作用是完成对 SDH 信号的层层细化监控。监控可分为段层监控和通道层监控,其中,段层监控又分为再生段层监控和复用段层监控,通道层监控又分为高阶通道层监控和低阶通道层监控。由此实现了对 SDH 信号的层层细化监控,可以方便地从宏观(整体)和微观(个体)的角度来监控信号传输状态,便于分析、定位。例如,对 2.5Gb/s 系统的监控,再生段开销负责整个 STM-16 信号监控,复用段开销细化到对 16 个 STM-1 中的任意一个进行监控,高阶通道开销再将其细化成对每个 STM-1 中 VC-4 的监控,低阶通道开销又将对 VC-4 的监控细化为对 63 个 VC-12 中的任意一个 VC-12 进行监控。由此实现了从 2.5Gb/s 级别到 2Mb/s 级别的多级监控手段。

3.3 基本复用映射结构

STM-N 的帧结构如图 3-8 所示,它与 STM-1 有相同的块状结构,行数相同,列数是 N(N=1、4、16、64)倍关系,它由 N 个 STM-1 信号通过字节间插复用而成,帧周期仍为

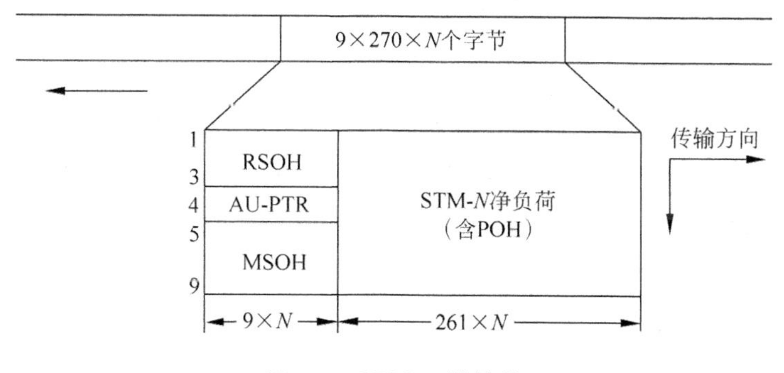

图 3-8 STM-N 帧结构

125μs，速率为 155.52Mb/s 的 N 倍。帧周期为 125μs 意味着帧频是 8000 帧/秒，也就是每秒传输 8000 个帧的信息量。线路传输仍然是采用“从左到右、逐行扫描”的方式。

SDH 的复用包括两种情况：一种是低阶的 SDH 信号复用成高阶 SDH 信号，另一种是低速支路信号（例如，2Mb/s、34Mb/s、139Mb/s）复用成 SDH 的 STM-N 帧结构。下面分别说明。

第一种情况主要通过字节间插复用来完成。复用采用 4 合 1 的方式，即 4×STM-1→STM-4，4×STM-4→STM-16。在复用过程中保持帧频不变（8000 帧/秒），这就意味着高一级 STM-N 信号速率是低一级 STM-N 信号速率的 4 倍。在复用后的 STM-N 帧中，SOH 并不是由全部低阶 SDH 帧中的段开销间插而成，而是舍弃了一些低阶帧中的段开销。除段开销中的 A1、A2、B2 按字节间插复用到高一级 STM-N 外，其他开销字节经过终结处理，再重新插入高一级 STM-N 的相应开销字节中。图 3-9 是 STM-4 帧的段开销结构图，图 3-10 是 STM-16 的段开销结构图。

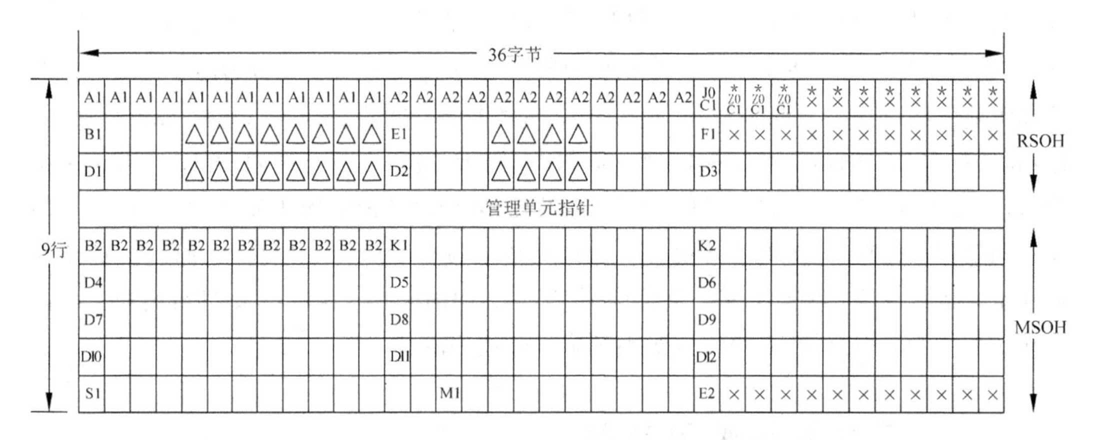

注：× 国内使用字节

$\overset{*}{\times}$ 不扰码国内使用字节

△ 与传输媒质有关的字节

Z0 待将来国际标准确定

图 3-9 STM-4 的 SOH 字节安排

从图 3-9 和图 3-10 中看出，在 STM-N 中，有 N×3 个 B2 字节，这是因为 B2 为 BIP-24 检验的结果，所以要求每个 STM-1 帧有 3 个 B2 字节（3×8=24 位），那么 N 路 STM-1 信号就需要 N×3 个字节。除 A1、A2、B2 字节外，STM-N 段开销中其他字节的数量与 STM-1 帧相同，包括一个 B1 字节，D1～D12 各一个字节，E1、E2 各一个字节，一个 M1 字节，K1、K2 各一个字节，等等。

第二种情况是将 PDH 信号复用进 STM-N 信号。传统的将低速信号复用成高速信号方法有两种：比特塞入法（又称为码速调整法）、固定位置映射法。前者就是 PDH 的复

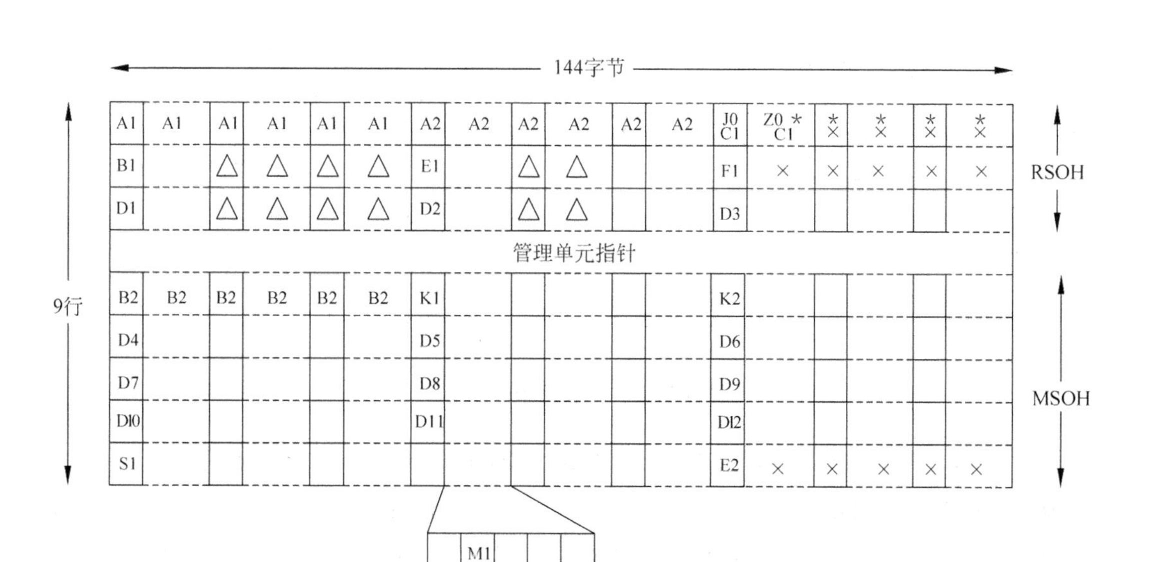

注：× 国内使用字节
$\overset{*}{\times}$ 不扰码国内使用字节
△ 与传输媒质有关的字节
Z0 待将来国际标准确定

图 3-10 STM-16 的 SOH 字节安排

用方式，其缺点是不能直接从高速信号中上/下低速支路信号，而后者存在较大时延和滑动损伤。SDH 网的兼容性要求 SDH 复用方式既能满足异步复用(例如，将 PDH 信号复用进 STM-*N*)，又能满足同步复用(例如，STM-1→STM-4)，而且能方便地由高速 STM-*N* 信号插分出低速信号，同时又不造成较大的信号时延和滑动损伤，这就要求 SDH 需采用自己独特的一套复用步骤和复用结构。因此，在 SDH 信号的形成过程中出现了指针处理。各种业务信号复用进 STM-*N* 帧的过程都要经历映射(相当于信号打包)、定位(相当于指针调整)、复用(相当于字节间插)三个步骤。

ITU-T 规定了一整套完整的复用结构(就是复用路线)，通过这些路线可将 PDH 的 3 个系列数字信号复用到 STM-*N* 信号，ITU-T 规定的复用路线如图 3-11 所示。

从图 3-11 中可以看到，此复用结构包括了一些基本的复用单元：C(标准容器)、VC(虚容器)、TU(支路单元)、TUG(支路单元组)、AU(管理单元)、AUG(管理单元组)，这些复用单元的后缀表示与此复用单元相应的信号级别。图中显示，从一个有效负荷到 STM-*N* 的复用路线不是唯一的，而是有多条路线可选，也就是有多种复用方法。例如，2Mb/s 的信号有两条复用路线，就表示可用两种方法复用成 STM-*N* 信号。另外，由于没有规定相应接口，部分 PDH 速率等级信号无法复用成 STM-*N* 信号，例如 8Mb/s 的 PDH 二次群信号。

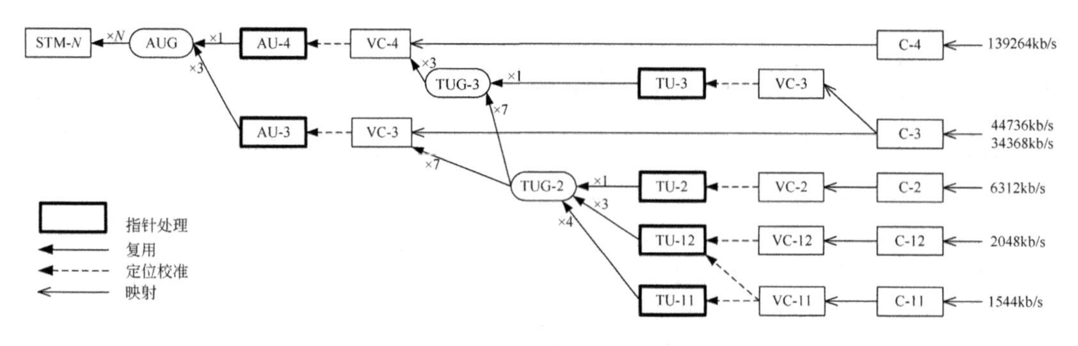

图 3-11　G.707 复用映射结构

尽管 ITU-T 给出了一种 PDH 信号复用成 SDH 信号的多种途径，但是对于一个国家或地区则必须使复用路线唯一化。我国的光同步传输网技术体制规定了以 2Mb/s 信号为基础的 PDH 系列作为 SDH 的有效负荷，并选用 AU-4 的复用路线，其结构如图 3-12 所示。

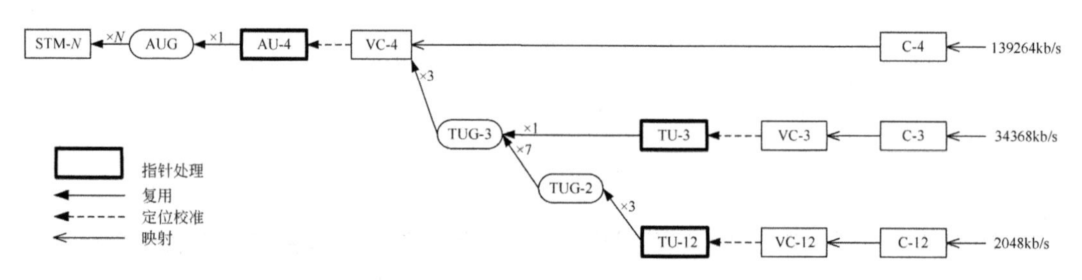

图 3-12　我国 SDH 基本复用映射结构

标准容器 C 是一种信息结构，主要完成速率调整等适配，针对常用的准同步数字体制信号速率，ITU-T 规定了 5 种标准容器，我国使用了其中 3 种。由标准容器出来的数字流加上通道开销构成虚容器(VC)。VC 出来的数字流加上指针等开销就构成管理单元(AU)或支路单元(TU)。多个 AU 经字节间插构成 AUG，多个 TU 经字节间插构成 TUG。

3.4　映射、定位和复用

在将低速支路信号复用成 STM-1 信号时，要经过 3 个步骤：映射、定位、复用。

映射是一种在 SDH 网络边界(例如，SDH/PDH 边界)将支路信号适配进虚容器的过程。即：将各种速率(139Mb/s、34Mb/s、2Mb/s)信号先经过码速调整装入到各自相应的标准容器中，然后加上对应的低阶或高阶通道开销，装入各自对应虚容器的过程。

定位是指通过指针调整，使指针的值时刻指向低阶 VC 帧的起点在 TU 净负荷中(或高阶 VC 帧的起点在 AU 净负荷中)的具体位置,使接收端能按照指针值正确地分离相应的 VC。

复用的概念比较简单,它是一种将多个低速率信号通过字节间插后合成一路高速率信号的过程,例如,TU-12(×3)→TUG-2(×7)→TUG-3(×3)→VC-4。复用就是通过字节交错间插方式把 TU 组织进高阶 VC 或把 AU 组织进 STM-*N* 的过程。由于经过 TU 和 AU 指针处理后的各 VC 支路信号已经相位同步,因此该复用过程是同步复用,复用原理与数据的并串变换相类似。

为了适应各种不同的网络应用情况,映射有异步、比特同步、字节同步三种方法,以及浮动 VC 和锁定 TU 两种模式,下面分别说明。

异步映射对信号结构无任何限制(信号有无帧结构均可),也无须与网络同步(例如 PDH 信号与 SDH 网不完全同步),它是利用码速调整将信号适配进 VC 的映射方法。在映射时,通过比特塞入将其打包成与 SDH 网络同步的 VC 信息块;在解映射时,去除塞入比特,恢复原信号,同时也就恢复出了原信号的定时。因此,低速信号在 SDH 网络中传输具有定时透明性,即在 SDH 网络边界处收发两端的信号速率一致。此种映射方法可从高速信号中直接插分出一定速率级别的低速信号(例如,2Mb/s、34Mb/s、139Mb/s)。

比特同步映射对支路信号的结构同样无限制,但要求低速支路信号与网同步,这样就无须通过码速调整,便可以将低速支路信号打包成相应的 VC 信息块。由于不同速率支路信号采用以比特为单位的同步复接,因此从原则上看,这种映射方法可从高速信号中直接插分出任意速率的低速信号。它比异步映射更加灵活,异步映射只能将低速支路信号定位到 VC 一级,就不能再深入细化地定位了,所以拆包后只能分离出与 VC 相对应的低速支路信号。而比特同步映射在 VC 中每个比特的位置可以预见,所以它能分出任意速率的低速信号。

字节同步映射要求信号具有以字节为单位的块状帧结构,并且与网络同步,它无须任何速率调整即可将信息字节装入 VC 内规定位置,因此,信号每一个字节在 VC 中的位置是可预见的(有规律性),也就相当于将信号按字节间插方式复用进 VC 结构中。考虑到通过指针处理,可以方便地从 STM-*N* 帧中直接下载某个指定的 VC,而在 VC 中各字节的位置具有可预见性,所以从原则上讲,可直接从 STM-*N* 帧中提取指定的字节,也就是可以直接从 STM-*N* 信号中上/下 64kb/s 或 $N\times64$kb/s 的低速信号。为什么呢?因为 VC 的帧频是 8000 帧/秒,而一个字节为 8bit,若从每个 VC 中固定地提取 *N* 个字节,提取出信号的速率就是 $N\times64$kb/s。

浮动 VC 模式是指 VC 在 TU 内的位置不固定,VC 起点的位置由 TU-PTR 来指示。SDH 采用了 TU-PTR 和 AU-PTR 两层指针来容纳 VC 帧与 STM-*N* 帧的频差和相差。采用浮动 VC 模式时,VC 帧内可安排 VC-POH,可进行通道级别的端对端性能监控。上述三种映射方法都可以采用浮动模式工作，而将三种不同速率(2Mb/s、34Mb/s、139Mb/s)信号映射进相应的 VC，就是异步映射浮动模式。

锁定 TU 模式是指信息净负荷与网同步并处于 TU 帧内的固定位置，因而无须 TU-PTR 来定位的工作模式。由于省去了指针，且在 TU 和 TUG 内无 VC-POH，这可能导致信号时延加大，且不能进行端到端的通道性能监测。

上述三种映射方法和两类工作模式可组合成多种工作方式，其中当前最常用的是异步映射浮动模式。异步映射浮动模式最适用于将 PDH 信号映射进 SDH 帧结构中，能直接上/下低速 PDH 信号，但是不能直接上/下 PDH 信号中的 64kb/s 信号。异步映射接口简单，引入映射时延少，可适应各种结构和特性的数字信号，是一种最通用的映射方式。当前各厂家的设备绝大多数采用的是异步映射浮动模式。此外还有字节同步映射浮动模式，此方式接口复杂但能直接上/下 64kb/s 和 $N\times 64$kb/s 信号。

3.5 PDH 信号适配到 SDH 信号流

下面按照图 3-12 规定的线路，分别讲述 2Mb/s、34Mb/s、139Mb/s 的 PDH 信号复用进 STM-*N* 帧结构的方法和过程。整体处理流程如图 3-13 所示，这一节讲述的各个环节均可参照图 3-13。

1. 将 E1(2Mb/s)信号复用进 STM-*N* 帧结构

将 PDH 基群信号(E1)装载到 STM-*N* 帧结构中，是运用较广泛的一种复用方式，它也是将不同 PDH 信号复用进 SDH 帧结构当中最复杂的一种复用方式，下面分步说明其过程。

(1) 第一步：码速调整。

将 2Mb/s 的 PDH 信号经过速率适配装载到对应的标准容器 C-12 中，为了便于速率的适配采用了复帧结构，即将 4 个 C-12 基帧组成一个复帧。C-12 基帧的帧频是 8000 帧/秒，那么 C-12 复帧的帧频就是 2000 复帧/秒。

为什么要使用复帧呢？采用复帧纯粹是为了方便码速适配。例如，若 E1 信号的速率是标准的 2.048Mb/s，那么装入 C-12 时正好是每个基帧装入 32 个字节(256 比特)有效信息，这是因为 C-12 帧频是 8000 帧/秒，E1 信号的帧频也是 8000 帧/秒。但当 E1 信号的速率不是标准速率 2.048Mb/s 时，那么装入每个 C-12 的平均比特数就不是整数。假设 E1 速率是 2.046Mb/s，将此信号装入 C-12 基帧时平均每帧装入的比特数是 $(2.046\times10^6$ bit/秒)/(8000 帧/秒)＝255.75bit/帧，比特数不是整数，因此无法正常装入。若此时取 4 个基帧为一个复帧，那么一个复帧能装入的比特数为 $(2.046\times10^6$ bit/秒)/(2000 复帧/秒)＝1023bit/复帧，这样，可在前三个基帧每帧装入 256bit(32 字节)有效信

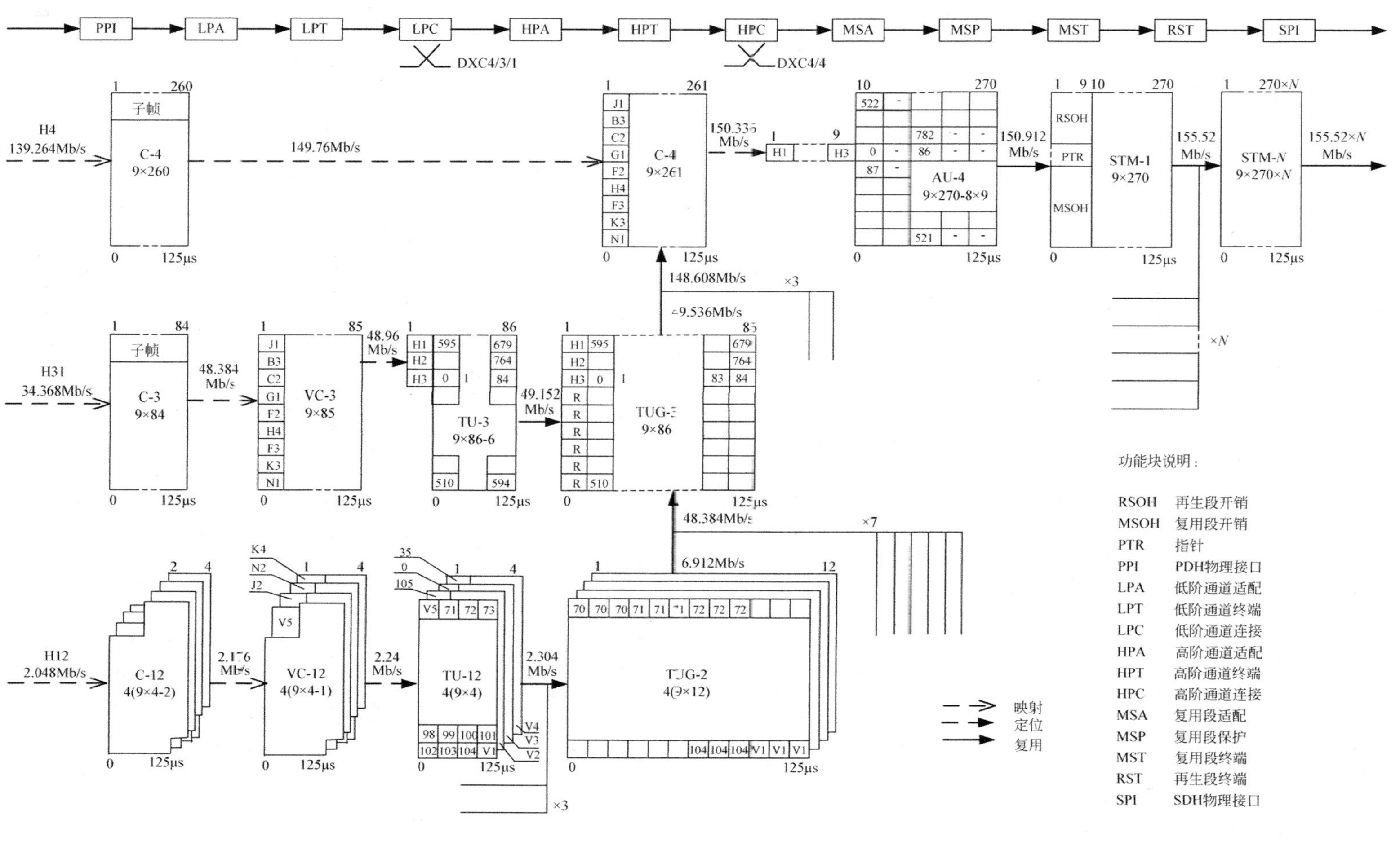

图 3-13　SDH 复用结构示意图

息，在第 4 帧装入 255bit 有效信息，这就可以将非标准速率的 2.046Mb/s PDH 信号完整地适配进 C-12 中。

C-12 复帧的结构安排如图 3-14 所示，一个复帧的 4 个 C-12 基帧并行排在一起，这 4 个基帧在复用成 STM-1 信号时，并不是复用在同一个 STM-1 帧结构中，而是复用在连续的 4 个 STM-1 帧结构中。这样为正确分离 2Mb/s 信号，就需要知道每个基帧在复帧中的位置，即在复帧中的编号，这就是高阶通道开销中 H4 字节的作用。

	Y	W	W		G	W	W		G	W	W		M	N	W
W	W	W	W	W	W	W	W	W	W	W	W	W	W	W	W
W	第一个C-12 基帧结构 9×4−2=34 32W+2Y		W	W	第二个C-12 基帧结构 9×4−2=34 32W+1Y+1G		W	W	第三个C-12 基帧结构 9×4−2=34 32W+1Y+1G		W	W	第四个C-12 基帧结构 9×4−2=34 31W+1Y+1M+1N		W
W			W	W			W	W			W	W			W
W			W	W			W	W			W	W			W
W			W	W			W	W			W	W			W
W			W	W			W	W			W	W			W
W			W	W			W	W			W	W			W
W	W	Y		W	W	Y		W	W	Y		W	W	Y	

注：每格为一个字节（8bit），各字节的比特定义：

W=IIIIIIII　Y=RRRRRRRR　G=C1C2OOOORR　M=C1C2RRRRRS1　N=S2IIIIIII

其中

I：信息比特　R：塞入比特　O：开销比特　C1：负调整控制比特　C2：正调整控制比特　S1：负调整位置　S2：正调整位置

当C1=0时，S1=I；当C1=1时，S1=R

当C2=0时，S2=I；当C2=1时，S2=R

图 3-14　C-12 复帧结构和字节安排

由图 3-14 所示的字节分布情况，可以计算出一个 C-12 复帧共有 4×(9×4−2)=136 字节=127W+5Y+2G+1M+1N=1023I+S1+S2+3C1+3C2+49R+8O=1088bit，其中负、正调整控制比特 C1、C2 分别控制负、正调整机会比特 S1、S2 的取值。当 C1C1C1=000 时，S1 放置有效信息比特 I，而当 C1C1C1=111 时，S1 放置塞入比特 R，C2 以同样方式控制 S2。

那么，C-12 复帧可允许的速率范围是

$$\text{C-12 复帧max} = (1023+1+1)\times 2000 = 2.050\text{Mb/s}$$

$$\text{C-12 复帧min} = (1023+0+0)\times 2000 = 2.046\text{Mb/s}$$

这表明，当 E1 信号适配进 C-12 时，只要 E1 信号的速率范围在 2.046～2.050Mb/s 之间，就可以将其装载进标准容器 C-12 中，也就是可以经过码速调整，将其速率调整为标准的 C-12 速率——2.176Mb/s。

(2) 第二步：加低阶通道开销。

为了能在 SDH 网络中实时监测任一个 2Mb/s 通道的性能，需要加入监控字节，这就是前面讲到的低阶通道开销(LP-POH)，向 C-12 复帧中加入相应的低阶通道开销后，便成为 VC-12 复帧结构。一个复帧有一组 LP-POH，一组 LP-POH 共有 4 个字节(V5、J2、N2、K4)，分别加在每个基帧左上角的缺口上，这样，一个 VC-12 基帧共有 35 字节。因为 VC 可看成一个独立实体，因此以后对 2Mb/s 业务的调配是以 VC-12 为单位。

由于基帧的帧周期是 125μs，那么一个复帧的帧周期就是 500μs，这表明要将一组 LP-POH 的 4 个字节完全接收下来需要 500μs，这同时说明一组 LP-POH 监测的是一个复帧在网络上的传输状态。

(3) 第三步：加支路单元指针。

为了使接收端能正确地定位 VC-12 帧，在 VC-12 复帧右下角的 4 个缺口处，需要加上 4 个字节(V1～V4)的 TU-PTR，这时的信息结构就变成了 TU-12，9 行×4 列。TU-PTR 指示复帧中第一个 VC-12 字节(V5 字节)在 TU-12 复帧中的具体位置，即相对于 V2 字节的偏移量。

(4) 第四步：多路信号复用。

3 个 TU-12 经过字节间插复用成 TUG-2，帧结构变为 9 行×12 列。进一步地，7 个 TUG-2 经过字节间插复用成 TUG-3 的信息结构。注意，7 个 TUG-2 合成的信息结构是 9 行×84 列，为满足 TUG-3 的信息结构 9 行×86 列，需要在 7 个 TUG-2 合成的信息结构前加入两列塞入比特，如图 3-15 所示。

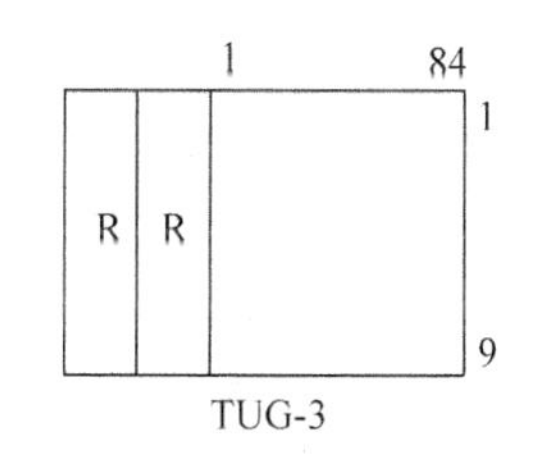

图 3-15 由 TUG-2 合成的 TUG-3 帧结构

接下来更进一步的处理过程与 E3(34Mb/s)相同，参见下面对 E3 信号复用过程的介绍。

2. 将 E3(34Mb/s)信号复用进 STM-*N* 帧结构

对 E3 信号的处理过程，同样包含了映射、定位、复用这三个环节。

(1) 第一步：映射。

映射包含码速调整、加通道开销这两个处理过程。34Mb/s 的信号先经过码速调整，将其适配到相应的标准容器——C-3，此时的帧结构是 9 行×84 列。为了进行通道监控，又进一步加上 1 列共 9 个字节的通道开销，信息结构变为 9 行×85 列的 VC-3。

(2) 第二步：定位。

对 VC-3 进行定位的目的，是为了能将它从高速信号流中直接分离。具体方法上，是在 VC-3 帧结构的第一列添加 3 个字节(H1、H2、H3)的指针，此时的信息结构是 TU-3

(支路单元 3),如图 3-16 所示。支路单元提供低阶通道(低阶 VC,例如,VC-3、VC-12)和高阶通道(高阶 VC,例如,VC-4)之间的桥梁,就是将高阶通道(高阶 VC)拆分成低阶通道(低阶 VC)或者将低阶通道复用成高阶通道的中间过渡信息结构。

与 TU-12 中支路单元指针的作用类似,TU-3 中的指针指示 VC-3 第 1 个字节的具体位置。不同点在于,TU-12 帧结构中的指针位于连续的 4 个子帧中,要全部接收需要 4 个帧周期时间,而 TU-3 帧结构中的指针位于同一帧内,在一个帧周期就可接收下来。

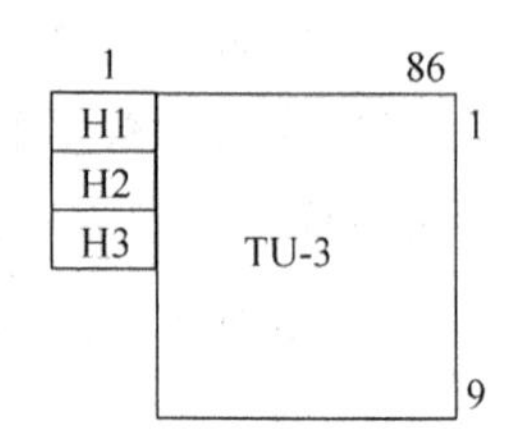

图 3-16 TU-3 帧结构

(3) 第三步:第一次复用。

TU-3 帧结构第 1 列有 6 个字节的缺口,用塞入字节补齐后变成 TUG-3 帧结构,如图 3-17 所示。

(4) 第四步:第二次复用。

三个 TUG-3 通过字节间插复用,合成 9 行×258 列帧结构,为了与四次群(E4)码速调整后的 C-4 帧结构相匹配,在复用后的 9 行×258 列帧结构中添加了 2 列塞入字节,构成 9 行×260 列的 C-4 帧结构,如图 3-18 所示。

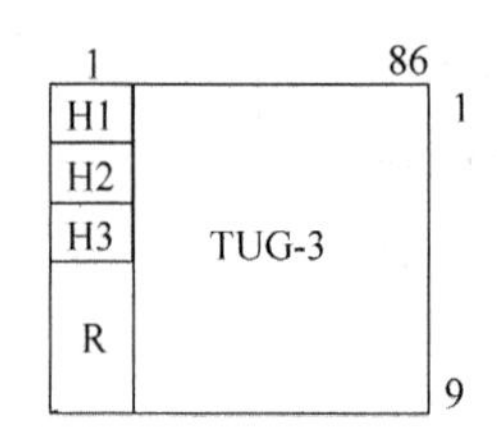

图 3-17 由 TU-3 补缺口后的 TUG-3 帧结构

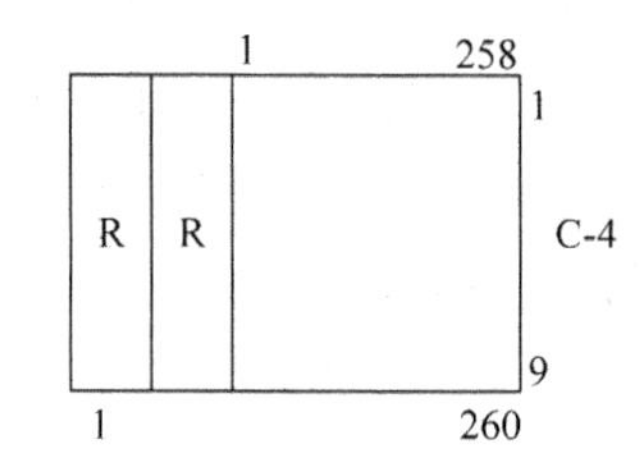

图 3-18 由 TUG-3 合成的 C-4 帧结构

这里用于复用的三路 TUG-3 信号,可能来源于 TUG-2,也可能来源于 TU-3。尽管其来源可能不同,但由它们分别合成的 TUG-3 帧结构大小相同,都是 9 行×86 列。另一方面,由于其复用方式不同,所构成帧结构中每个字节的含义就不完全一致。

如何将 C-4 信息块装入 STM-*N* 帧结构,见下面对 E4 信号处理过程的说明。

3. 将 E4(139Mb/s)信号复用进 STM-*N* 帧结构

与 E1、E3 信号的处理过程相同,对 E4 信号的处理同样包含映射、定位、复用这三个环节。

(1) 第一步:速率适配。

映射的第一个环节是速率适配,也就是将 139Mb/s 的 PDH 信号经过码速调整适配进 C-4,C-4 是用来装载 139Mb/s PDH 信号的标准信息结构。如前所述,参与 SDH 复用的各种速率信号都应首先通过码速调整,分别装入各自所对应的标准容器中,例如,2Mb/s

对应 C-12 帧结构、34Mb/s 对应 C-3 帧结构、139Mb/s 对应 C-4 帧结构。标准容器的主要作用就是规范信息格式、进行速率调整。把 139Mb/s 的信号装入 C-4 相当于给它打了个包，将可能有一定变化的 139Mb/s 速率调整为固定不变的 C-4 速率。C-4 帧结构是以字节为单位的块状帧，帧频是 8000 帧/秒，这表明经过码速调整，E4 信号在适配成 C-4 信号后已经与 SDH 传输网同步，由 E4 适配而成的 C-4 帧结构如图 3-19 所示。

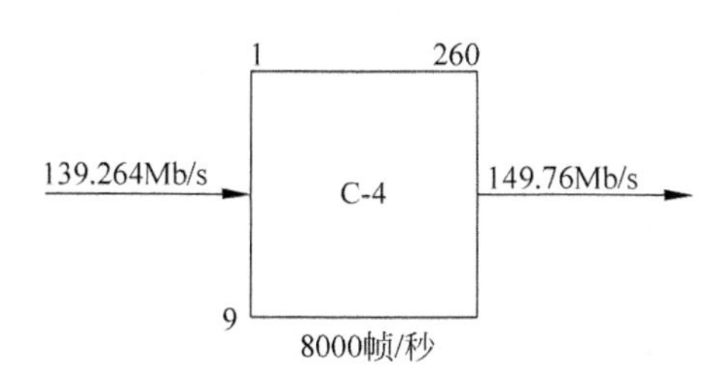

图 3-19　C-4 帧结构

C-4 帧结构有 260 列、9 行(PDH 信号在复用进 STM-*N* 帧结构的过程中，其块状帧一直保持 9 行)，那么 C-4 信号的速率为 8000 帧/秒×9 行×260 列×8bit＝149.76Mb/s。所谓对异步信号进行速率适配，其实际含义是指，当异步信号速率在一定范围内变动时，通过码速调整可将其速率转换为标准速率。在这里，G.703 规范规定的 E4 信号速率变化范围是 139.264Mb/s±15ppm≈(139.262～139.266)Mb/s，这就要求 C-4 所能提供的速率适配范围要不小于这个范围。

那么是如何对 E4 进行速率调整的呢？要搞清楚详细原理，就需要了解 C-4 帧结构中各字节的具体安排。可将 C-4 帧结构(9 行×260 列)划分为 9 个子帧，每一行为一个子帧。每个子帧又以 13 个字节为一个单位，分成 20 个单位(20 个 13 字节块)。每个子帧的 20 个 13 字节块的第 1 个字节依次为 W、X、Y、Y、Y、X、Y、Y、Y、X、Y、Y、Y、X、Y、Y、Y、X、Y、Z，共 20 个字节，每个 13 字节块的第 2～13 字节均放入 E4 信息字节，如图 3-20 所示。

E4 信号的速率适配，就是通过 9 个子帧共 180 个 13 字节块的首字节来实现。从上面描述可知，在 C-4 帧结构每一行总共 260 个字节中，有 241 个 W 字节、5 个 X 字节、13 个 Y 字节、1 个 Z 字节。各字节的比特内容见图 3-20，也就是在一个 C-4 子帧总计 2080 比特中，有 1934 个信息比特 I、有 130 个固定塞入比特 R、有 10 个开销比特 O、有 5 个调整控制比特 C、有 1 个调整机会比特 S。C 比特用来控制相应的调整机会比特 S，当 CCCCC＝00000 时，S＝I；当 CCCCC＝11111 时，S＝R。

由上面对调整规则的说明可以看出，分别令 S 为 I 或 R，可算出 C-4 能容纳信息速率的上限和下限。当 S＝I 时，C-4 能容纳的信息量最多，所对应的 E4 速率最大，E4max＝(1934＋1)×9×8000＝139.32Mb/s；当 S＝R 时，C-4 能容纳的信息量最少，所对应的 E4 速率最小，E4min＝1934×9×8000＝139.248Mb/s。这表明 C-4 能容纳 E4 信号速率的

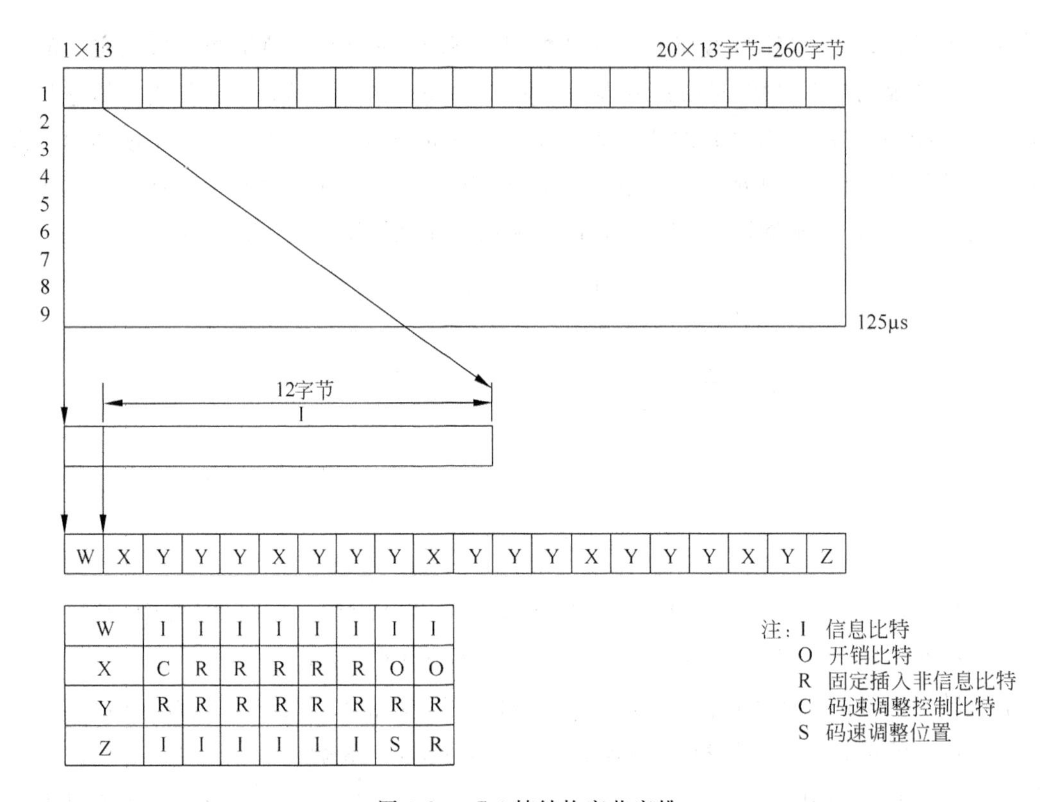

图 3-20 C-4 帧结构字节安排

变化范围是 139.248～139.32Mb/s。而 G.703 规范对 E4 信号速率变化范围的要求是 139.262～139.266Mb/s。显然，C-4 所提供的速率调整能力大于 G.703 规范要求，完全能够满足符合 G.703 规范的任何 E4 信号对速率适配的要求，适配后的 C-4 速率为 149.76Mb/s。

(2) 第二步：加通道开销。

映射的第二个环节是加高阶通道开销。为了能够对 139Mb/s 的通道信号进行监控，要在 C-4 帧结构前加一列高阶通道开销(VC4-POH)字节，成为 VC-4 帧结构，如图 3-21 所示。VC-4 是与 139Mb/s PDH 信号相对应的虚容器，此过程相当于对 C-4 信号再打一个包封，将对通道进行监控管理的开销加入包封，以实现对通道信号的实时监控。

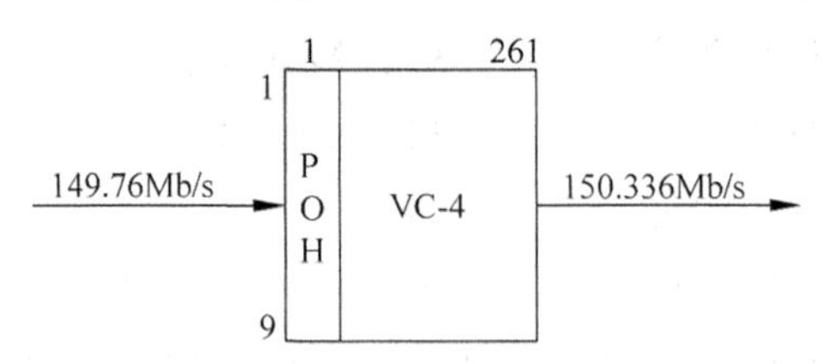

图 3-21 VC-4 帧结构

这里打包的C-4帧结构有两个来源，一个是E4信号经过码速调整后的C-4，另一个是由TUG-3合成的C-4，正如TUG-3的来源同样有两个一样。因此，要正确地分离支路信号，需要提前知道复用路径方式，因为不同来源方式所对应的各字节含义不同。

(3) 第三步：定位。

信息打包成标准的VC-4格式后，就可以逐帧装载到STM-*N*中。在装载过程中，STM-*N*线路信号的速率保持不变，而货物VC-4的速率、起始点不一定完全与STM-*N*匹配，导致VC-4开始字节不一定和STM-*N*净负荷区的开始字节对齐，也就是VC-4在STM-*N*净负荷区内是滑动的，其开始位置并不固定。为了正确地分离在净负荷区"浮动"的VC-4帧，SDH采用在VC-4前附加一个管理单元指针(AU-PTR)，用于指示VC-4第一个字节在净负荷区中的具体位置，这就是通常所说的定位。此时信号由VC-4格式变成了AU-4帧结构，如图3-22所示。

AU-4由VC-4和AU-PTR组成，它已经初具STM-1帧结构的雏形——9行×270列，只是缺少SOH部分。通过指针的作用，允许VC-4在STM帧内浮动，就是允许VC-4和AU-4有一定的频偏和相差。这表明，允许VC-4的速率和AU-4的速率(装载速率)有一定的差异，只要在允许的范围内，这种差异性不会影响接收端正确的定位、分离VC-4。尽管VC-4(货物包)可能在信息净负荷区内(列车车厢内)"浮动"，但是AU-PTR本身在STM帧内的位置是固定的，AU-PTR不在净负荷区，而是和段开销在一起，它固定位于第4行前9个字节。这就保证了接收端能方便地找到AU-PTR，进而通过指针确定VC-4的开始位置，从而从高速信号流中准确地分离VC-4。

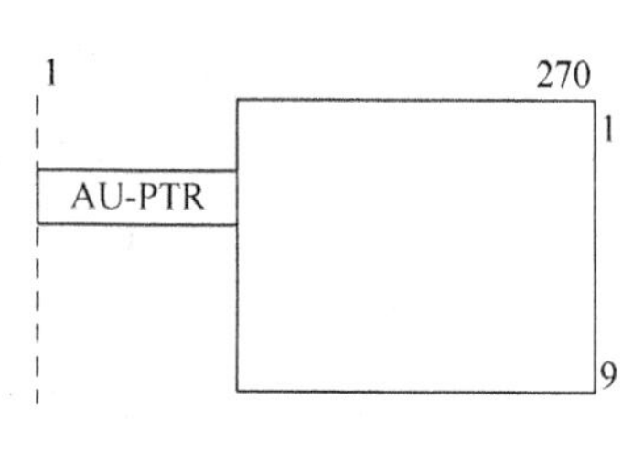

图3-22 AU-4帧结构

(4) 第四步：复用。

在AU-4的1～3行前9个字节加上RSOH、5～9行前9个字节加上MSOH，就复用成STM-1帧结构。如果要组成STM-*N*信号，首先由*N*个AU-4通过字节间插构成AUG，然后在AUG的基础上添加RSOH、MSOH，便形成了STM-*N*帧结构。

上面按照图3-12所示步骤，分别讲述了E1、E3、E4信号复接到SDH信号流的过程。对比它们的复用过程可以发现，从E4端口进入，一个STM-1可承载1路139Mb/s信号，此时STM-1信号的容量相当于64路2Mb/s信号；从E3端口进入，一个STM-1能承载3路34Mb/s信号，就相当于48路2Mb/s信号；从E1端口进入，一个STM-1可容纳3×7×3=63路2Mb/s信号。由此可以看出，如果PDH信号从139Mb/s端口或2Mb/s端口进入，复用到STM-1帧结构，复用效率较高，而从34Mb/s端口进入，复用到STM-1帧结构，复用效率最低。三种方式中，效率最高可以达到64×2.048/155.52≈84.28%。反观 PDH 信号，一路 139Mb/s 的 E4 信号就可承载 64 路 2Mb/s 信号，效率明显高于 STM-1 信号，只是 SDH 所“损失”的效率换来了更强大的管理能力、更方便的上下支路信号优势。

为了便于进一步理清思路，这里简要叙述 E1 信号复接到 STM-*N* 的过程。标称速率为 2.048Mb/s 的 E1 信号首先进入 C-12 作速率适配处理，然后加上 VC-12 的低阶通道开销(POH)，组成 VC-12 帧结构，完成“映射”工作，此时的码速率是 2.24Mb/s。然后在复帧结构中加入支路单元指针，用来指明 VC-12 相对 TU-12 的位置，完成“定位”工作，此时的码速率为 2.304Mb/s。接下来，3 个 TU-12 经字节间插构成 TUG-2、7 个 TUG-2 经字节间插构成 TUG-3(加入了两列塞入字节)、3 个 TUG-3 经字节间插构成 C-4(又加入了两列塞入字节)，共进行了 3 次“复用”操作。接着给 C-4 加上 9 个字节的高阶通道开销，形成速率为 150.336Mb/s 的 VC-4 帧结构，完成第二次“映射”工作。紧接着又加入了 9 个字节的 AU-4 指针，构成速率为 150.912Mb/s 的 AU-4 帧结构，完成第二次“定位”工作。*N* 个 AU-4 通过字节间插构成 AUG，AUG 加上再生段开销、复用段开销后便形成了 STM-*N* 帧结构。当 $N=1$ 时，一个 AUG 加上容量为 4.608Mb/s 的段开销即为 STM-1 的标称速率 155.52Mb/s。

由上述 E1 信号的复接过程可以看出，无论低阶通道(VC-12)还是高阶通道(VC-4)，都有相应的通道字节进行监控，同时还有相应的指针进行位置指示，这不仅提供了层层细化的监控功能，而且也方便支路信号的提取。

从 2Mb/s 复用进 STM-1 帧结构的步骤可以看出，3 个 TU-12 复用成一个 TUG-2，7 个 TUG-2 复用成一个 TUG-3，3 个 TUG-3 复用进一个 VC-4，一个 VC-4 复用进 1 个 STM-1，复用采取 3—7—3 方式。由于复用是字节间插方式，所以对于在一个 VC-4 帧中复用的 63 个 TU-12，它们的排列方式并不是顺序排列。相邻两个 TU-12 的序号在 VC-4 中相差 21，这里所说的 TU-12 位置在 VC-4 帧中相邻，是指 TUG-3 编号相同、TUG-2 编号相同、TU-12 编号相差为 1 的两个 TU-12。TUG-3 的编号范围是 1～3，TUG-2 的编号范围是 1～7，TU-12 的编号范围是 1～3，如图 3-23 所示。要计算 VC-4 中某个 TU-12 的位置序号，可采用公式：

$$\text{TU-12 序号} = \text{TUG-3 编号} + (\text{TUG-2 编号} - 1) \times 3 + (\text{TU-12 编号} - 1) \times 21$$

从上式可以看出，TU-12 的序号范围是 1～63，在 VC-4 帧结构中重复循环，分别对应复用的 63 路 2Mb/s 信号。例如，当 TUG-3 编号=1、TUG-2 编号=1、TU-12 编号分别是 1 和 2 时，也就是相邻两路 2Mb/s 信号，它们的 TU-12 序号分别为 1、22，也就是这两路 TU-12 信号字节在 VC-4 净负荷区的位置编号相差 21(由于在复用过程中 2 次插入共 8 列无效字节，在进行编号时要去除这 8 列字节)。由此不难看出，每一路 TU-12 在 VC-4 帧结构中的位置都是固定不变的，因此可以很容易地从高速信号流中直接下载各路

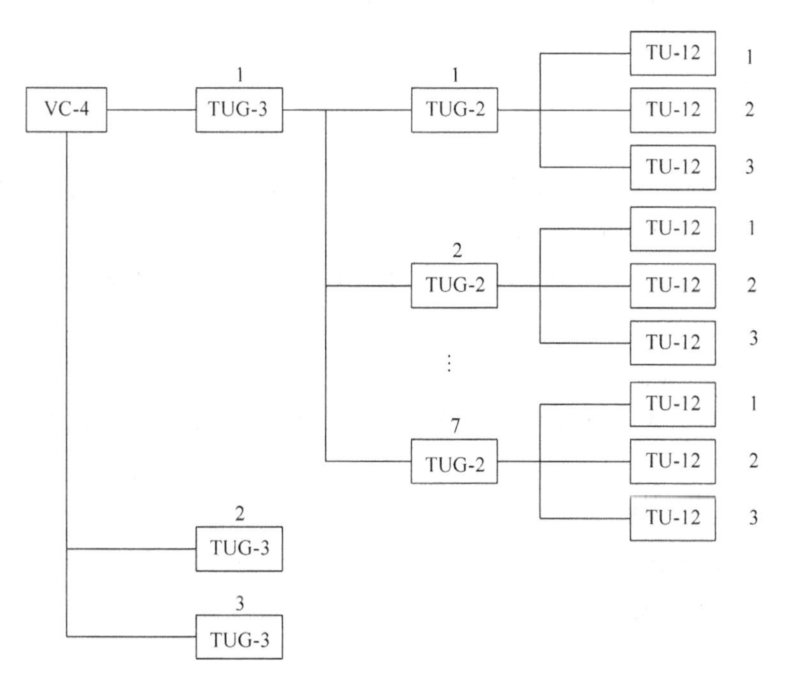

图 3-23 VC-4 中 TUG-3、TUG-2、TU-12 的编号结构

2Mb/s 所对应的支路信号。注意，在后面介绍指针时，会对 STM-1 净负荷区中各字节进行编号，其编号与这里所说的 TU-12 序号不是同一个含义。

本章小结

本章对 SDH 的帧结构进行了详细介绍，包括帧的总体结构、形成过程、关键字节作用等内容。在帧的总体结构上，无论哪一个速率等级的 SDH 信号，均采用块状结构，帧周期固定为 125μs，而且其开销区域与信息区域有明确的划分规则。相邻速率等级的速率成 4 倍关系，所以每帧所包含的字节数也成 4 倍关系。在帧结构的形成过程中，实际上是映射、定位、复用这几个过程针对不同块状帧结构的反复应用，通过将 E1、E3、E4 这 3 种 PDH 信号分别装入 STM-1 速率等级帧结构的过程介绍，可以详细了解 SDH 帧的组装过程，同时进一步加深对一些字节作用的理解。

本章的难点在 PDH 信号转换到 SDH 信号时的速率适配，其中，对 E1、E3 信号的适配过程进行了介绍，不难看出，不是任何速率的 PDH 信号都能装入 SDH 帧结构，要正常装入 SDH 帧结构，PDH 信号的速率有一个范围要求。其实，只要满足相关国际标准的 PDH 速率信号都能正常装入 SDH 帧结构，这也说明标准的重要性。另外，对复帧概念的理解也是一个难点，从 E1 信号装入 SDH 帧结构的过程可以看出，在光纤中传输的 STM-1

信号流,每 4 个 STM-1 帧均构成一个复帧结构。

思考题

1. 在一个 STM-1 帧中,可容纳多少个 PDH 四次群信号?或者多少个 PDH 三次群信号?或者多少个 PDH 基群信号?

2. SDH 帧结构由哪 3 部分构成?将 PDH 信号装入 SDH 帧结构需要经过哪 3 个步骤?

3. 对于 STM-1 帧结构,以什么方式确定帧的开始位置?

4. 在 SDH 复用体系中,什么是标准容器?什么是虚容器?我国使用的标准容器有哪几种?

5. 在 STM-16 系统中,计算:

(1) RSOH 的传输速率;

(2) A1 字节的传输速率;

(3) D1 字节的传输速率;

(4) MSOH 的传输速率。

6. 名词解释:段开销、通道开销、管理单元、支路单元、复帧。

7. E1、E2 字节均可用来公务通信,有什么区别?

8. 运营商需要在某地新建一个 SDH 传输网。经过业务预测,话音电路容量需开通 300 个 2Mb/s 电路,用于大客户专线网的电话容量需开通 9 个 139Mb/s 电路。对于新建的 SDH 传输网,其速率等级确定为多少合适?

9. 在 STM-1 帧结构中,哪几个字节完成了层层细化的误码监控功能?

第4章 SDH中的指针

CHAPTER 4

第3章从总体上介绍了SDH帧结构及其信号装载过程，从中可以看出，在与SDH网络外部的PDH信号接口时，通过码速调整可以适应一定范围内PDH信号速率的变化；在SDH网络内部，通过指针的作用也允许净负荷的速率与标称速率存在一定偏差。第3章已经对第一项内容进行了详细说明，本章将对第二项内容的操作方法进行重点介绍。

4.1 指针的作用

指针的作用就是定位，通过定位使接收端能正确地从STM-1中分离出VC-4，并进一步分离出VC-12，直至分离出PDH低速信号，实现从STM-1信号流中直接下载低速支路信号的功能。

定位是一种将帧偏移信息加入支路单元或管理单元的过程，即以附加于VC上的指针来指示低阶VC帧第一个字节在TU净负荷中(或高阶VC帧第一个字节在AU净负荷中)的位置。当低阶VC帧第一个字节(或高阶VC帧第一个字节)在TU帧(或AU帧)中的位置出现“浮动”时，指针值亦随之调整。指针有AU-PTR和TU-PTR两种，分别进行高阶VC(这里指VC-4)和低阶VC(这里指VC-12)在AU-4和TU-12中的定位。对于VC-4，AU-PTR指示J1字节的位置。对于VC-12，TU-PTR指示V5字节的位置。

总体来看，SDH中的指针类似软件中的指针，它有三个主要作用。第一，当网络处于同步工作状态时，用来进行同步信号间的相位校准。第二，当网络失去同步时用作频率和相位校准。第三，用来容纳网络中的抖动和漂移。TU或AU指针为VC在TU或AU帧内的定位提供了一种灵活、动态的方法。这意味着VC可以在TU或AU帧内“浮动”，因为TU或AU指针不仅能够容纳VC和SDH在相位上的差别，而且能够容纳帧速率上的差别。

1. 管理单元指针(AU-PTR)

从图4-1可看到，AU-PTR由H1YYH2FFH3H3H3这9个字节组成，其中，Y=1001SS11，S比特未规定具体的值，F=11111111。AU-PTR在H1、H2字节中，两个字节结合使用，可以看作1个码字，它指示VC-4帧中第一个字节J1相对于H3字节的偏移量，其中码字的最后10个比特携带具体指针值。这10个比特中奇数比特记为I比特，偶数比特记为D比特。以5个I比特和5个D比特中的全部或大多数发生反转来分别表示指针值将进行加1或减1操作，因此I比特又叫作增加比特，D比特叫作减少比特。H3字节用于VC-4帧速率调整，负调整时可携带额外的VC-4信息字节。在进行指针调整时，J1字节的位置变化以3个字节为一个调整单位。AU-4指针值的有效范围是0～782(261×9/3－1)，在计算指针和VC开始字节的偏移时，AU指针字节不计算在内。

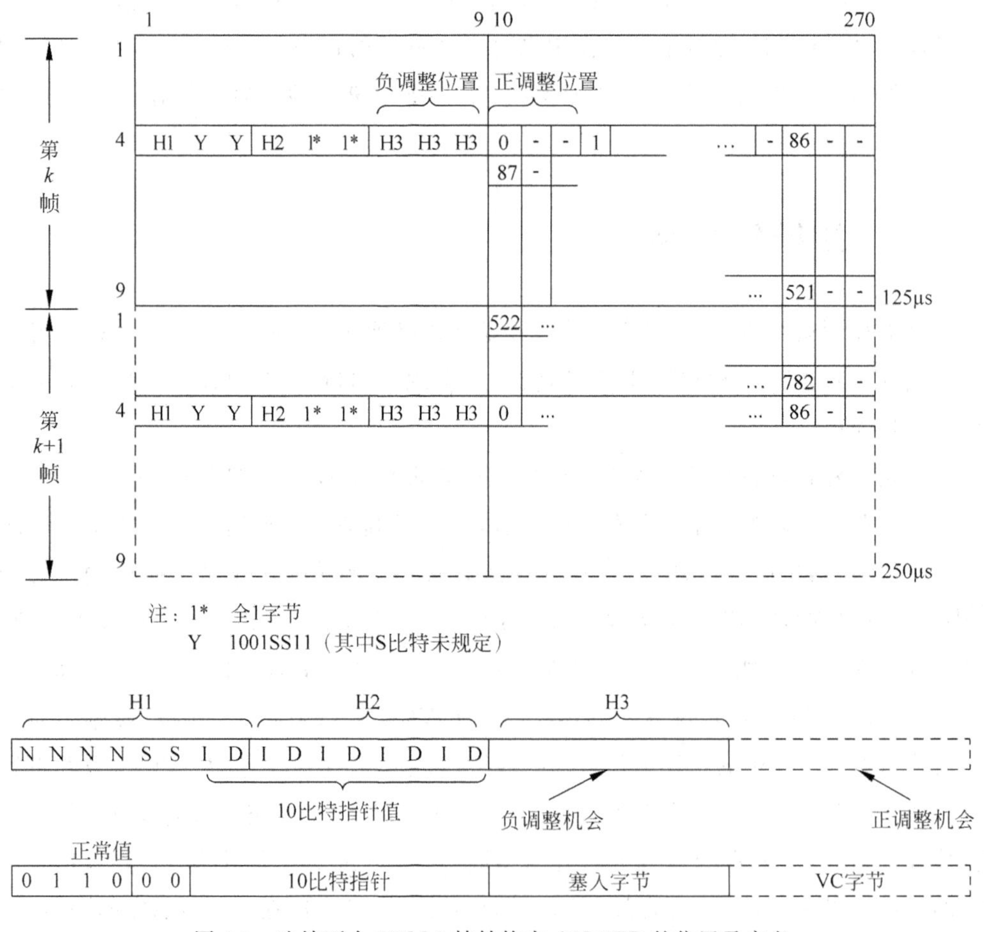

图4-1 连续两个STM-1帧结构中AU-PTR的位置及定义

当 AU-4 和 VC-4 的帧速率相同时，指针确定了 VC-4 在 AU-4 帧内的起始位置。当 H1 和 H2 中的指针值为 2 时(10)，表示 VC-4 信息块是从当前帧最后一个 H3 字节后的第 7 个字节开始，到下一帧最后一个 H3 字节后的第 6 个字节结束，如图 4-2 中的阴影区域所示，紧接着是下一个 VC-4 帧结构。

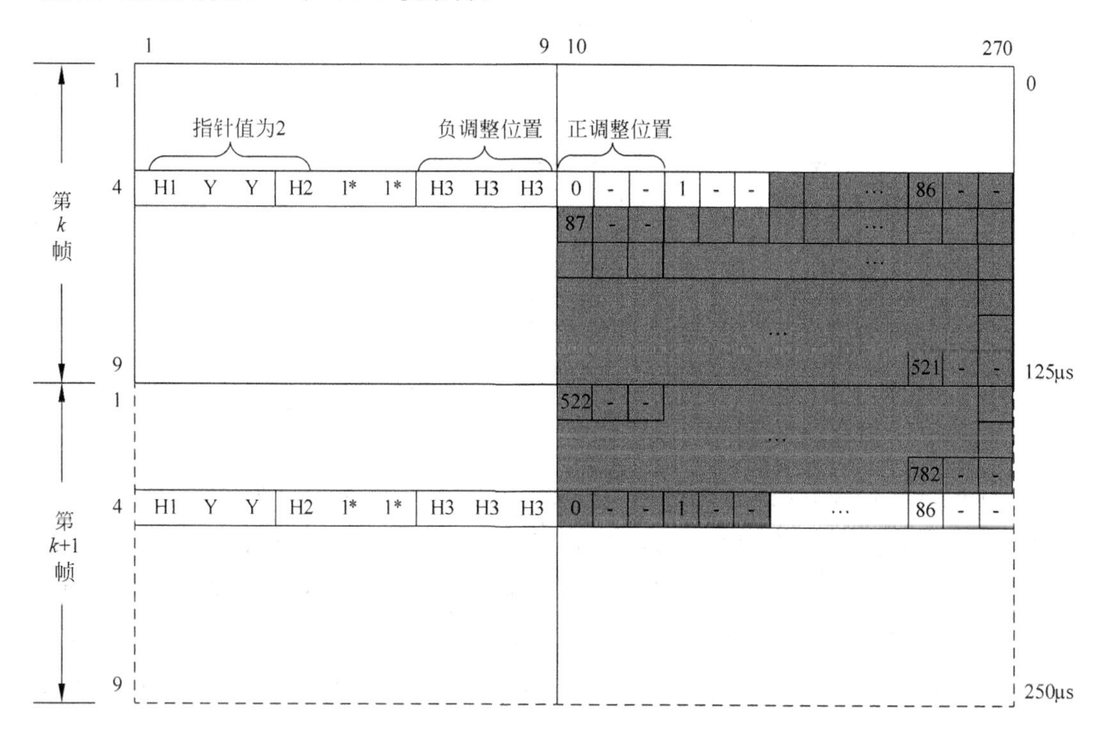

图 4-2 指针值为 2 时的 VC-4 帧位置

H1 字节的前 4 位码是新数据标识(NDF)，它表示 VC-4 的起始点是否有突变。如果指针调整无法满足这种突变，那么 NNNN 反转为“1001”，此即 NDF。NDF 出现那一帧的指针值即为 VC-4 的起始点，若 VC-4 的起始点不再突变，下一帧 NNNN 返回到正常值“0110”，并至少在 3 帧内不作指针值增减操作。

2. 支路单元指针(TU-PTR)

TU 指针用于指示 VC-12 复帧的首字节 V5 在 TU-12 净负荷中的具体位置，以便接收端能正确分离出 VC-12。TU-PTR 为 VC-12 在 TU-12 复帧内的定位提供了灵活动态的方法。TU-PTR 的位置位于 TU-12 复帧的 V1、V2、V3、V4 处，如图 4-3 所示。

在 TU-12 净负荷中，从紧邻 V2 的字节算起，以 1 个字节为一个调整单位。依次按其相对于 V2 的偏移量给予偏移编号，例如“0”“1”等，总共有 0～139 个偏移编号。VC-12

复帧的首字节 V5 位于哪个偏移编号位置，该编号对应的二进制值即为 TU-12 指针值。

<table>
<tr><td>70</td><td>71</td><td>72</td><td>73</td><td>105</td><td>106</td><td>107</td><td>108</td><td>0</td><td>1</td><td>2</td><td>3</td><td>35</td><td>36</td><td>37</td><td>38</td></tr>
<tr><td>74</td><td>75</td><td>76</td><td>77</td><td>109</td><td>110</td><td>111</td><td>112</td><td>4</td><td>5</td><td>6</td><td>7</td><td>39</td><td>40</td><td>41</td><td>42</td></tr>
<tr><td>78</td><td rowspan="6" colspan="2">第一个TU-12基帧结构
32W+2Y+V5+V1</td><td>81</td><td>113</td><td rowspan="6" colspan="2">第二个TU-12基帧结构
32W+Y+G+J2+V2</td><td>116</td><td>8</td><td rowspan="6" colspan="2">第三个TU-12基帧结构
32W+Y+G+N2+V3</td><td>11</td><td>43</td><td rowspan="6" colspan="2">第四个TU-12基帧结构
31W+Y+M+N+K4+V4</td><td>46</td></tr>
<tr><td>82</td><td>85</td><td>117</td><td>120</td><td>12</td><td>15</td><td>47</td><td>50</td></tr>
<tr><td>86</td><td>89</td><td>121</td><td>124</td><td>16</td><td>19</td><td>51</td><td>54</td></tr>
<tr><td>90</td><td>93</td><td>125</td><td>128</td><td>20</td><td>23</td><td>55</td><td>58</td></tr>
<tr><td>94</td><td>97</td><td>129</td><td>132</td><td>24</td><td>27</td><td>59</td><td>62</td></tr>
<tr><td>98</td><td>101</td><td>133</td><td>136</td><td>28</td><td>31</td><td>63</td><td>66</td></tr>
<tr><td>102</td><td>103</td><td>104</td><td>V1</td><td>137</td><td>138</td><td>139</td><td>V2</td><td>32</td><td>33</td><td>34</td><td>V3</td><td>67</td><td>68</td><td>69</td><td>V4</td></tr>
</table>

图 4-3 TU-12 复帧的指针位置和偏移编号

TU-PTR 中的 V3 字节为负调整位置，其后编号为 35 的那个字节为正调整字节，V4 为保留字节。指针值在 V1、V2 字节的后 10 个比特，V1、V2 字节 16 个比特的功能与管理单元指针中 H1H2 字节的 16 个比特功能相同。当 VC-12 和 TU-12 无频差、相差时，V5 字节的位置值是 70，此时的指针值为 70。TU-PTR 的调整单位是 1，可知指针值的范围为 0～139，若连续 8 帧收到无效指针或 NDF(新数据标识)，则接收端出现 TU-LOP(支路单元指针丢失)告警，并下插告警指示信号(AIS)。

4.2 指针调整

前面讲过指针值是放在 H1H2 字节的后 10 个比特，那么 10 个比特的取值范围是 0～1023，当 AU-PTR 的值不在 0～782 范围内时，为无效指针值。在调整时，3 个字节为一个调整单位。指针值指示了 VC-4 帧的首字节 J1 与 AU-4 指针中最后一个 H3 字节之间的偏移量。指针调整规则如下。

(1) 在正常工作时，指针值确定了 VC-4 在 AU-4 帧内的起始位置，NDF 设置为“0110”。

(2) 当 VC-4 帧速率比 AU-4 帧速率慢时，就将指针中 5 个 I 比特位反转(表示要作正调整)，同时在最后一个 H3 字节后面插入 3 个塞入字节，使该 VC-4 帧的待传字节后移一个调整单位。在下一帧中，指针值在反转前指针值的基础上加 1。

(3) 当 VC-4 帧速率比 AU-4 帧速率快时，就将指针中 5 个 D 比特位反转(表示要作负调整)，同时将最后一个 H3 字节后面的 VC-4 信息字节顺次前移 3 个字节，填入 3 个 H3 字节中，使该 VC-4 帧的待传字节前移一个调整单位。在下一帧中，指针值在反转前指针值的基础上减 1。

(4) 当 NDF 出现更新值“1001”，表示 VC-4 的起始点有突变，此时的指针值即为 VC-4 的起始点。突变消失后，NDF 回归正常值“0110”。

(5) 两次指针调整之间，至少需要间隔 3 帧。

对于上述第 2 条规则，当 VC-4 的速率(帧频)慢于 AU-4 速率(帧频)时，相当于在 AU-4 这个货车停站时间(125μs)内，一个 VC-4 没有全部到达，所以无法将整个 VC-4 装完，这时就要把这个 VC-4 中最后的 3 字节留待下一个 AU-4 货车去运输。由于 AU-4 未满载 VC-4(少 3 个字节)信息，车厢中空出 3 字节。为防止由于车厢未满而在传输过程中出现货物散乱，这时就在 AU-PTR 的 3 个 H3 字节后面插入 3 个无效字节，于是就将 VC-4 中的信息字节整体向后移动了 3 个字节。这实质上是为了等待后续 VC-4 字节的到达，在时间上多等待了 3 个字节的时间。这种调整方式叫作正调整，相应的插入 3 个无效字节的位置叫作正调整位置。当 VC-4 速率比 AU-4 速率慢很多时，要在 AU-4 净负荷区多次加入正调整字节，正调整位置在 AU-4 净负荷区。

对于上述第 3 条规则，当 VC-4 的速率(帧频)快于 AU-4 的速率(帧频)时，相当于在 AU-4 这个货车停站时间(125μs)内，有超过一个 VC-4 帧的信息已经到达，由于当前 AU-4 这个货车还未开走，下一个 AU-4 货车无法进入，势必导致 VC-4 信息字节越积越多。为了解决这一问题，就将多余的信息字节装到 3 个 H3 字节(一个调整单位)中，而这 3 个 H3 字节就像货车临时加挂的一个备份存放空间。这样，后面 VC-4 信息字节的位置就整体向前移动了 3 个字节，使得在 AU-4 中可以装载更多的信息(一个 VC-4＋3 个字节)。这实质上是为了适应 VC-4 字节的提前到达，在相同的时间内多传输了 3 个字节信息。这种调整方式叫作负调整，3 个 H3 字节所占的位置叫作负调整位置。在进行调整时，3 个 H3 字节的位置上加入的是 VC-4 有效信息，也就是将应装于下一辆货车的 VC-4 前 3 个字节装到本车上了。

无论是正调整还是负调整，都会使 VC-4 在 AU-4 净负荷区中的位置发生变化，也就是 VC-4 第一个字节在 AU-4 净负荷区中的位置发生改变。相应地，AU-PTR 也会做出调整。为了便于定位 VC-4 中各字节在 AU-4 净负荷区中的位置，给每个货物单位(3 个字节)赋予一个位置值，如图 4-1 所示，将紧跟 H3 字节的那 3 个字节的位置值设为 0，然后依次后移。这样一个 AU-4 净负荷区就有 261×9/3＝783 个位置，而 AU-PTR 指的就是 J1 字节所在 AU-4 净负荷区某一个位置的值。由此不难发现，J1 字节只可能出现在帧结构中一些特定位置。显然，AU-PTR 的范围是 0～782，否则为无效指针值，当接收端连续 8 帧收到无效指针值时，设备产生 AU-LOP 告警(AU 指针丢失)，并往下插入告警指示信号(AIS)。

正调整或负调整都是按照每次调整一个单位进行,相应地,每次调整的指针值只能进行+1(指针正调整)或-1(指针负调整)操作。当 VC-4 与 AU-4 无频差和相差时,也就是 AU-4 这列货车的停留时间和货物 VC-4 的到达相匹配时,AU-PTR 的值是 522。由于在网同步情况下指针调整并不经常出现,因而 H3 字节大部分时间填充的是伪信息。指针的调整要停顿 3 帧才能再进行,也就是从指针反转的那一帧算起(作为第一帧),至少在第五帧才能进行下一次指针反转操作(其下一帧的指针值将进行加 1 或减 1 操作)。

综上所述,如果 AU-4 与 VC-4 的帧速率不同,即有频率偏移,则指针值将按照需要增加或减少,同时还伴随有相应的正调整字节或负调整字节的出现或变化。当频率偏移较大,需要连续多次指针调整操作时,相邻两次操作必须间隔 3 帧,即每个第 4 帧才能进行指针调整操作,两次操作之间的指针值保持为常数不变。

当 VC-4 的帧速率比 AU-4 的帧速率慢时,可以通过插入 3 个伪信息字节的方式等待 VC-4 信息字节的到达。由于插入正调整字节,实际 VC-4 在时间上向后推移,因而用来指示下一个 VC-4 起始位置的指针值要增加 1。进行这一操作的方法是,将指针的 5 个增加比特(I 比特),即第 7、9、11、13 和 15 比特反转。然后在下一帧中,指针值在反转前的基础上增加 1。当 VC-4 的帧速率比 AU-4 的帧速率快时,可以用 AU-4 指针区的 3 个 H3 字节来传输 VC-4 信息字节,也就是将提前到达的 VC-4 信息字节及时发送,避免了信息的拥塞。由于 VC-4 信息字节存入了 AU-4 指针区,后续 VC-4 在时间上向前移动了 3 个字节,因而用来指示下一个 VC-4 帧起始位置的指针值要减 1。进行这一操作的方法是,将指针的 5 个减少比特(D 比特),即第 8、10、12、14 和 16 比特反转。然后在下一帧中,指针值在反转前的基础上减少 1。接收端根据所收到指针的大多数 I 比特(或 D 比特)的反转情况,判断发送端是否进行了指针调整,并据此对所收到的信息进行处理。

支路单元指针(TU-PTR)的调整和解读方式类似于 AU-PTR,只是其调整单位是 1 个字节,而不是 3 个字节。而且指针的管理范围是一个复帧(500μs),而不是单帧(125μs)。

本章小结

指针用于指示标准信息块第一个字节的具体位置,管理单元指针指示 VC-4 第一个字节 J1 的位置,支路单元指针指示 VC-12 复帧第一个字节 V5 的位置,指针既是 SDH 的特点也是其中的难点。指针给 SDH 帧结构的装载过程提供了一种灵活性,让其信息块能够在负荷区域自由移动,以适应装载过程中的一定偏差。

管理单元指针和支路单元指针的工作原理基本一致,主要差别在于管理单元指针每变动 1 个单位，表示信息块的开始位置移动了 3 个字节，而支路单元指针每变动 1 个单位，表示信息块的开始位置移动 1 个字节。这也说明，在 STM-1 帧结构中，J1 字节的可能位置只有 783 个，而不是 261×9=2349 个。另外，管理单元指针的控制范围是 1 个帧结构，而支路单元指针的控制范围是 4 个帧结构，共 500μs。

与第 3 章介绍的速率适配有一个适应范围一样，指针调整对信息块速率的偏差也有一个范围要求，当信息块与标准帧结构的速率偏差超过范围时，将无法正常装载。适应最大偏差的调整方法是，最快每 4 帧调整 1 次。同时，在调整的第一帧进行指针反转时，其指针值并不表示信息块的具体位置，反转的指针只是告诉接收端，后面的信息块已经进行了前移或后退。

思考题

1. 什么是指针？SDH 有哪几种指针？各种指针分别安排在帧结构的什么位置？

2. 在 STM-1 帧结构中，AU-PTR 的传输速率是多少？

3. 在 STM-1 帧结构中，AU-PTR 和 TU-PTR 是如何分别对 VC-4 和 VC-12 定位的？

4. 一次 AU-4 指针调整，净负荷 VC-4 的位置变化是多少个字节？一次 TU-12 指针调整，净负荷 VC-12 的位置变化是多少个字节？

5. 名词解释：正调整、负调整。

6. 如果 TU-12 指针值为 6，表示在 TU-12 帧结构中，V5、J2 字节分别在什么位置？

7. 如果 AU-4 指针值为 7，表示在 AU-4 帧结构中，J1 字节在什么位置？

8. 假设在一 STM-1 帧中，H1 和 H2 的值分别为 01100000 和 00100111，请回答下述问题：

(1) 当前帧中，VC-4 的起始位置编号(假设 H3 字节后的第一个字节编号为 1)。

(2) 如果要连续进行两次正码速调整，请列表说明以后连续 9 帧的 H1、H2 值。

(3) 如果要连续进行两次负码速调整，请列表说明以后连续 9 帧的 H1、H2 值。

第5章 SDH网络的主要设备

CHAPTER 5

第4章介绍了指针及其处理方式这项SDH网络中的关键技术,从本章开始,将逐步从更加宏观的角度去观察SDH设备的构成以及SDH网络的工作方式,以便对SDH有一个全面认识和了解。

本章将首先介绍几种常见的SDH网络设备,然后以终端复用器(TM)为例,详细介绍它的逻辑功能构成,特别是各种信号的产生及处理过程,最后用典型的逻辑功能模块去构建不同的网络设备。在学习过程中,要注重与前面两章的内容联系起来,以达到融会贯通的目的。

5.1 SDH网络的常见网元

SDH传输网是由不同类型的网元通过光纤连接而成,通过不同的网元完成SDH网的传送功能,包括上/下业务、交叉连接业务、网络故障自愈等。下面介绍SDH网络中常见网元的基本功能。

1. 终端复用器:TM

终端复用器用于网络的终端站点,例如一条链路的两个端点,如图5-1所示。

TM的作用是将支路端口的低速信号复用到线路端口的高速信号STM-*N*中,或从STM-*N*的信号中分出低速支路信号。它的线路"输入/输出"端口仅为一路STM-*N*信号,而支路端口却可以"输入/输出"多路低速支路信号。在将低速支路信号复用到STM-*N*帧时,有一个交叉连接功能,可将支路的一个STM-1信号,复用到线路侧16个STM-1中的任一个位置上,也可以将支路的2Mb/s信号,复用到一个STM-1所包含的63个VC-12中的任一个位置上,等等。

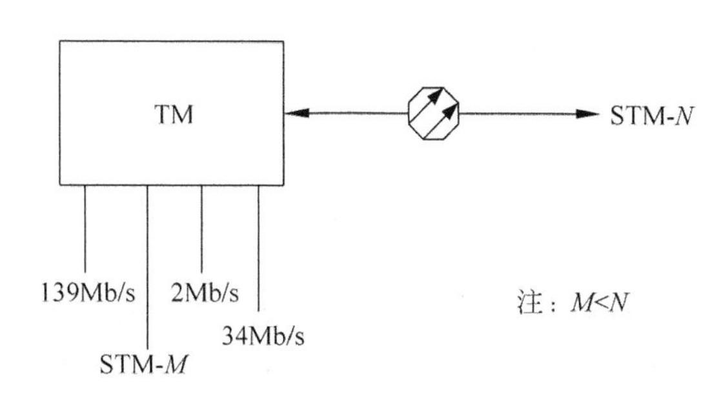

图 5-1 终端复用器(TM)模型

2. 插分复用器：ADM

插分复用器用于 SDH 传输网络的转接站点，例如链路的中间节点或环上节点，是 SDH 网上使用最多、最重要的一种网元，它是一个三端口器件，如图 5-2 所示。

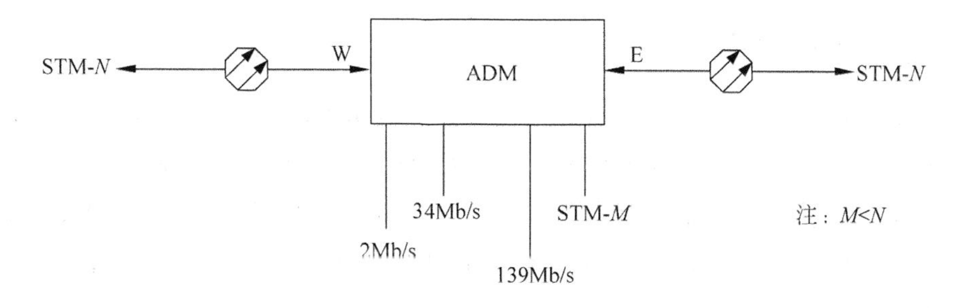

图 5-2 插分复用器(ADM)模型

ADM 有两个线路端口和一个支路端口。两个线路端口各接一侧的光缆(每侧收、发共两根光纤)，为了描述方便将其分为西向(W)、东向(E)两个线路端口。ADM 的作用是将低速支路信号交叉复用到东向或西向线路上去，或从东侧、西侧线路端口收到的线路信号中分离出低速支路信号。另外，还可将东、西向线路侧的 STM-*N* 信号进行交叉连接，例如，将东向 STM-16 中的第 5 个 STM-1 与西向 STM-16 中的第 9 个 STM-1 连接在一起。

ADM 是 SDH 最重要的一种网元，它可等效成其他网元，完成其他网元的功能，例如，一个 ADM 可等效成两个 TM。

3. 再生中继器：REG

光传输网的再生中继器有两种，一种是纯光的再生中继器，主要进行光功率放大以延长光传输距离；另一种是用于脉冲再生整形的电再生中继器，主要通过光/电变换、电信号抽样、判决、再生整形、电/光变换，以达到不积累线路噪声的目的，保证线路上传送信号波形的完好性。这里介绍的是后一种再生中继器。REG 是双端口器件，如图 5-3 所示。

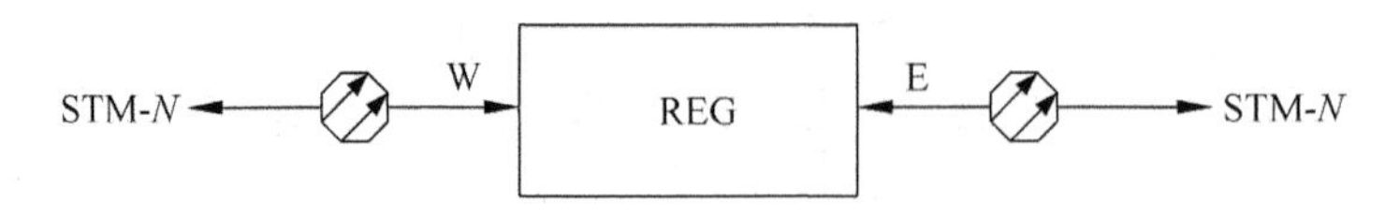

图 5-3　再生中继器(REG)模型

它的作用是将 W 侧(或 E 侧)的光信号经光/电变换、抽样、判决、再生整形、电/光变换,然后通过 E 侧(或 W 侧)发出。在外围端口配置上,REG 与 ADM 相比仅少了支路端口,所以当 ADM 在本地不上/下支路信号时,就等效为一个 REG。

真正的 REG 只需处理 STM-N 帧中的 RSOH,且不需要交叉连接功能,W—E 直通即可,而 ADM 和 TM 因为要完成将低速支路信号插分到 STM-N 中,所以不仅要处理 RSOH,而且还要处理 MSOH。另外 ADM 和 TM 都具有交叉复用能力,因此将 ADM 用作 REG,在成本上不划算。

4. 数字交叉连接设备:DXC

数字交叉连接设备完成 STM-N 信号的交叉连接功能,它是一个多端口器件,内含一个交叉连接矩阵,完成各个信号之间的交叉连接,如图 5-4 所示,它表示有 m 条输入光纤和 n 条输出光纤,DXC 可将输入的 m 路 STM-N 信号交叉连接到输出的 n 路 STM-N 信号上。DXC 的核心是交叉连接,它可以将不同 STM-16 信号中的 VC-12 级别信号进行交叉连接,以实现路由选择目的。

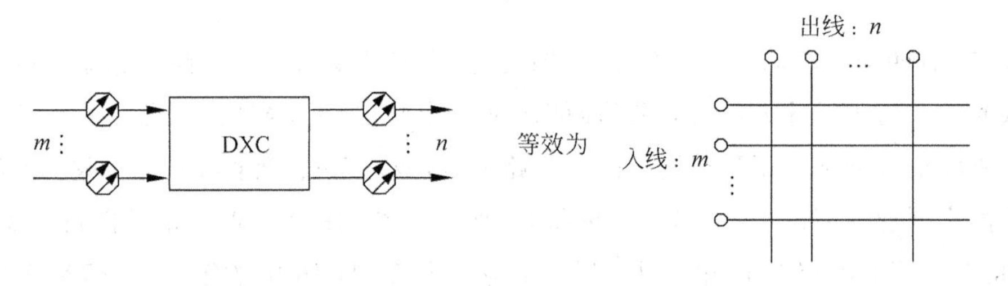

图 5-4　数字交叉连接器(DXC)原理模型

DXC 的核心部分是交叉连接矩阵,参与交叉连接的速率一般低于或等于接入速率,两速率之间的转换需要由复用和解复用功能来完成。每个输入信号被解复用成 k 个并行的交叉连接信号。然后,内部的交叉连接网络采用空分交换技术,按照预先存放(或动态计算)的交叉连接图对这些交叉连接信号进行连接,再利用复用功能,将这些重新安排后的信号复用成高速信号输出,如图 5-5 所示。

按照线路端口速率和交叉连接速率的不同,DXC 有多种配置形式,通常用 DXC p/q 来表示一个 DXC 的类型和性能($p \geqslant q$),p 表示可接入 DXC 的最高速率等级,q 表示在交叉连接矩阵中能够支持的最低速率级别。p 越大表示 DXC 的承载容量越大,q 越小表示

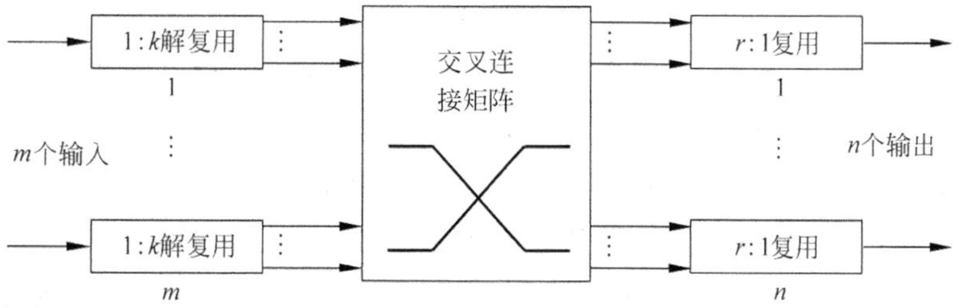

图 5-5　数字交叉连接器(DXC)结构

DXC 的交叉灵活性越好。数字 0 表示 64kb/s 速率，数字 1、2、3、4 分别表示 PDH 体制中的 1～4 次群速率，4 也代表 SDH 中的 STM-1 等级，数字 5 和 6 表示 SDH 中的 STM-4 和 STM-16 等级。例如，DXC4/1 表示接入端口的最高速率为 139Mb/s 或 155Mb/s，交叉连接的最低速率为一次群信号，即表明允许 1、2、3、4 次群和 STM-1 信号在设备中进行交叉连接。

DXC 采用电可擦除存储器来存储交叉连接图、管理信息、传输参数和测试信息等，对内容进行修改和更新比较容易。交叉连接矩阵是 DXC 的核心，有两种常用的矩阵类型，平方矩阵和 Clos 矩阵，如图 5-6 所示。在平方矩阵中，每个单元的输入信号都有 cross 和 bar 两种状态选择，通过设置各个单元的状态，可以将任一输入端口的信号发送到任一输出端口，实现信号的交叉连接功能。采用平方矩阵的优点是结构简单、便于大规模集成，但如果出现单元故障，维修较麻烦，一般采用整体更换的方式，成本较高。所以对于规模较大的交换结构，一般采用多级模块化结构，以便于维护、减低成本。Clos 矩阵就是一种多级模块化结构，在图 5-6(b)所示的 3 级 Clos 结构中，将全部输入信号分成 k 组，每组有 n 个输入端口，每个输入模块有 n 个输入端口、m 个输出端口，m 个输出端口去往不同的中间级模块，每一个中间级模块均有一根连线与输出级模块相连。这样，要将某一个输入

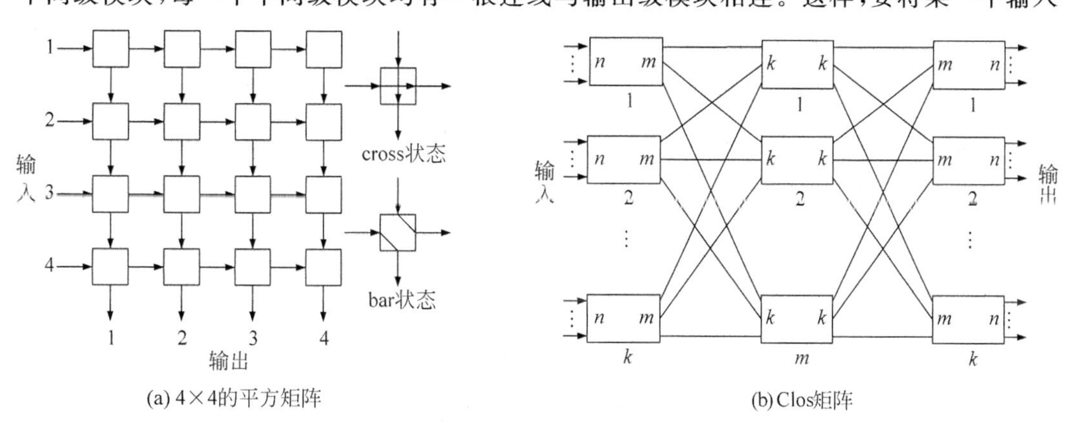

图 5-6　两种常见的交叉连接矩阵

端口和某一个输出端口连接，会有 m 条可选路径。

下面简单比较一下这两种交换结构出现故障的概率。假设共有 100 个输入端口和 100 个输出端口，且在 Clos 结构中将输入端、输出端都分为 10 组，每组 10 个端口，并设定 3 级 Clos 结构的每一级均有 10 个模块，每个模块都是 10×10 的平方矩阵。这样，如果采用图 5-6(a)所示的平方矩阵结构，其交叉点总数是 10^4；而如果采用图 5-6(b)所示的 Clos 矩阵结构，其交叉点总数为 $10^2\times10\times3=3\times10^3$。如果每个交叉点出现故障的概率相同，那么平方矩阵出现故障的可能性就是 Clos 矩阵的 3 倍多，而且出现故障后，平方矩阵结构要整体更换，而 Clos 矩阵结构可以只更换故障模块，成本也大幅降低。

5.2 SDH 设备的逻辑功能模块

SDH 要求不同厂家的产品实现横向兼容，为了达到这一目标，ITU-T 采用功能参考模型的方法对 SDH 设备进行规范，将设备应该完成的功能分解为多种基本的标准功能模块，功能模块的实现与设备的物理实现无关（以何种方式实现不受限制），不同的设备可以由这些基本功能模块灵活组合而成。通过基本功能模块的标准化来规范设备的标准化，同时也使规范具有普遍性。下面以一个 TM 设备的典型功能模块组成来说明各个基本功能模块的作用，如图 5-7 所示。图 5-7 中各功能模块名称的含义见表 5-1。

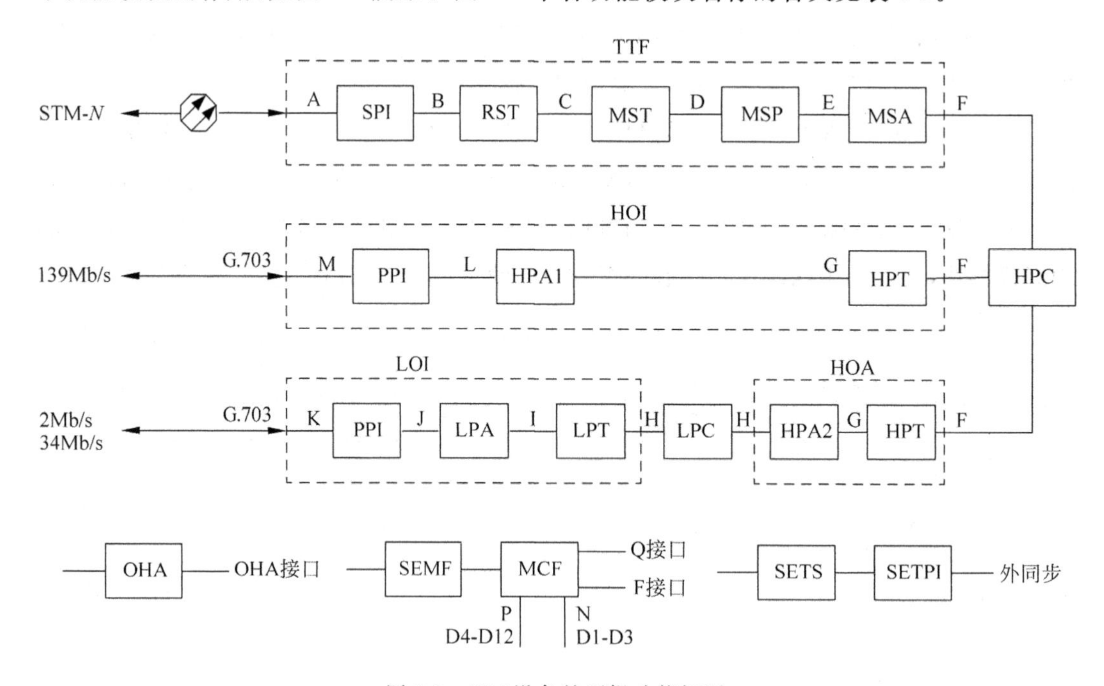

图 5-7 TM 设备的逻辑功能框图

表 5-1　各功能模块含义

模块缩写	含　　义	模块缩写	含　　义	模块缩写	含　　义
SPI	SDH 物理接口	LPT	低阶通道终端	HOA	高阶组装器
RST	再生段终端	LPC	低阶通道连接	HPC	高阶通道连接
MST	复用段终端	HPA1(2)	高阶通道适配 1(2)	OHA	开销接入功能
MSP	复用段保护	HPT	高阶通道终端	SEMF	同步设备管理功能
MSA	复用段适配	TTF	传送终端功能	MCF	消息通信功能
PPI	PDH 物理接口	HOI	高阶接口	SETS	同步设备时钟源
LPA	低阶通道适配	LOI	低阶接口	SETPI	同步设备定时物理接口

图 5-7 是一个 TM 的功能模块组成图，在接收方向，线路上的 STM-*N* 信号从 A 参考点进入设备，依次经过 A→B→C→D→E→F→G→L→M，将信号拆分成 139Mb/s 的 PDH 信号；经过 A→B→C→D→E→F→G→H→I→J→K，将信号拆分成 2Mb/s 或 34Mb/s 的 PDH 信号(在本节下面的介绍中，主要以 2Mb/s 信号为例)。相应的发方向就是沿这两条路径的反方向，将 139Mb/s 和 2Mb/s、34Mb/s 的 PDH 信号复用到线路上 STM-*N* 信号帧中。设备的功能由各个基本功能模块共同完成，下面按照信号的流向分模块进行功能说明。

1. SDH 物理接口功能模块：SPI

SPI 是设备的光电接口，主要完成光/电变换、电/光变换，提取线路定时，以及相应告警的检测。

1) 信号流从 A 到 B：接收方向

完成光/电转换，同时提取线路时钟信号并将其传给 SETS 模块进行锁相，锁定频率后，SETS 再将时钟信号传给其他功能模块，作为其他功能模块工作的定时时钟。

当 A 点的 STM-*N* 信号失效(例如，无光或光功率过低、传输性能劣化使误码率低于 10^{-3})，SPI 将产生 LOS 告警(接收信号丢失告警)，并将 LOS 状态告知 SEMF 模块。

2) 信号流从 B 到 A：发送方向

完成电/光变换，同时将定时信息附加到线路信号中。

2. 再生段终端功能模块：RST

RST 是 RSOH 开销的源和宿，就是 RST 功能模块在构成 SDH 帧信号的过程中产生 RSOH(发方向)，并在相反方向(收方向)处理(终结)RSOH。

1) 信号流 B 到 C：接收方向

STM-*N* 的电信号、定时信号、LOS 告警信号由 B 点送至 RST，若 RST 收到的是

LOS 告警信号，即在 C 点处插入全“1”(AIS)信号。若在 B 点收到的是正常信号流，那么 RST 开始搜寻 A1 和 A2 字节进行帧定位(确定帧的开始位置)，帧定位就是不断检测帧信号是否与帧头位置相吻合。若连续 5 帧以上无法正确定位帧头，设备进入帧失步状态，RST 功能模块上报接收信号帧失步(OOF)告警。处于帧失步状态时，若连续两帧能正确定帧就退出 OOF 状态。如果 OOF 持续 3ms 以上，设备进入帧丢失状态，RST 上报 LOF (帧丢失)告警，并在 C 点处插入全“1”信号。

RST 对 B 点输入信号完成正确帧定位后，将对 STM-*N* 帧中除 RSOH 第一行字节外的其他字节进行解扰，解扰后提取 RSOH 并进行处理。RST 校验 B1 字节，若检测出有误码块，则本端产生 RS-BBE(再生段背景误码块)；RST 同时提取 E1、F1 字节传给 OHA 模块处理公务联络电话；将 D1～D3 提取传给 SEMF 模块，处理 D1～D3 中再生段的 OAM 信息。

2) 信号流从 C 到 B：发送方向

RST 计算 B1 字节并写入 RSOH，然后对除 RSOH 第一行字节外的其他字节进行扰码。设备在 A 点、B 点、C 点处的信号帧结构如图 5-8 所示。

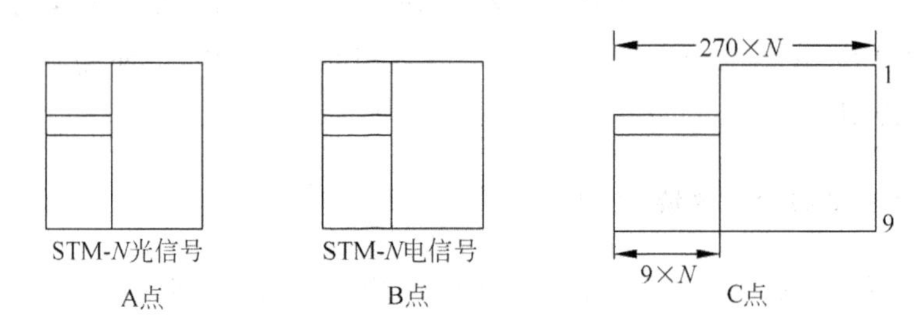

图 5-8　A、B、C 点信号帧结构

3. 复用段终端功能模块：MST

MST 是复用段开销的源和宿，在接收方向处理(终结)MSOH，在发送方向产生 MSOH。

1) 信号流从 C 到 D：接收方向

MST 提取 K1、K2 字节中的 APS(自动保护倒换)协议送至 SEMF 模块，以便 SEMF 在适当的时候(例如，出现故障时)进行复用段倒换。若 C 点收到 K2 字节的 b6～b8 连续 3 帧为 111，则表示从 C 点输入的信号为全“1”信号，MST 功能模块产生 MS-AIS(复用段告警指示信号)。MS-AIS 是指在 C 点的信号为全“1”，它是由 LOS、LOF 引发，因为当 RST 收到 LOS、LOF 时，会使 C 点的信号为全“1”，那么此时 K2 的 b6～b8 是“111”。

若在 C 点的信号中 K2 的 b6～b8 是“110”，则判断为这是对端设备回送来的对告信号 MS-RDI(复用段远端失效指示)，表示对端设备在接收信号时出现 MS-AIS、B2 误码过大等劣化告警。

MST 功能模块校验 B2 字节，检测复用段信号的传输误码块，若检测出有误码块，则本端设备在 MS-BBE 性能事件中显示误块数，并向对端发对告信息 MS-REI，由 M1 字节回告对方接收端收到的误块数。若检测到 MS-AIS 或 B2 检测的误码块数超越门限(此时 MST 上报 B2 误码越限告警 MS-EXC)，将在点 D 处使信号出现全“1”。

此外，MST 将恢复同步状态信息 S1(b5～b8)，并将所得的同步质量等级信息传给 SEMF。MST 还需要提取 D4～D12 字节并传给 SEMF，供其处理复用段 OAM 信息。将 E2 提取出来传给 OHA，供其处理复用段公务联络信息。

2) 信号流从 D 到 C：发送方向

在发送方向 MST 将如下信息写入 MSOH：从 OHA 模块送来的 E2、从 SEMF 模块送来的 D4～D12、从 MSP 模块送来的 K1 和 K2 字节、进行奇偶校验计算后的 B2 字节以及 S1 和 M1 字节等。如果 MST 在收方向检测到 MS-AIS 或 MS-EXC，那么在发送方向就会将 K2 字节的 b6～b8 设为“110”，以便让发送端知晓接收端已产生接收告警消息。D 点处的信号帧结构如图 5-9 所示。

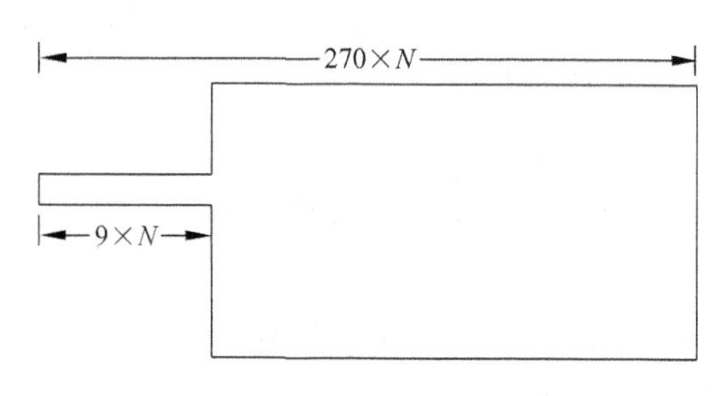

图 5-9　D 点信号帧结构

前面介绍了再生段和复用段的功能，两者之间具体有什么差异呢？如图 5-10 所示，再生段是指在两个设备的 RST 之间的维护区段(包括两个 RST 和它们之间的光缆)，复用段是指在两个设备的 MST 之间的维护区段(包括两个 MST 和它们之间的光缆)。再生段只处理 STM-N 帧的 RSOH，而复用段要处理 STM-N 帧的 RSOH 和 MSOH。

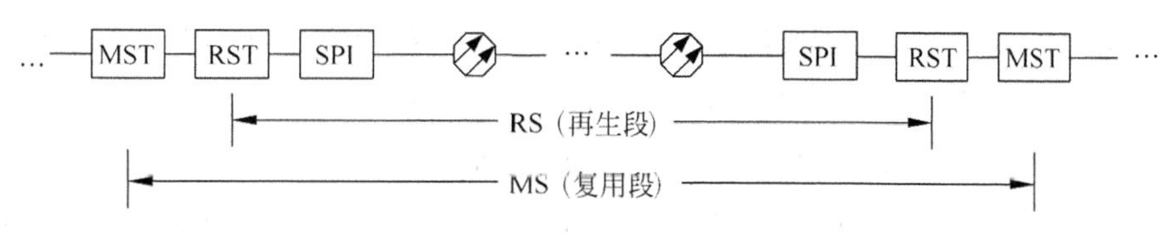

图 5-10　再生段和复用段

4. 复用段保护功能模块：MSP

MSP 用于在复用段内保护传输信号，应对出现故障。它通过对 STM-N 信号的监测、系统状态评价，将故障信道的信号切换到保护信道上去(复用段倒换)。ITU-T 规定保护倒换的时间控制在 50ms 以内。

复用段倒换的故障条件是 LOS、LOF、MS-AIS 和 MS-EXC，要进行复用段保护倒换，设备必须要有冗余（备用）的信道。图 5-11 以两个端对端的 TM 为例显示了 MSP 的位置，从图中可以看出，在两个 MSP 模块之间，实际上是有两套复用段设备在同时工作，MSP 起选择的作用。

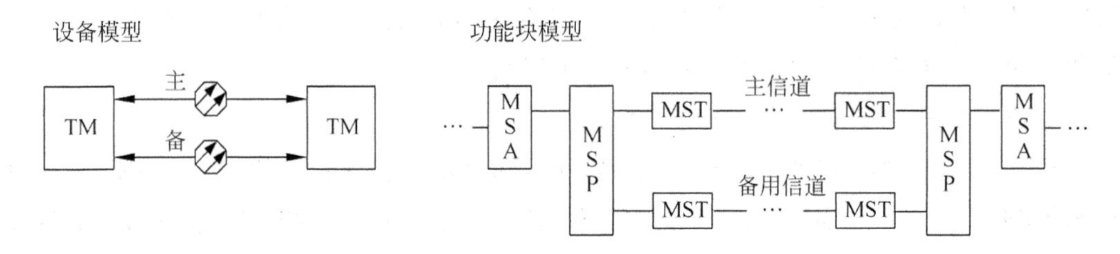

图 5-11 TM 设备的复用段保护

1）信号流从 D 到 E：接收方向

若 MSP 收到 MST 传来的 MS-AIS 或 SEMF 发来的倒换命令，将进行信息的主备倒换，正常情况下信号流从 D 透明地传到 E。

2）信号流从 E 到 D：发送方向

E 点的信号流透明地传至 D，E 点处信号波形同 D 点。

常见的倒换方式有 1+1、1∶1 和 1∶n。

1+1 方式指发送端在主备两个信道上发送同样的信息，接收端在正常情况下选择接收主信道上的业务，因为主备信道上的业务一模一样，所以在主信道出现故障时，通过切换选择接收备用信道，使业务得以正常传输，此种倒换方式又称为单端倒换（仅接收端切换），其倒换速度快，但信道利用率低。

1∶1 方式指在正常情况下发送端通过主信道发送主业务，而在备用信道上发送低级别额外业务，接收端从主信道接收主业务、从备用信道接收额外业务。当主信道出现故障时，为保证主业务的正常传输，发送端将主业务发送到备用信道，接收端将切换到备用信道去接收主业务，此时低级别额外业务停止传输。这种倒换方式称为双端倒换（收/发两端均进行切换），倒换速度较慢，但信道利用率高。由于额外业务的传送在主信道出现故障时要被终结，所以额外业务也称为不被保护的业务。

1∶n 方式是指一条备用信道保护 n 条主信道，这种方式下信道的利用率更高，但一条备用信道在某个时刻只能保护一条主信道，当多个主信道同时出现故障时，就会出现部分主信道无法保护的情况，所以系统可靠性会降低。

5. 复用段适配功能模块：MSA

MSA 的功能是处理和产生 AU-PTR，以及将 AUG 组合/分解为 AU-4。

1）信号流从 E 到 F：接收方向

首先，MSA 对 AUG 进行去间插操作，将 AUG 分成 N 个 AU-4 结构，然后处理这 N 个 AU-4 的指针，若 AU-PTR 的值连续 8 帧为无效指针值或 AU-PTR 连续 8 帧为 NDF 反转，此时 MSA 上相应的 AU-4 产生 AU-LOP 告警，并使信号在 F 点的相应通道上（VC-4）输出全“1”。若 MSA 连续 3 帧检测出 H1、H2、H3 字节全为“1”，则认为 E 点输入的为全“1”信号，此时 MSA 也会将 F 点处相应 VC-4 通道上的输出设置为全“1”，并产生相应通道的 AU-AIS（管理单元告警指示信号）。

2）信号流从 F 到 E：发送方向

F 点的 VC-4 信号在 MSA 加入 9 个字节的 AU-PTR，成为 AU-4 信号，N 个 AU-4 经过字节间插复用成 AUG。F 点的信号帧结构如图 5-12 所示。

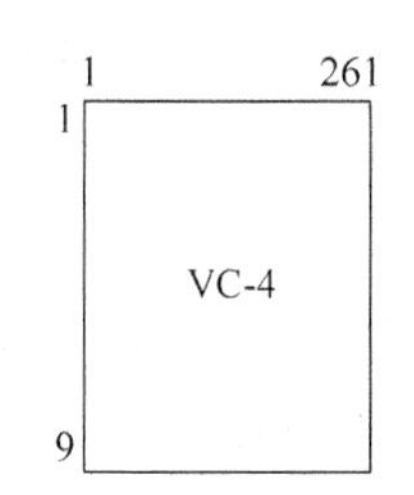

图 5-12　F 点处信号帧结构

6. 传送终端功能模块：TTF

多个基本功能模块经过组合，可形成复合功能模块，完成一些较复杂工作。TTF 就是由 SPI、RST、MST、MSP、MSA 一起构成的复合功能模块，它的作用是在接收方向对 STM-N 光线路信号进行光/电变换（SPI）、处理 RSOH（RST）、处理 MSOH（MST）、对复用段信号进行保护（MSP）、对 AUG 进行去间插操作并处理 AU-PTR，最后输出 N 个 VC-4 信号；而在发送方向的处理过程正好相反，进入 TTF 的是 VC-4 信号，从 TTF 输出的是 STM-N 光信号。

7. 高阶通道连接功能模块：HPC

HPC 实际上相当于一个交叉连接矩阵，它对高阶通道 VC-4 进行交叉连接，除了信号的交叉连接外，各路 VC-4 信号在 HPC 中透明传输，所以 HPC 的两端都用 F 点表示。HPC 是实现高阶通道 DXC 和 ADM 的关键，其交叉连接功能仅指选择或改变 VC-4 的路由，不对信号进行处理。一种 SDH 设备的功能是否强大主要看其交叉连接能力，而交叉连接能力又是由交叉连接功能模块决定，即由 HPC 和后面将介绍的 LPC 决定。为了保证业务的全交叉连接能力，HPC 的交叉容量最小应为 $2N$（VC-4）$\times 2N$（VC-4），相当于 $2N$ 条 VC-4 入线，$2N$ 条 VC-4 出线。

8. 高阶通道终端功能模块：HPT

在 HOI 复合功能模块和 HOA 复合功能模块中都有 HPT 功能模块，HOI 复合功能模块输出 139Mb/s 的 PDH 信号，而 HOA 复合功能模块的输出经进一步处理后最终输出 2Mb/s 的 PDH 信号。HPT 是高阶通道开销的源和宿，形成和终结高阶虚容器。

1）信号流从 F 到 G：接收方向

在接收方向将解析收到的 POH。检验 B3 字节，如果发现有误码块，就在本端性能事件 HP-BBE（高阶通道背景误码块）中显示检出的误码块数，同时在回送给对端的信号中，将 G1 字节的 b1～b4 设置为检测出的误码块数，以便发送端在性能事件 HP-REI 中显示相应的误块数。

G1 的 b1～b4 值的范围是 0～15，但 B3 最多只能检测出 8 个误码块，因此 G1 的 b1～b4 值 0～8 分别表示检测出 0～8 个误码块，其余 7 个值（9～15）均无效。

HPT 检测 J1 和 C2 字节，若收发不匹配，就会分别产生 HP-TIM（高阶通道踪迹字节失配）、HP-SLM（高阶通道信号标记字节失配）告警，使对应通道在 G 点处输出全“1”，同时通过 G1 的 b5 往源端回传一个相应通道的 HP-RDI（高阶通道远端劣化指示）告警。若检查到 C2 字节的内容连续 5 帧为 00000000，则判断该 VC-4 通道未装载，于是使信号在 G 点相应通道上输出全“1”，HPT 在相应的 VC-4 通道上产生 HP-UNEQ（高阶通道未装载）告警。

H4 字节包含复帧位置指示信息，HPT 将其传给 HPA2 功能模块。因为 H4 的复帧位置指示信息仅对 2Mb/s 有用，对 139Mb/s 的信号无用，所以不用传递给 HPA1 功能模块。

2）信号流从 G 到 F：发送方向

HPT 将由 SEMF 模块传来的 J1 和 C2 字节写入 POH 中，并进行奇偶校验计算，获得 B3 字节后填入 POH。

G 点的信号形状实际上是 C-4 信号帧，其帧结构如图 5-13 所示。这个 C-4 信号帧一种情况是由 139Mb/s 适配而成，另一种情况是由 2Mb/s 信号经 C-12→VC-12→TU-12→TUG-2→TUG-3→C-4 这种结构复用而来，下面分别予以说明，先说明由 139Mb/s 的 PDH 信号适配成的 C-4（见下面 9～11 部分），然后说明由 2Mb/s 的 PDH 信号适配成的 C-4（见下面 12～17 部分）。

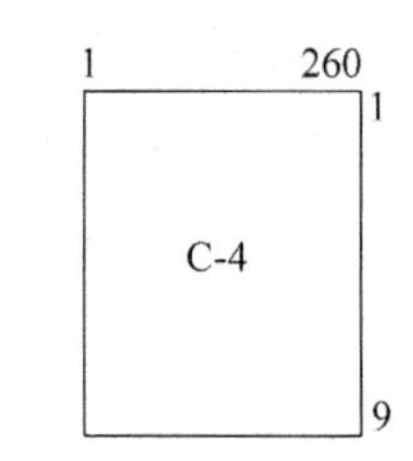

图 5-13　G 点处信号帧结构

9. 高阶通道适配功能模块 1：HPA1

HPA1 的作用是通过映射将 PDH 的 4 次群信号适配进 C-4，或通过去映射从 C-4 信号帧中提取 PDH 的 4 次群信号，具体映射方法可参见 3.5 节第 3 部分内容。

10. PDH 物理接口功能模块：PPI

PPI 的功能是将 PDH 支路信号引入 SDH 传输网，并完成码型变换和支路时钟信号提取。

1）信号流从 L 到 M：接收方向

将 SDH 设备内部传输码型(NRZ)转换成便于支路传输的 PDH 线路码型，如 HDB3(2Mb/s、34Mb/s)、CMI(139Mb/s)。

2）信号流从 M 到 L：发送方向

将 PDH 线路码转换成便于设备处理的 NRZ 码，同时提取支路信号时钟，将其送给 SETS 进行锁相，锁相后的时钟由 SETS 送给各功能模块，作为各模块的工作时钟。

当 PPI 检测到无输入信号时，会产生支路信号丢失告警。

11. 高阶接口：HOI

此复合功能模块由 HPT、HPA1、PPI 三个基本功能模块组成，完成的功能是将 139Mb/s 的 PDH 信号转换为 SDH 的 VC-4，或者从 SDH 的 VC-4 帧结构中提取 139Mb/s 的 PDH 信号。

12. 高阶通道适配功能模块 2：HPA2

此时 G 点处的 C-4 信号是由 TUG-3 通过字节间插而成，如图 5-13 所示。而 TUG-3 是由 TUG-2 通过字节间插复合而成，TUG-2 又是由 TU-12 复合而成，TU-12 由 VC-12＋TU PTR 组成。H 点处的信号就是 VC-12 格式。这表明 HPA2 完成 C-4 信号帧和 VC-12 信号帧之间的转换。H 点处的信号帧结构(以 2Mb/s 信号为例)如图 5-14 所示。

1）信号流从 G 到 H：接收方向

首先对 C-4 进行去间插处理，获得 63 个 TU-12，然后处理 TU-PTR，进行 VC-12 在 TU-12 中的定位、分离，从 H 点流出的信号是 63 个 VC-12 信号。

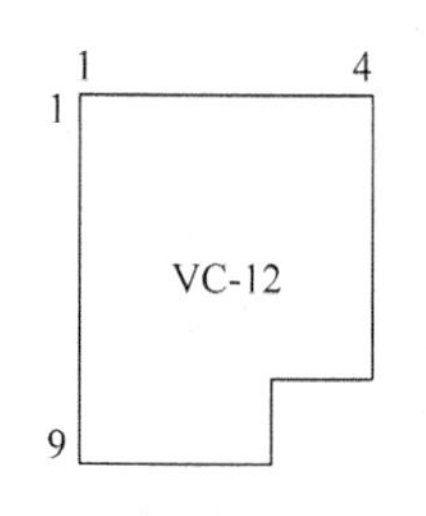

图 5-14　H 点处信号帧结构

HPA2 若连续 3 帧检测到 V1、V2、V3 全为“1”，则判定对应支路通道出现告警(TU-AIS)，在 H 点将相应 VC-12 通道信号输出为全“1”。若 HPA2 连续 8 帧检测到 TU-PTR 为无效指针或 NDF 反转，则 HPA2 产生相应通道的 TU-LOP 告警，在 H 点也将相应 VC-12 通道信号输出为全“1”。

HPA2 根据从 HPT 收到的 H4 字节做复帧指示，将 H4 的值与复帧序列中单帧的预期值相比较，若连续几帧不吻合则上报 TU-LOM(支路单元复帧丢失)告警。若 H4 字节的值为无效值(在 01H～04H 之外)，也会出现 TU-LOM 告警。

2）信号流从 H 到 G：发送方向

HPA2 先对输入的 VC-12 进行定位，加上 TU-PTR，然后将 63 个 TU-12 通过字节间插复用，最终形成 C-4 帧结构，具体过程可参见 3.5 节的 1、2 部分。

13. 高阶组装器：HOA

在发送方向，高阶组装器首先将 VC-12 信号通过定位、复用过程装入 C-4 帧结构，然后加入 9 个字节的 POH 形成 VC-4 帧。在接收方向，高阶组装器首先处理 VC-4 帧中的 POH，然后从 C-4 帧中拆分出 63 个 VC-12 信号。

14. 低阶通道连接功能模块：LPC

与 HPC 类似，LPC 也是一个交叉连接矩阵，不过它是完成对低阶 VC(VC-12 或 VC-3)进行交叉连接的功能，可实现低阶 VC 通道之间灵活的分配和连接。一个设备如果需要具有全级别交叉连接能力，就一定要包括 HPC 和 LPC。例如，DXC4/1 就能完成 VC-4 级别的交叉连接和 VC-3、VC-12 级别的交叉连接，也就是要求 DXC4/1 要包括 HPC 功能模块和 LPC 功能模块。信号流在 LPC 功能模块处是透明传输，所以 LPC 两端参考点都为 H。

15. 低阶通道终端功能模块：LPT

LPT 是低阶通道开销(LP-POH)的源和宿，对于 VC-12，就是处理或产生 V5、J2、N2、K4 四个 POH 字节。

1) 信号流从 H 到 I：接收方向

LPT 模块处理 LP-POH 的四个字节。通过 V5 字节的 b1～b2 进行 BIP-2 检验，若检测出 VC-12 有误码块，则在本端性能事件 LP-BBE(低阶通道背景误码块)中显示误码块数，同时通过 V5 的 b3 位回告发送端设备，并在发送端设备的性能事件 LP-REI(低阶通道远端误块指示)中显示相应的误码块数。

检测 J2 和 V5 的 b5～b7，若失配(应收和实际所收的不一致)就在本端分别产生 LP-TIM(低阶通道踪迹字节失配)告警、LP-SLM(低阶通道信号标识失配)告警，并将 I 点处相应通道信号输出为全“1”，同时通过 V5 的 b8 回送给对端一个 LP-RDI(低阶通道远端失效指示)告警，使对端了解本接收端相应的 VC-12 通道信号出现劣化。

当劣化(失效)条件持续期超过了设定门限时，劣化转变为故障，这时接收端通过 V5 的 b4 回送给发送端一个 LP-RFI(低阶通道远端故障指示)信息，让发送端知晓接收端相应 VC-12 通道出现接收故障。

当连续 5 帧检测到 V5 的 b5～b7 为 000 时，则判定相应通道未装载，本端相应通道出现 LP-UNEQ(低阶通道未装载)告警。

2) 信号流从 I 到 H：发送方向

在发送方向，LPT 将产生的 4 个低阶通道开销字节 V5、J2、N2、K4 加入到复帧结构中，共需要4个帧周期时间。I点处的信号就是C-12帧信号，帧结构如图5-15所示。

16. 低阶通道适配功能模块：LPA

低阶通道适配功能模块的作用就是将PDH基群信号(2Mb/s)装入或者分离出C-12容器，相当于将货物打包、拆包的过程。J点的信号就是PDH的2Mb/s信号，也常常将其称为E1信号。

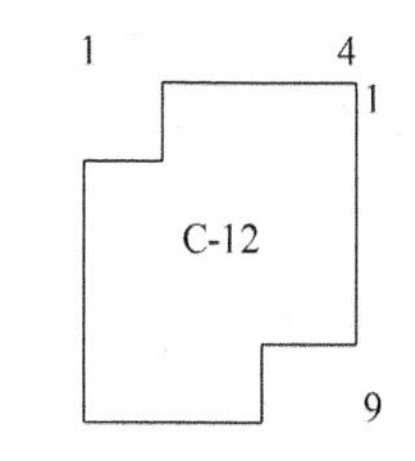

图5-15　I点处信号帧结构

17. 低阶接口功能模块：LOI

低阶接口功能模块包含LPT、LPA、PPI这三个功能模块，主要完成SDH的VC-12帧信号和PDH的基群信号之间的转换。另外还包含码型变换、时钟提取等功能。

18. 同步设备管理功能模块：SEMF

SEMF的作用是收集其他功能模块的状态信息，进行相应的管理操作。包括本站点向各个功能模块下发命令，收集各功能模块的告警、性能事件，通过DCC通道向其他网元传送OAM信息，向网络管理终端上报设备告警、性能数据以及响应网管终端下发的命令等。

DCC(D1～D12)通道的OAM内容由SEMF决定，并通过MCF在RST和MST中写入相应字节，或通过MCF从RST和MST中提取D1～D12字节，传给SEMF处理。

19. 消息通信功能模块：MCF

MCF实际上是SEMF及其他功能模块与网管终端的一个通信接口，SEMF通过MCF可以和网管进行消息通信(F接口、Q接口)。另外，MCF通过N接口和P接口分别与RST和MST上的DCC通道交换OAM信息，实现网元和网元之间的OAM信息互通。

MCF上的N接口传送D1～D3字节(DCCR：再生段数据通路字节)，P接口传送D4～D12字节(DCCM：复用段数据通路字节)，F接口和Q接口都是与网管终端的接口，通过它们可使网管能对本设备及整个网络进行统一管理。其中，F接口提供与本地网管终端的接口，Q接口提供与远程网管终端的接口。

20. 同步设备时钟源功能模块：SETS

数字网都需要一个定时时钟用于保证网络同步，使设备能正常运行。而SETS功能模块的作用就是提供SDH网元乃至SDH系统的定时时钟信号。

SETS时钟信号的来源有4个：由SPI功能模块从线路上STM-*N*信号中提取的时钟信号；由PPI从PDH支路信号中提取的时钟信号；由SETPI(同步设备定时物理接口)提取的外部时钟源，如2MHz方波信号或2Mb/s；当这些时钟信号源都劣化后，为保证设备的定时，由 SETS 内置振荡器产生的时钟。

SETS 对这些时钟进行锁相后，选择其中一路高质量时钟信号，传递给设备中除 SPI 和 PPI 外的所有功能模块使用。同时 SETS 通过 SETPI 功能模块向外提供 2Mb/s 和 2MHz 的时钟信号，可供其他设备（如交换机、SDH 网元等）作为外部时钟源使用。

这里所说 SDH 设备的 4 个时钟来源，仅指 SDH 设备所使用时钟信号的 4 个可能“源头”，即 SDH 从何处可以提取到时钟信号。那么时钟信号的初始“源头”在哪里呢？中国数字网的定时信号都是由国家定时基准时钟（主时钟在北京，备用时钟在武汉）而来，经过同步链路的层层转接而传到 SDH 设备。

21. 同步设备定时物理接口：SETPI

SETPI 是 SETS 与外部时钟的物理接口，SETS 通过它接收外部时钟信号，作为 SDH 设备的工作时钟，或者向外部提供时钟信号，作为其他设备的工作时钟。

22. 开销接入功能模块：OHA

OHA 的作用是从 RST 和 MST 中提取或写入公务联络字节，包括 E1、E2、F1 字节。

前面介绍了组成 SDH 设备的功能模块，通过它们的灵活组合可以构成不同功能设备（例如，REG、TM、ADM 和 DXC 等）。另外，SEMF、MCF、OHA、SETS、SETPI 属于辅助功能模块，它们携同基本功能模块一起完成设备所要求的功能。通过上面介绍的这些功能模块监测原理，可以深入了解各个功能模块所监测的告警、性能事件，以及这些事件的产生机理，是以后在维护设备时能正确分析、定位故障的关键所在。表 5-2 列出了各功能模块的主要监测事件以及相关的开销字节。

ITU-T 建议规定了上述各监测事件的含义，表 5-3 给出了各监测事件缩写及其主要含义。通过表 5-2 和表 5-3，可以更好地理解 SDH 网络的监测原理。

表 5-2　各功能模块的主要监测事件

序号	功能模块	监测事件及对应的开销字节
1	SPI	LOS
2	RST	OOF(A1、A2)，LOF(A1、A2)，RS-BBE(B1)
3	MST	MS-AIS(K2[b6～b8])，MS-RDI(K2[b6～b8])，MS-REI(M1)，MS-BBE(B2)，MS-EXC(B2)
4	MSA	AU-AIS(H1、H2、H3)，AU-LOP(H1、H2)
5	HPT	HP-RDI(G1[b5])，HP-REI(G1[b1～b4])，HP-TIM(J1)，HP-SLM(C2)，HP-UNEQ(C2)，HP-BBE(B3)
6	HPA2	TU-AIS(V1、V2、V3)，TU-LOP(V1、V2)，TU-LOM(H4)
7	LPT	LP-RDI(V5[b8])，LP-REI(V5[b3])，LP-TIM(J2)，LP-SLM(V5[b5～b7])，LP-UNEQ(V5[b5～b7])，LP-BBE(V5[b1～b2])

表 5-3 各监测事件缩写及其主要含义

序号	事件缩写	含 义
1	LOS	信号丢失。输入无光功率、光功率过低、光功率过高，导致 BER 劣于 10^{-3}
2	OOF	帧失步。搜索不到 A1、A2 字节，时间超过 625μs
3	LOF	帧丢失。OOF 持续 3ms 以上
4	RS-BBE	再生段背景误码块。B1 校验到 STM-*N* 再生段的误码块
5	MS-AIS	复用段告警指示信号。当收到 K2[b6～b8]=111 超过 3 帧时出现该信号
6	MS-RDI	复用段远端劣化指示。接收端检测到 MS-AIS、MS-EXC，由 K2[b6～b8]回送给发送端
7	MS-REI	复用段远端误码指示。接收端利用 B2 字节检测复用段误码块数，并通过 M1 字节回送给发送端
8	MS-BBE	复用段背景误码块。由 B2 检测
9	MS-EXC	复用段误码过量。由 B2 检测
10	AU-AIS	管理单元告警指示信号。连续 3 帧检测出 H1、H2、H3 字节全为"1"
11	AU-LOP	管理单元指针丢失。连续 8 帧收到无效指针或 NDF
12	HP-RDI	高阶通道远端劣化指示。接收端出现 HP-TIM、HP-SLM、HP-UNEQ、误码超限等情况时，给发送端的对告信息
13	HP-REI	高阶通道远端误码指示。回送给发送端，由接收端 B3 字节检测出的误码块数
14	HP-TIM	高阶通道踪迹字节失配。J1 应收和实际所收的不一致
15	HP-SLM	高阶通道信号标记失配。C2 应收和实际所收的不一致
16	HP-UNEQ	高阶通道未装载。C2=00H 超过 5 帧
17	HP-BBE	高阶通道背景误码块。显示本端由 B3 字节检测出的误块数
18	TU-AIS	支路单元告警指示信号。对于 VC-12，连续 3 帧检测到 V1、V2、V3 全为"1"；或者对于 VC-4，出现 HP-TIM、HP-SLM、HP-UNEQ、误码超限等情况
19	TU-LOP	支路单元指针丢失。连续 8 帧收到无效指针或 NDF
20	TU-LOM	支路单元复帧丢失。H4 连续多帧不等于复帧次序，或无效的 H4 值
21	LP-RDI	低阶通道远端劣化指示。接收到 TU-AIS、LP-SLM 或 LP-TIM
22	LP-REI	低阶通道远端误码指示。接收端检测 V5[b1～b2]，并通过 V5[b3]反馈发送端
23	LP-TIM	低阶通道踪迹字节失配。由 J2 检测
24	LP-SLM	低阶通道信号标记字节失配。由 V5[b5～b7]检测
25	LP-UNEQ	低阶通道未装载。V5[b5～b7]=000 超过 5 帧
26	LP-BBE	低阶通道背景误码块。由 V5[b1～b2]检测

为了举例说明这些告警维护信号的内在关系，图 5-16 给出了 139Mb/s 支路信号的 TU-AIS 告警产生的简明流程图。TU-AIS 在维护设备时出现的概率较高，通过分析，可以方便地确定 TU-AIS 及其他相关告警的故障点和原因。图 5-17 是一个较详细的 SDH 设备各功能模块告警流程图，通过它可看出 SDH 设备各功能模块主要告警维护信号的相互关系。

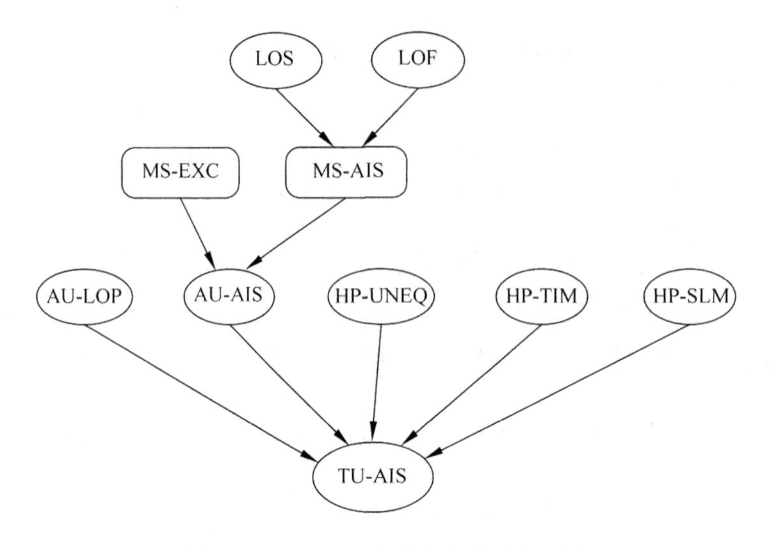

图 5-16　TU-AIS 告警产生简明流程图

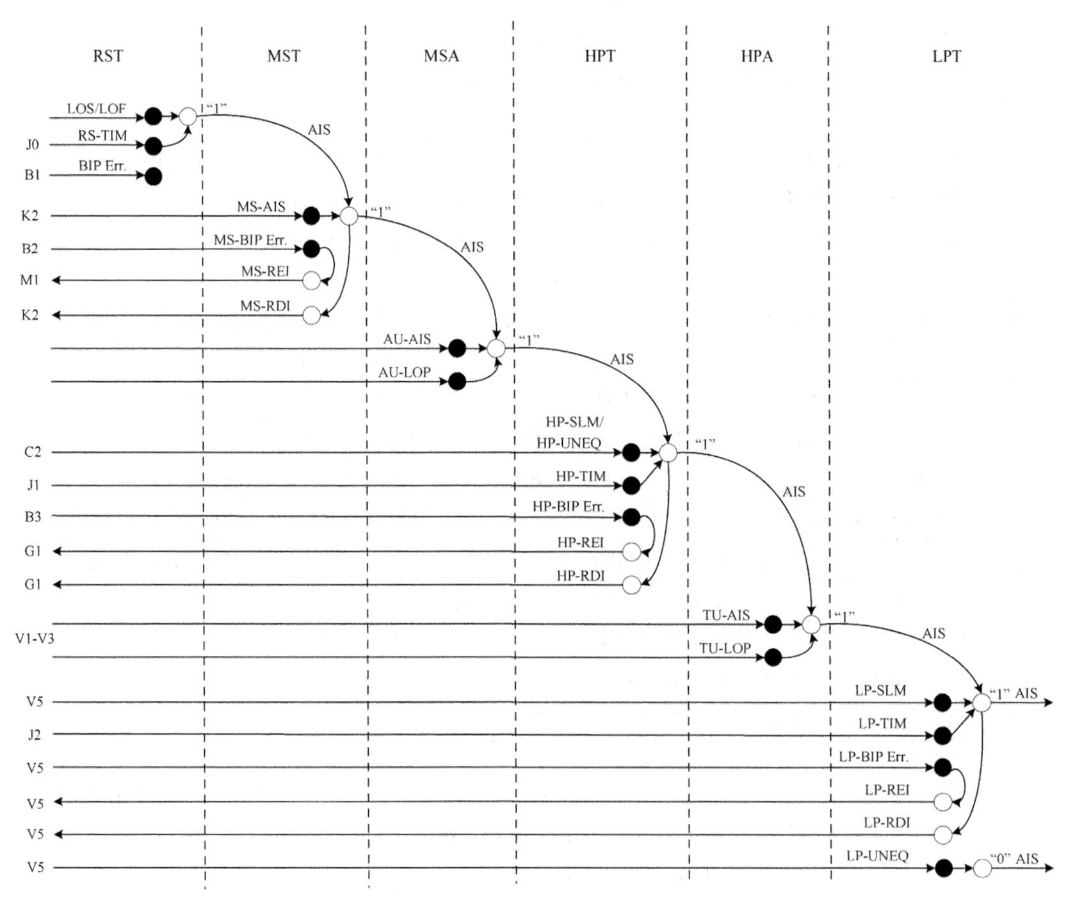

图 5-17　SDH 各功能模块告警流程图

5.3 几种常见网元的逻辑构成

前面介绍过SDH的几种常见网元，例如，TM、ADM、REG、DXC，通过5.2节对各个功能模块的说明，这里采用“搭积木”的方式，简要说明这几种常见网元可以由哪些功能模块组成，从它们的逻辑构成可以更清楚地掌握每个网元所能完成的功能。

1. 终端复用器：TM

TM的逻辑构成如图5-18所示，从图中可以看出，TM将2Mb/s、34Mb/s、139Mb/s的PDH支路信号以及低速SDH信号（STM-*M*，*M*＜*N*）交叉复用成高速线路信号STM-*N*，包含了5.2节介绍的全部功能模块。因为有HPC和LPC功能模块，所以此TM有高阶VC、低阶VC的交叉连接功能。

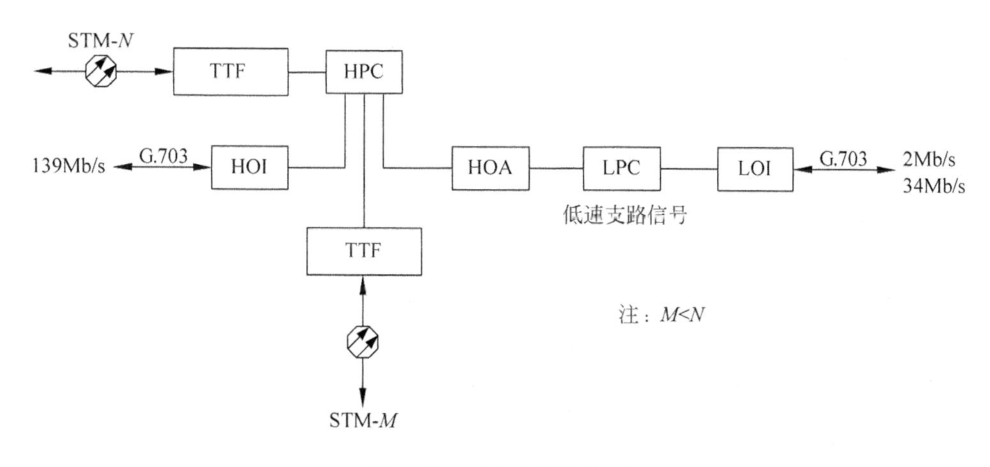

图5-18 TM功能结构图

2. 插分复用器：ADM

ADM的逻辑构成如图5-19所示，从图中看出，ADM可以将2Mb/s、34Mb/s、139Mb/s的PDH支路信号以及低速SDH信号（STM-*M*，*M*＜*N*）交叉复用到东向或西向的高速线路信号（STM-*N*）中，也可以将东向和西向的STM-*N*信号进行交叉连接。它和TM相比，能够上/下支路业务的种类相同，但它能从东西两个方向上/下支路业务，而且还能提供主干方向的交叉连接，功能更加强大、灵活。

3. 再生中继器：REG

REG的逻辑构成如图5-20所示，其作用是完成信号的再生整形，将东侧（西侧）的STM-*N*信号传到西侧（东侧）线路上去。这里不需要交叉连接，通过信号的再生、再定

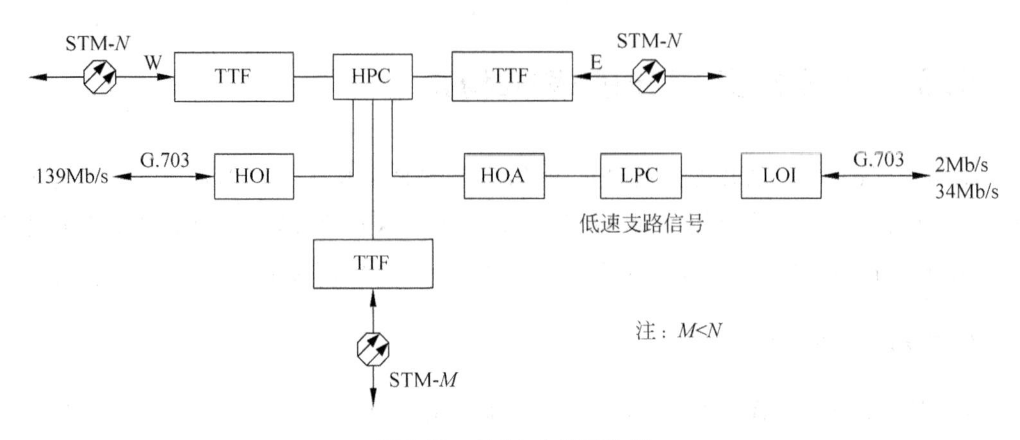

图 5-19 ADM 功能结构图

时、再整形对线路信号进行重建，同时处理帧结构段开销中的前面 3 行字节。这表明，如果要进行公务联络，只能通过 E1 或 F1 字节。

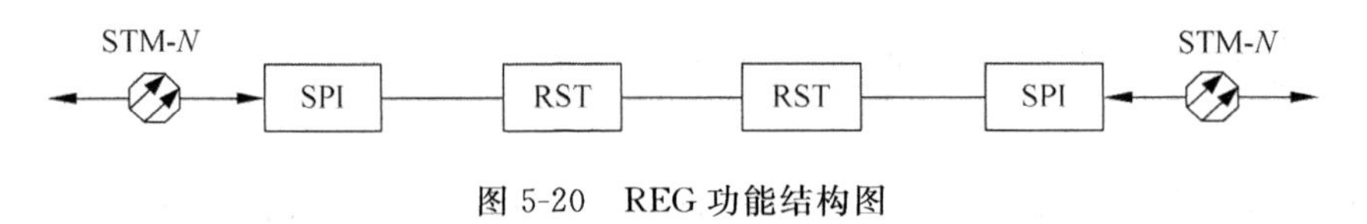

图 5-20 REG 功能结构图

4. 数字交叉连接设备：DXC

DXC 的逻辑构成类似于 ADM，只是它的线路端口（STM-N 端口）更多，支路端口也会更多，具有更加强大的交叉连接能力。它可以提供支路信号和线路信号之间、多条线路信号之间等交叉连接，使路由选择、业务调配能力更加强大，它一般位于核心枢纽节点，简略图如图 5-21 所示。

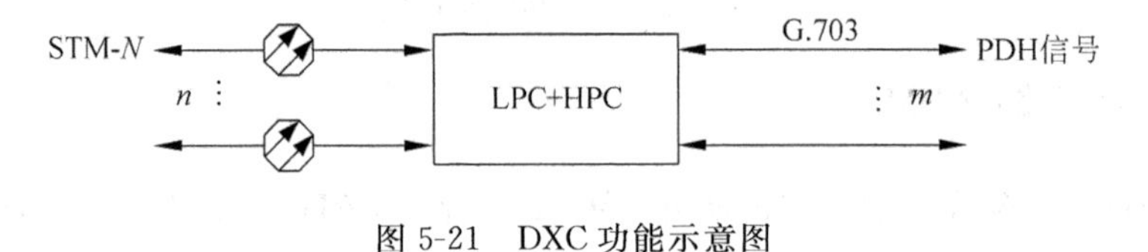

图 5-21 DXC 功能示意图

本章小结

本章首先介绍了 SDH 网络中的主要设备种类，包括 TM（终端复用器）、ADM（插分复用器）、REG（再生中继器）、DXC（数字交叉连接设备）等，由这些设备可以组成不同拓扑结构的 SDH 网络。然后以 TM 为例，详细说明了其功能模块构成及信号处理过程。在学习这部分内容的时候，需要思考前面两章介绍的映射、定位、复用及指针处理等过程，与这里介绍的功能模块之间的关系，明确前面章节介绍的信号处理过程分别是由哪些功能模块完成。最后，用介绍的功能模块分别搭建了常见的 SDH 网元设备，包括 TM、ADM、REG、DXC。

对各个模块信号处理过程的理解是学习过程中的难点，特别是对各种 OAM 信号产生原理、过程的综合理解，需要反复琢磨，从信号的处理流程出发，才能真正掌握其中的具体细节。另外，从各个模块的功能介绍中应该能够察觉，后续章节将介绍的网络保护功能是由哪些模块负责完成。

思考题

1. 简要说明 SDH 网络中的常见网元及其功能。
2. 简要说明再生段终端功能模块和复用段终端功能模块的功能，以及它们之间的不同之处。
3. 名词解释：HOI、SEMF、TTF、MS-AIS、RST。
4. MS-AIS、MS-RDI 分别由什么字节触发？简述其产生过程。
5. 产生 LOF 告警的原因是什么？产生 LOF 告警后网络设备会有哪些操作？
6. 当接收端检测出管理单元指针值为 1023 时，会产生什么告警？
7. 如果在接收 2Mb/s 支路信号时出现 TU-AIS 告警，简要说明其可能原因及过程。
8. 引发 HP-RDI 的可能告警有哪些？简要说明其过程。
9. SDH 光信号的码型是什么？

第6章 SDH 网络拓扑

CHAPTER 6

第5章以TM为例，详细介绍了SDH设备内部的信号处理过程及逻辑关系，结束了从微观技术角度分析、说明SDH的过程。从本章开始，将从宏观的角度去观察SDH网络的工作方式，主要包括网络拓扑结构以及网络的生存性两方面内容，以便对SDH有一个全面的认识和了解。

本章将主要介绍SDH网络的各种拓扑结构以及我国传输网的分级，这里所介绍的网络拓扑结构，实质上是一些典型拓扑结构单元，而现实存在的网络拓扑是一个较复杂的结构，它是由这些典型单元组合而成的。

6.1 基本的网络拓扑结构

SDH网络由一系列网元设备通过光纤互连而成，网络节点（网元）和传输线路的几何排列就构成了网络的拓扑结构。网络的有效性（信道利用率）、可靠性和经济性在很大程度上与其拓扑结构有关。

网络拓扑的基本结构有链形、星形、树形、环形和网孔形，如图6-1所示。其中链形网是将网络中的所有节点一一串联，而首尾两端开放。这种拓扑的特点是较经济，在SDH网的早期用得较多，主要用于专网（如铁路网）中。

星形网是将网络中的一个网元作为中心节点，该中心节点与其他网元节点直接相连，其他各网元节点之间不直接相连，网元节点的业务都要经过这个中心节点转接。这种网络拓扑的特点是可通过中心节点来统一管理其他网络节点，利于分配带宽、节约成本，但存在中心节点的安全保障、处理能力等潜在瓶颈问题。中心节点的作用类似于交换网的汇接局，此种拓扑多用于本地网。而树形网可看成是链形拓扑和星形拓扑的结合，也存在特殊节点的安全保障、处理能力等潜在瓶颈问题。

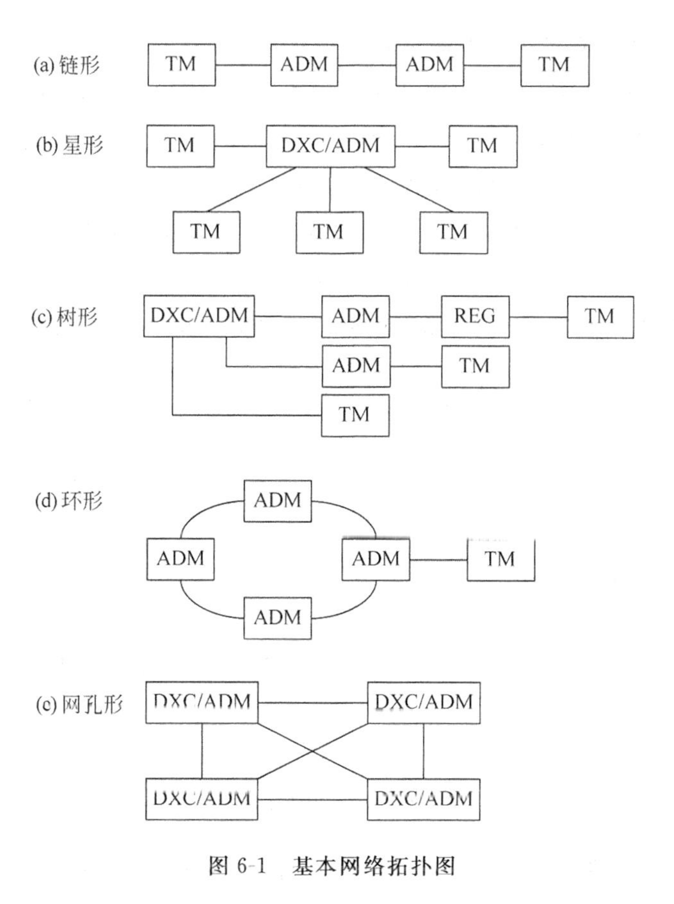

图 6-1　基本网络拓扑图

环形网是将链形拓扑首尾相连，从而使网上任何一个网元节点都不对外开放的网络拓扑形式。这是当前应用较普遍的网络拓扑形式，主要是因为它具有很强的生存性，即自愈功能较强。环形网常用于本地网、局间中继网等。

将所有网元节点两两相连，就形成了网孔形网络拓扑。这种网络拓扑为任意两个网元节点之间提供多个可选择的传输路由，使网络的可靠性更强，不存在瓶颈问题和失效问题。但是由于系统的冗余度高，必然会使系统的有效性降低，成本较高且结构复杂。网孔形网主要用于长途骨干网中，以提供网络的高可靠性。

当前用得最多的网络拓扑是链形和环形，通过它们的灵活组合，可构成更加复杂的网络。下面重点说明链形网的组成及特点，以及环形网自愈的工作机理及特点。

1. 链形网

一个包含 4 个节点的 2.5Gb/s 链形网如图 6-2 所示。链形网的特点是具有时隙复用功能，即线路 STM-*N* 信号中某一序号的 VC 可在不同的传输光纤段上重复利用。在图 6-2 中，如果 A—B、B—C、C—D 以及 A—D 之间均有业务，在进行信道分配时，可将

A—B之间的业务安排在A—B光纤段的X时隙(序号为X的VC,例如第3个VC-4中的第48个VC-12)传输,将B—C之间的业务安排在B—C光纤段的X时隙(第3个VC-4中的第48个VC-12)传输,将C—D之间的业务安排在C—D光纤段的X时隙(第3个VC-4中的第48个VC-12)传输,这种安排方法就是时隙重复利用。由于整个光纤的X时隙已被占用,这时A—D之间的业务就只能占用光路上的其他时隙(Y时隙),例如第3个VC-4中的第49个VC-12或者第7个VC-4中的第48个VC-12,等等。链形网的这种时隙重复利用功能,使网络的业务容量较大(网络的业务容量指能同时在网上传输的业务总量)。

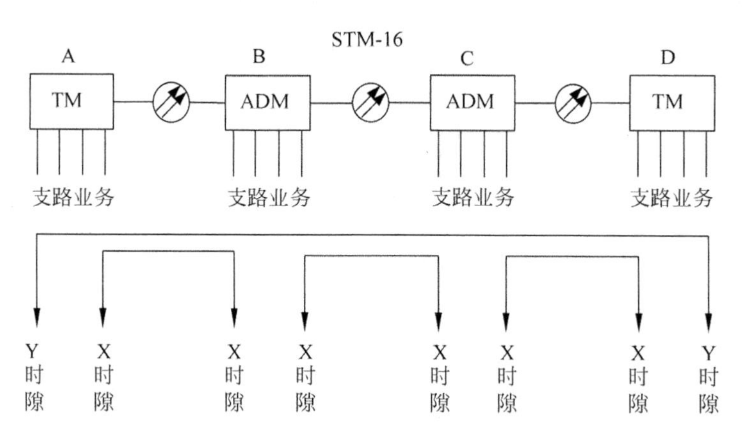

图 6-2 链形网的信道分配

网络的业务容量和网络拓扑、网络自愈方式以及网元节点间的业务分布有关。当链形网的端节点是业务主站时,链形网的业务量最小。所谓业务主站是指各网元都与主站互通业务,其余网元间无业务互通。以图6-2为例,若A为业务主站,那么B、C、D之间无业务互通。此时,B、C、D分别与网元A通信。这时由于A—B光缆段上的最大容量为STM-16(因系统的速率级别为STM-16),因此,网络的业务容量为STM-16。

当链形网中只存在相邻网元间的业务时,网络达到最大业务容量。在图6-2中,如果网络中只有A—B、B—C、C—D的业务,不存在其他节点对之间的业务。这时可进行最大限度的时隙重复利用,在每一个光纤段上的业务都可占用整个STM-16的全部时隙,业务容量可以达到3×2.5Gb/s。一般地,如果链形网有M个网元,那么网上的最大业务容量为$(M-1)\times$STM-N,$M-1$为光缆段数。

常见的链形网有二纤链形网、四纤链形网,二纤链形网不提供业务的保护功能,四纤链形网一般提供业务的1+1或1∶1保护。四纤链中两根光纤分别做收、发主信道,另外两根光纤分别作收、发的备用信道。1+1、1∶1、1∶n保护方式在前面已作介绍,这里需要说明的是,在1∶n保护方式中,n的最大值是14。这是由K1字节b5～b8的取值范围限定,由于b5～b8的取值范围是0001～1110,它指明了需要倒换的主信道编号,其最大值是14。

2. 环形网

传输网上的业务按流向可分为单向业务和双向业务。这里以环形网为例来说明单向业务和双向业务的区别。如图 6-3 所示，当 A 节点和 C 节点之间互通业务时，如果 A 节点到 C 节点的业务路径是 A→B→C，C 节点到 A 节点的业务路径是 C→B→A，则从 A 到 C 的业务和从 C 到 A 的业务经过的路径相同，称为一致路由。若此时 C 到 A 的路由是 C→D→A，那么业务从 A 到 C 和业务从 C 到 A 的路由不同，称为分离路由。一致路由的业务为双向业务，分离路由的业务为单向业务。

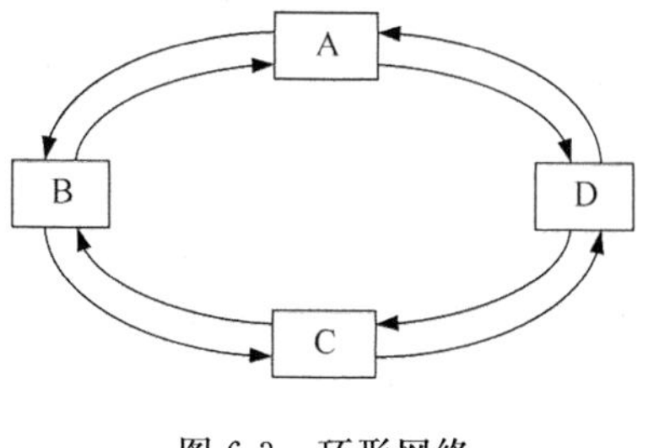

图 6-3 环形网络

1) 自愈的概念

可靠性和稳定性一直都是通信网要面对的核心问题，及时可靠地将信息从源端传递到目的端是当今社会对信息传输的基本要求。这就要求，当网络的部分段落出现故障(例如，恶劣天气、土建施工对通信线路的毁坏等)时，能够及时地恢复通信，或者保证其他部分仍能正常通信，不至于全网瘫痪。

所谓自愈就是指当网络发生故障(例如光纤断裂)时，无须人为干预，网络在极短时间内(ITU-T 规定为 50ms 以内)能自动恢复业务传输，让用户几乎感觉不到网络发生了故障。其基本原则是，网络要具备替代传输路径并及时倒换。替代路径可采用备用设备或利用现有设备中的冗余能力，以满足全部或指定优先级业务的恢复。由此可知，网络具有自愈能力的先决条件是有冗余的路由、强大的网元交叉能力以及一定的智能。

自愈仅是通过备用信道将失效的业务恢复，而不涉及具体故障部件和线路的修复或更换，所以故障点的修复仍需人工干预才能完成，一般需要相对较长的时间。

当网络发生自愈时，业务倒换到备用信道传输，倒换的方式有恢复方式和不恢复方式两种。恢复方式是指在主信道发生故障时，业务倒换到备用信道传输，当主信道修复后，再将业务倒换回主信道传输。在具体操作时，信道修复后一般还要再等一段时间(例如几分钟)，让信道的传输性能稳定后，才将业务从备用信道倒换回原信道。不恢复方式是指在主信道发生故障时，业务切换到备用信道传输，主信道修复后业务也不倒换回原信道传输，而是将修复后的原主信道作为备用信道，原备用信道作为主信道。

2) 自愈环的分类

因为环形网具有较强的自愈功能，所以目前环形网拓扑结构使用较多。自愈环的分类可按保护的业务级别、环上业务的方向、网元节点之间的光纤数量来划分。按环上业务的方向可将自愈环分为单向环和双向环两大类，按网元节点间的光纤数可将自愈环划分为双纤环(一对收发光纤)和四纤环(两对收发光纤)，按保护的业务级别可将自愈环划分为通道保护环和复用段保护环两大类。

这里所说的单向环和双向环、双纤环和四纤环，它们之间的差异较容易理解，那么通道保护环和复用段保护环之间的区别是什么？对于通道保护环，业务的保护是以通道为基础，保护的是 STM-*N* 信号中的某个 VC 帧信号，是否倒换按照环上该 VC 通道信号的传输质量决定，通常依据接收端是否收到简单的告警信号来决定该通道是否应进行倒换。例如在 STM-16 环上，若接收端收到第 4 个 VC-4 的第 48 个 TU-12 有 TU-AIS，那么就仅将该通道切换到备用通道上去。而复用段保护环是以复用段为基础，是否倒换是根据环上传输的复用段信号的质量决定。倒换是由 K1、K2(b1～b5)字节所携带的 APS 协议来启动，当复用段出现问题时，环上整个 STM-*N* 或一半的 STM-*N* 业务都将切换到备用信道上传输。复用段保护倒换的条件是 LOS、LOF、MS-AIS、MS-EXC 等告警信号。由于 STM-*N* 帧中只有 1 个 K1 字节和 1 个 K2 字节，所以复用段保护倒换是将环上的全部主业务(STM-*N* 四纤环)或一半的主业务(STM-*N* 二纤环)倒换到备用信道上去传输，而不是仅仅倒换其中的一个通道。

通道保护环往往是专用保护，在正常情况下保护信道也传主业务，是业务的 1+1 保护，信道利用率不高。而复用段保护环可以使用共享保护，正常时主信道传主业务，备用信道传额外业务，可以采用 1∶*n* 的业务保护方式，信道利用率高。

6.2 复杂网络的拓扑结构及特点

通过链和环的组合，可构成一些较复杂的网络拓扑结构。下面介绍几种在组网中经常用到的拓扑结构，为增加针对性，以 STM-16 系统为例。

1. T 形网

T 形网实际上是一种树形网，如图 6-4 所示。如果干线上传输 STM-16 信号，支线上传输 STM-4 信号，T 形网的作用就是将 STM-4 的支路业务通过网元 A 插入到(分离出)干线 STM-16 系统，此时支线接在网元 A 的支路上，支线业务作为网元 A 的低速支路信号，通过网元 A 进行插分。

2. 环带链

环带链网络结构如图 6-5 所示，它是由环形网和链形网两种基本拓扑形式组成，链接在网元 A 处，链的 STM-4 业务作为网元 A 的低速支路业务，并通过网元 A 的插分功能上/下环。STM-4 业务在链上无保护，上环后会享受环的保护功能。例如，网元 C 和网元 D 互通业务，当 A—B 光纤段断开时，链上业务传输将会中断，而当 A—D 光纤段断开时，通过环的保护功能，网元 C 和网元 D 之间的业务不会中断。

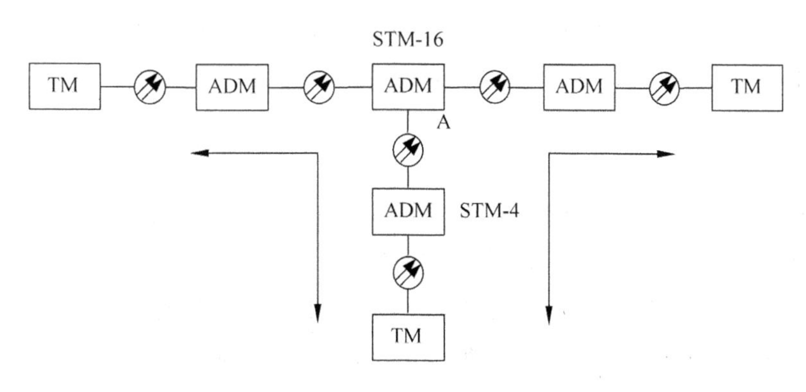

图 6-4　T 形网络

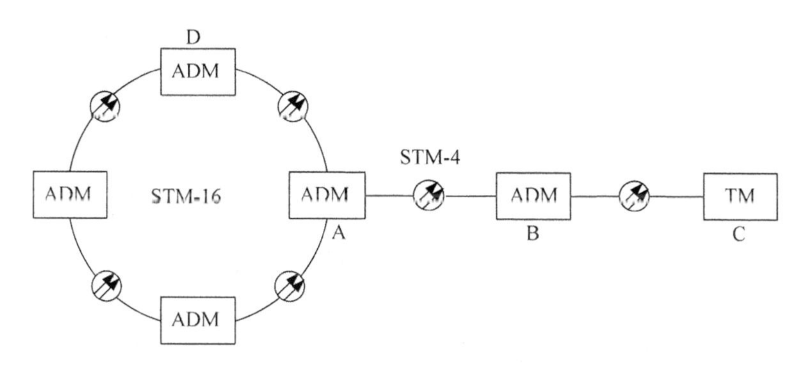

图 6-5　环带链网络

3. 环形网的支路跨接

这种网络形态的结构如图 6-6 所示，两个 STM-16 环通过 A、B 两个网元的支路部分

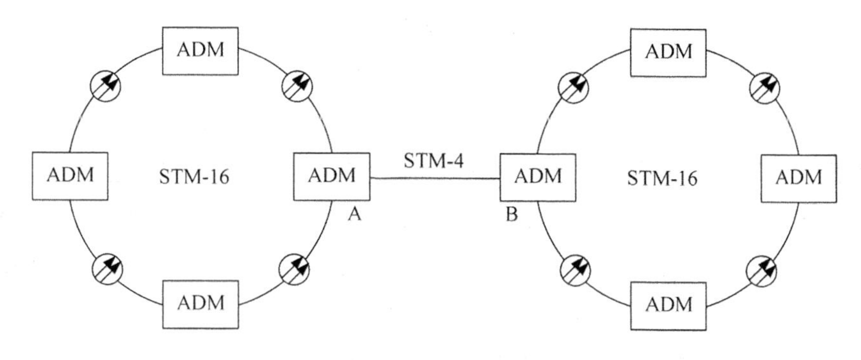

图 6-6　环形网跨接

连接在一起。也就是两个主环上的业务速率都是 2.5Gb/s，而 A、B 两个节点之间的业务速率是 622Mb/s。由于 A—B 通道是两环之间通信的必经之路且速率较低，当环间业务量较大时，这里可能成为一个瓶颈。另一方面，由于只有一条链路，无法提供较好的业务保护能力，抗毁性较差。为了改善这些因素，可考虑在两环之间再多加一条链路，使两条链路之间可以相互协作，以提供较强的业务疏导和保护能力。

4. 相切环

相切环网络结构如图 6-7 所示，图中三个环相切于公共网元 A，网元 A 可以是 DXC，也可用 ADM 等效(环Ⅱ、环Ⅲ均为网元 A 的低速支路)。这种组网方式可使环间业务任意互通，具有比支路跨接环网更大的业务疏导能力，业务可选择的路由更多，系统冗余度更高。但这种组网方式存在重要节点(网元 A)的安全保护问题。

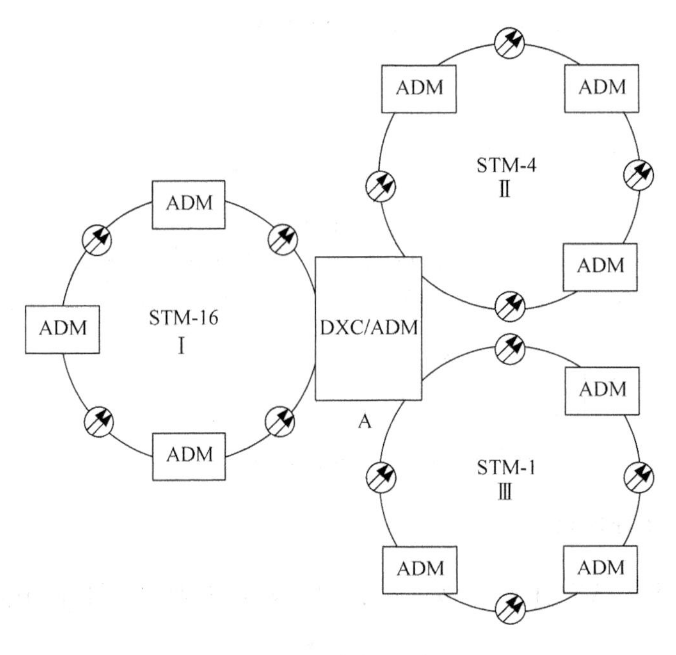

图 6-7 相切环网

5. 相交环

为备份重要节点及提供更多的可选路由，加大系统的冗余度，可将相切环扩展为相交环，如图 6-8 所示。图中包含一个 STM-16 主环和一个 STM-4 支路环，两环有两个共同的节点 A 和 B，由于 A、B 节点之间能形成一个独立环路，两个节点的数据可以方便地进行互备份。另外，这种结构也为业务传输提供了更多可选路径，具有较强的业务保护能力，是提高图 6-6 所示环形跨接网生存性的另一种可选方案。

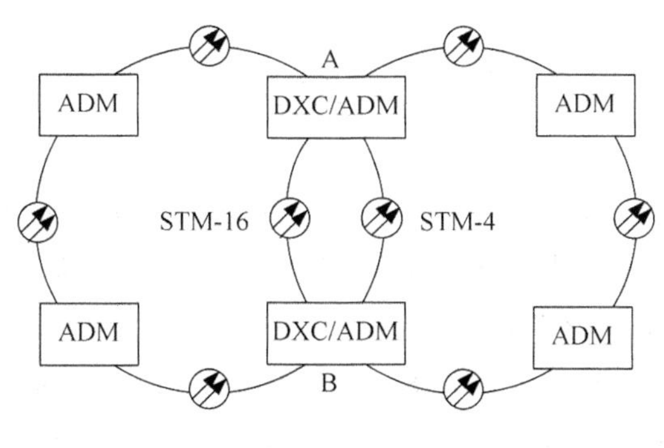

图 6-8 相交环网

6. 枢纽网

枢纽网的结构如图 6-9 所示，网元 A 作为枢纽节点可在支路侧接入各个 STM-1(或 STM-4)的链路或环，通过网元 A 的交叉连接功能，提供支路业务上/下主干线的功能，同时还可以让各个支路之间进行业务互通。图 6-9 中接入了一条 STM-1 和一条 STM-4 链路，另外还接入了一个 STM-4 支路环，这些业务可以全部或部分进入主干信道传输，当只有部分业务进入主干信道传输时，其他业务可以通过节点 A 的交叉连接功能在这三条支路上互通。这表明，支路之间的互通业务只使用网元 A 的插分复用功能，不在主干道上传输，这一方面可避免支路之间铺设直通路由，降低网络成本，另一方面，也不会占用主干信道上的网络资源，不会影响主干信道上业务的传输。

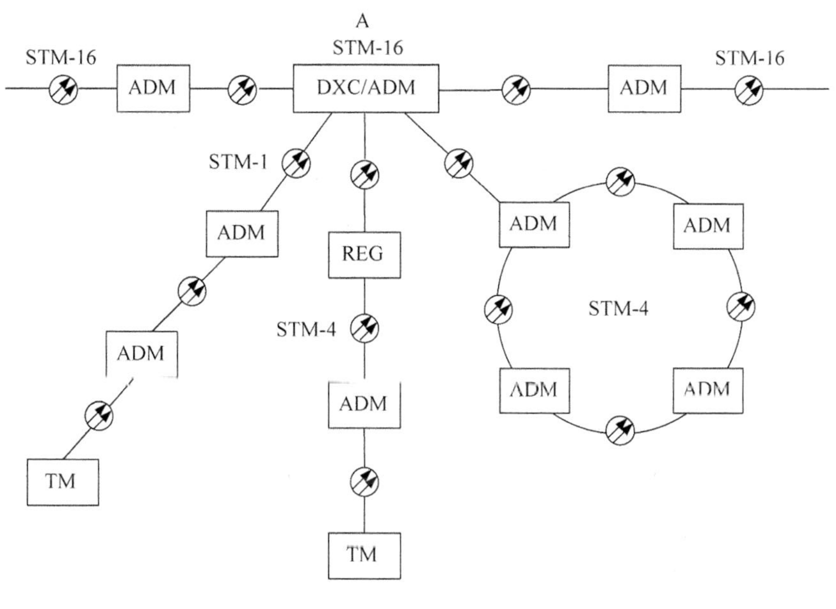

图 6-9 枢纽网

6.3 SDH网络的整体层次结构

SDH是我国采用的主要传输技术，我国的SDH网络结构分为四个层次：一级干线网、二级干线网、中继网、用户接入网，如图6-10所示。最高层面为长途一级干线网，主要省会城市以及业务量较大的汇聚节点城市都是一级干线网络中的节点，它们装配有DXC4/4，各节点之间由高速光纤链路STM-64/STM-16组成，形成一个大容量、高可靠的网孔形国家骨干网结构，并辅以少量线形网。由于DXC4/4也具有PDH体制的139Mb/s接口，因而原有的PDH系统也能纳入由DXC4/4统一管理的长途一级干线网中。

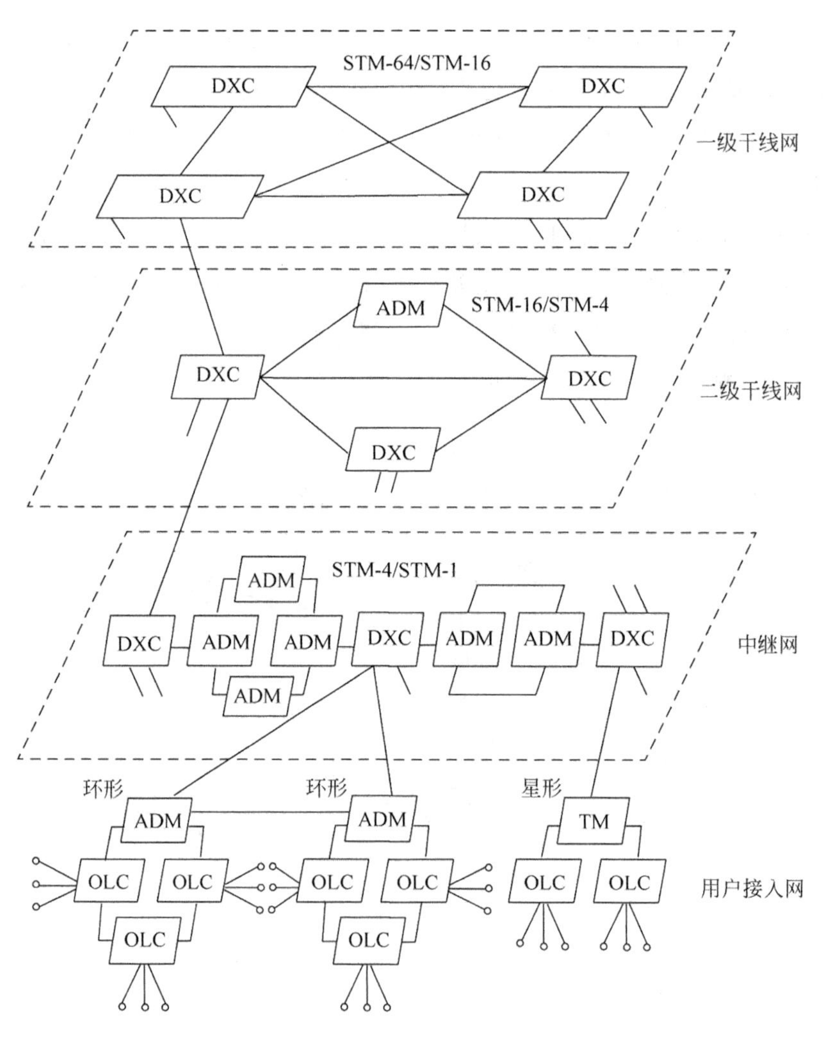

图6-10 SDH网络分层结构

第二个层次是二级干线网，它由省内主要城市或相邻省间主要城市连接而成，形成网状或环形骨干网结构，并辅以少量线性网结构。主要汇聚节点装有 DXC4/4 或 DXC4/1，链路上一般传输 STM-16/STM-4 信号。由于 DXC4/1 有 2Mb/s、34Mb/s 或 139Mb/s 接口，可以将 PDH 速率接口纳入二级干线网进行统一调度、管理。

第三个层次是中继网，也就是长途端局与市局之间以及市话局之间的传输网络，可以按区域划分为若干个环，一般由 ADM 组成速率为 STM-1/STM-4 的自愈环，也可以是路由备份方式的两节点环。这些环具有很强的生存性，业务疏导能力较强。环形网中的保护主要采用复用段倒换方式，但具体采用四纤还是二纤取决于业务量和经济性对比。环间由 DXC4/1 连接，完成业务量疏导和其他管理功能。

最低层次是用户接入网。它处于整个网络的边界，业务容量较低，且大部分业务量汇集于一个节点（端局）上，因而通道保护环和星形网都比较适合该应用环境，所需设备除 ADM 外还有光用户环路载波系统（OLC）。SDH 速率等级一般采用 STM-1 或 STM-4。接口包括 STM-1 光/电接口，PDH 的 2Mb/s、34Mb/s 或 139Mb/s 接口，小交换机接口等。

用户接入网是 SDH 网络中最庞大、最复杂部分，它占整个通信网投资的 50%以上，用户接入网正在向全光纤化逐步过渡。光纤到路边（FTTC）、光纤到大楼（FTTB）、光纤到家庭（FTTH）就是这个过程的不同阶段。在我国推广光纤用户接入网时，需要考虑采用一体化的 SDH/CATV 网，不但要开通电信业务，而且还要提供 CATV 服务，这比较适合我国国情。

本章小结

前面几章从微观角度介绍了 SDH 设备内部的处理细节，本章从宏观角度介绍 SDH 网络的各种拓扑结构。从形态较简单的链形网、星形网、树形网、环形网到形态较复杂的相交环形网、枢纽网等，都做了简要介绍。同时，为了便于从宏观上把握我国 SDH 网络的层次结构，对我国采用的层级划分也做了说明，包括一级干线网、二级干线网、中继网等。

我国现实存在的网络形态要比介绍的更复杂，只是这个复杂的大网络都是由本章介绍的这些小规模网络组合而成。通过本章的学习，有利于全面了解 SDH 网络的各种拓扑结构。对于一个复杂的网络结构，可以先将其分解成多个简单的小网络，以帮助理解其工作过程。其实，在 SDH 网络中使用最多的网络形态是环形网，因为环形结构具有强大的自愈功能，而这正是 SDH 网络的一个关键需求。有关 SDH 网络的自愈功能将在第 7 章进行详细介绍。

思考题

1. 名词解释：自愈环，双向环。
2. SDH 网络有哪些典型的拓扑结构，其中较常用的是什么结构，为什么？
3. 我国的传输网络分为几个层级？

第7章 SDH网络的保护与恢复

CHAPTER 7

保证通信网的畅通，特别是电话业务的畅通，在网络方案设计阶段一直都是需要着力解决的问题。也就是要确保当网络出现故障、部分损毁的情况下，剩余网络部分还能够正常工作，这体现了网络的生存能力。为了让SDH网络具有较强的生存性，在网络规划阶段就进行了大量冗余资源的安排。从效率上看，这不够经济实惠，但着眼于可靠性，这些安排又很有必要，由此可以看出，效益的高低并不是决定网络构建方案的唯一因素。

本章将介绍SDH网络的保护与恢复方法，重点是网络保护措施，因为保护具有时间短的优点，在实施保护时，用户基本不会察觉保护倒换过程，也就是不会影响用户的正常通话。

7.1 SDH网络保护

所谓保护，通常是指一个较快的转换过程，其转换的执行由倒换开关自动确定。保护作用之后，占用了在各传输节点之间预先指定的一些容量，因此转换后的通道具有预先确定的路由。保护过程中可能要涉及自动保护倒换(Automatic Protection Switching, APS)协议。下面先对线路保护倒换方式进行说明。

SDH的线路保护只负责传输媒介、再生中继器、终端(TM)和插分复用设备(ADM)的线路终端接口部分(例如，光/电与电/光转换部分)，而不保护TM或ADM节点的内部故障。线路保护倒换可分为1+1和1∶n两种方式，这在前面已有初步介绍，这里做进一步说明。

对于1+1线路保护，每一工作系统都有一个专用备用系统，工作与备用是相对的，即互为主备用。两个系统在发送端并联，接收端根据所收到的信号正常与否决定从哪一个系统提取信号。1+1线路保护方式不需要采用任何自动保护倒换(APS)算法，它只根据接收信号的质量优劣而自动进行，当然也可以接受外部命令进行强制倒换或锁定。在 1+1 线路保护方式中，两个系统是同样的，因此这种方式可以不复原，即在发生倒换之后，即使原工作系统的故障修复后，也不导致保护倒换还原。1+1 线路保护倒换的时间要求小于 50ms。

在 1∶n 保护方式中，有 n 个工作系统共用一个保护系统，当其中的一个工作系统失效时，信号可以倒换到热备用的保护系统传输。当系统正常工作时，备用的保护系统可以用来传送低等级的额外业务，一旦发生倒换，则主系统的信号将转向备用保护系统，原在备用系统的额外业务将自行丢失。这是一种共享保护方式。

那么 SDH 网络是如何进行保护的呢？SDH 网络一般采用环形网络结构进行保护，环形网又称为自愈环（Self Healing Rings），是自愈网的一种，如图 7-1 所示。“自愈”是自行恢复的意思，指在网络发生故障情况下，网络能在短时间内使传送业务的能力自动复原，无须人为干预。自愈网的基本原理就是使网络具备发现替代传输路由并重新建立通信的能力。利用插分复用器（ADM）组成网络节点，并将一串这样的节点用光纤首尾相连，即可构成一个环形网。前面已介绍自愈环的分类方法，并说明了通道保护环和复用段保护环的区别，下面介绍几种典型保护环的工作原理。

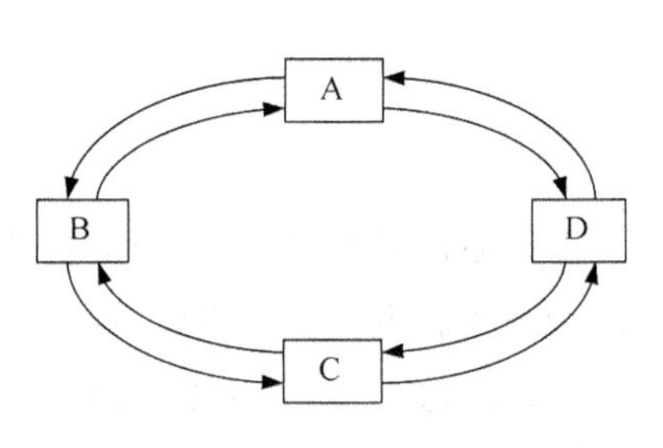

图 7-1　环形网络示意图

1. 二纤单向通道保护环

二纤单向通道保护环由两根光纤组成双环结构，其中一个为主环 S，另一个为备环 P，如图 7-2(a)所示，两环的业务流向相反。如前所述，之所以将其称为“单向”，是因为环上两个节点之间互通业务的路径不一致。通道保护环的保护功能是通过网元支路板的

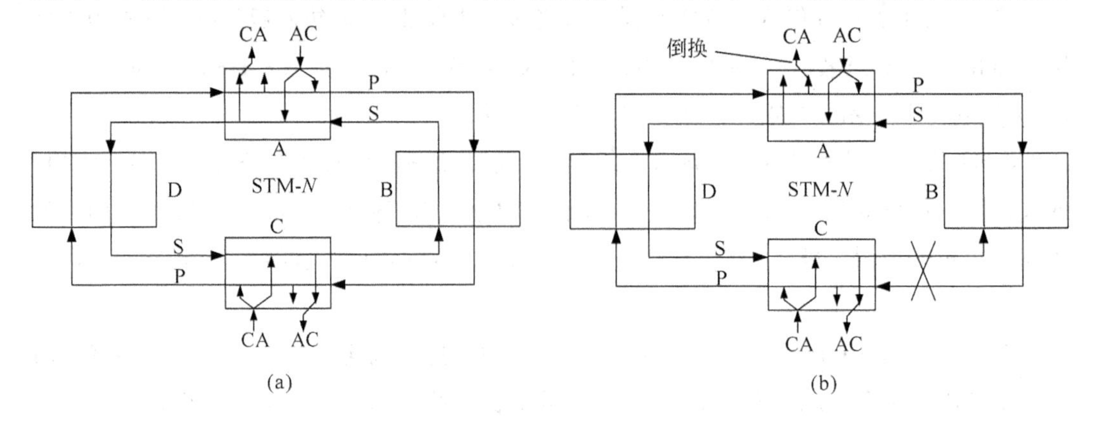

图 7-2　二纤单向通道保护环

“并发选收”功能来实现的，就是支路板将支路上环业务同时发送到主环S和备环P上，在两环上的业务完全一样且流向相反，在正常情况下，网元支路板选择接收主环S中传输的业务。

举例说明，若环网中网元A与C互通业务，网元A和C都将需要传输的支路业务“并发”到环S和环P上，在环S和P上传输的业务相同且流向相反——环S为逆时针、环P为顺时针。这时网元A到网元C的业务有两条传输路径，一条是经过网元D穿通，由环S传到网元C，另一条是经过网元B穿通，由环P传到网元C，前者为主环业务，后者为备环业务。这样，两条路径上传输的业务都会到达网元C，网元C支路板可选择其中之一进行接收（在网络没发生故障的情况下，网元C支路板会选择接收主环业务），完成网元A到网元C的业务传输。网元C到网元A的业务传输方式与此类似。

这里来看看当网络发生故障时，网络如何进行业务保护。假设BC光纤段被切断，如图7-2(b)所示。这时，网元A到网元C的业务由网元A的支路板同时发送到环S和P上，其中主环业务经由网元D穿通后到达网元C，备环业务经网元B穿通，由于BC之间光纤断开，穿通后的业务无法到达网元C。这表明，A到C的主环业务可以正常到达网元C，而备环业务无法到达网元C。由于网元C默认选收主环S上的业务，这时网元A到网C的业务并未中断，所以网元C支路板不需要进行保护倒换。

另一方面，网元C到网元A的业务由网元C的支路板同时发送到环S和P上，其中主环业务需要首先送到网元B，但由于BC之间光纤断开无法完成，而备环业务经网元D穿通后可以到达网元A。这表明，网元C到A的主环业务无法到达网元A，而备环业务可以正常到达网元A。由于网元A默认选收主环S上的业务，但这时网元C到网元A的主环业务已经中断，使网元A在原路径上无法接收到网元C发送的业务。这时网元A的支路板会收到环S上的TU-AIS告警指示信号，并立即切换到备环业务，使网元C到网元A的业务得以恢复，完成环上业务的通道保护。此时网元A的支路板处于通道保护倒换状态——切换到选收备环方式。

网元发生通道保护倒换后，支路板会同时监测主环S上的业务状态，当连续一段时间未发现TU-AIS后，发生倒换的网元支路板将倒换回接收主环业务，恢复正常时的默认状态。

二纤单向通道保护环由于环上业务是并发选收，所以通道业务的保护实际上是1+1保护。优点是倒换速度快，业务流向简捷明了，便于配置维护，缺点是网络的业务容量不大。其业务容量恒定是STM-N，与环上的节点数量和网元之间的业务分布无关。例如，当网元A和网元D之间有一互通业务占用X时隙，由于业务是单向传输，那么A到D的业务占用主环的AD光纤段的X时隙，同时占用备环的AB、BC、CD光纤段的X时隙；而D到A的业务占用主环的DC、CB、BA的X时隙，同时占用备环DA光纤段的X时隙。

这表明 AD 之间的该项业务会将主环和备环全部光纤的 X 时隙占用，其他业务将不能再使用该时隙，无法实现时隙的重复利用。这说明一旦将某个时隙分配给一对网元传输业务后，其他业务就无法再利用该时隙传递数据，环上的业务量不会超过 STM-N 级别。特别地，当 AD 之间的业务量达到 STM-N 时，其他网元将不能再互通业务，也就是环上无法再增加业务，因为主环和备环的全部时隙资源都已被占用。

综上所述，二纤单向通道保护环有如下特点：

(1) 通道业务的保护实际上是 1+1 保护。

(2) 业务容量恒定是 STM-N，与环上的节点数和网元之间的业务分布无关。

(3) 由于只从接收信号的优劣来判定是否进行倒换，所以无须专门的倒换控制协议，倒换时间也最短(50ms 以内)。因此二纤单向通道保护环是一种结构简单、节点成本低的自愈环，也是当前应用较广泛的一种业务保护方式。

2. 二纤双向通道保护环

二纤双向通道保护环与前面介绍的二纤单向通道保护环之间的差异，就是两个节点之间互通业务的传输路径由“单向”变为“双向”，即“分离路由”变为“一致路由”，这表明两个节点之间互通业务的路径完全相同，如图 7-3 所示。在图 7-3 中给出了网元 A 和网元 C 互通业务的传输路径，其中实线为正常路径，虚线是保护路径。正常情况下，无论是网元 A 到网元 C 的业务，还是网元 C 到网元 A 的业务，它们所经过的网元完全相同。保护机理也是支路的“并发选收”，业务保护是 1+1 方式，也就是发送端同时将信息发送到主环和备环上，接收端二选一。

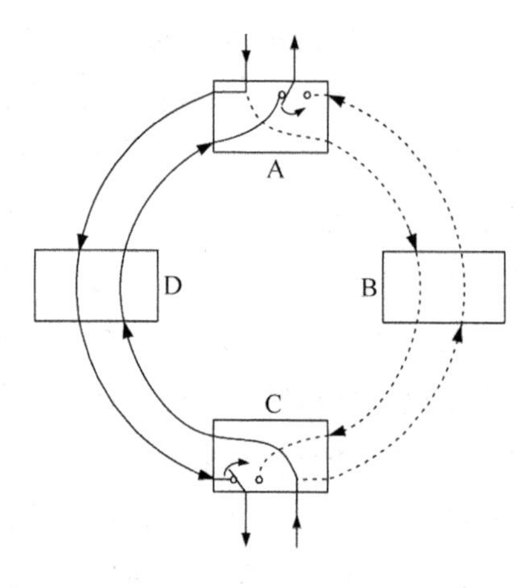

图 7-3　二纤双向通道保护环

二纤双向通道保护环与二纤单向通道保护环的另一个明显差异，就是二纤单向通道保护环中的两个环分别固定做主环和备环，而在二纤双向通道保护环中，每个环既是主环也是备环，这从图 7-3 中可以看出。不难发现，网上业务容量与二纤单向通道保护环相同，但结构更复杂。这表明它与二纤单向通道保护环相比无明显优势，故一般不用这种自愈方式。

3. 二纤单向复用段保护环

在通道保护中，保护业务的“颗粒”大小是各个 VC 级别，而在复用段保护中，保护业务的“颗粒”大小是整个复用段，需通过复用段开销中 K1、K2 字节所承载的 APS 协议来控制。由于倒换需要运行APS协议,所以复用段保护的倒换速度会慢于通道保护。下面介绍二纤单向复用段保护环的自愈机理,如图7-4所示,其中,图7-4(a)是正常工作情况,图7-4(b)是出现故障后的工作情况。

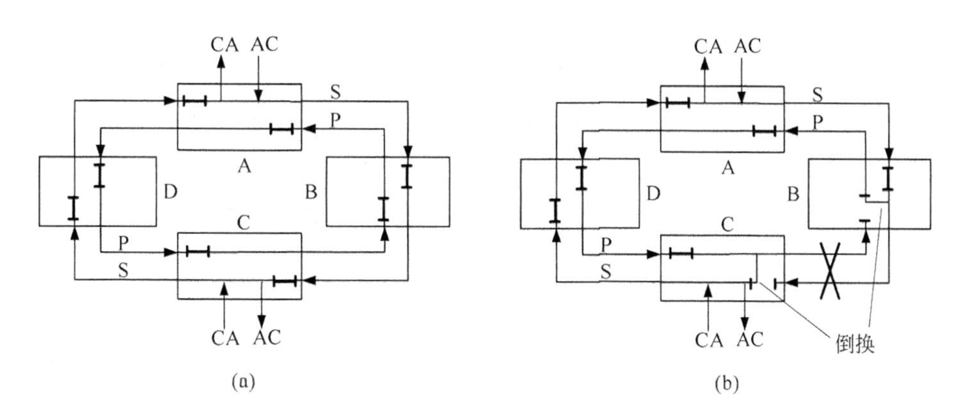

图7-4 二纤单向复用段保护环

在正常工作情况下,外环(S)作为工作路径,内环(P)作为保护路径。与前面讲述的两种通道保护方式不同,这里并没有在两根光纤上同时发送一样的业务,这样,保护路径(内环)就可以发送低等级的额外业务。也就是其业务的保护方式不再是1+1,而是1∶1方式。例如,对于网元A和网元C之间的互通业务,网元A通过外环(主纤)将主业务发送到网元C,同时可通过内环(备纤)将低等级额外业务发送到网元C,网元C从主纤上接收网元A发来的主业务,从备纤上接收网元A传送的额外业务。图7-4(a)中只画出了接收主业务的情况,没有画出接收额外业务的情况。另外,网元C到网元A的业务传送情况与此类似。

在发生故障的情况下,例如BC网元之间的光纤被切断,其工作原理如图7-4(b)所示,在与故障链路相邻的两网元B、C处会分别产生一个环回路径。这时,网元A到网元C的主业务先通过外环传输到网元B,并在网元B输出到网元C的端口处环回到内环保护路径,这时内环保护路径上的额外业务被停止传输,改为传输网元A到网元C的主业务,业务在保护路径上穿通网元A、D后到达网元C,由于网元C只从主纤上提取主业务,所以这时备纤上网元A到网元C的主业务还需要环回到主纤(外环),环回点位于网元C与故障链路靠近的那个端口。最后,网元C从主纤(外环)上下载网元A到网元C的主业务。对于网元C到网元A的主业务传递,因为C→D→A的正常工作路径没发生中断,所以C到A的主业务传输不受影响,只是由于BC之间光纤断裂,网元C到其他网元的额外业务将无法传输。通过这种方式,受故障影响的主业务被恢复传输,完成了业务的自愈功能。

二纤单向复用段保护环业务容量的计算方法与二纤单向通道保护环类似,只是环上业务是 1∶1 保护,在正常时备环上可传输额外业务,因此二纤单向复用段保护环的业务容量,在正常时为 2×STM-*N*(包括了额外业务),发生保护倒换后是 STM-*N*。由于二纤单向复用段保护环的业务容量与二纤单向通道保护环相差不大,而且倒换速度比二纤单向通道保护环慢,所以优势不明显,在组网时应用不多。

需要注意的是,发生复用段保护时,网元仍然是通过主环接收主业务,不会倒换到备环去接收主业务。另外,复用段倒换时不是仅倒换某一个通道,而是将环上整个 STM-*N* 业务都切换到备用信道上去。而且,倒换位置是在靠近故障的网元端点处,环上其他网元完成穿通功能,通过复用段倒换的这个性质可方便地定位故障区段。

4. 四纤双向复用段保护环

前面讲的三种自愈方式,网上业务的容量与网元节点数无关,随着环上网元数量的增加,每个网元的平均业务量也随之减少。例如,当二纤单向通道保护环是 STM-16 系统时,若环上有 16 个网元节点,平均每个节点最大上/下业务只有一个 STM-1。为了改善这种状况,出现了四纤双向复用段保护环这种自愈方式,在这种自愈方式下,环上业务量可随着网元节点数的增加而增加。

四纤环由 4 根光纤组成,这 4 根光纤分别为 S1、P1、S2、P2,如图 7-5(a)所示。其中,S1、S2 为主纤传送主业务,P1、P2 为备纤传送备用业务,光纤 P1、P2 分别用来在主纤故障时保护光纤 S1、S2 上传输的主业务。注意观察光纤 S1、P1、S2、P2 的业务流向,光纤 S1 与 S2 业务流向相反(一致路由,双向环),S1、P1 和 S2、P2 两对光纤上业务流向也相反,从图中看出,光纤 S1 和 P2、S2 和 P1 上业务流向相同(这是下面介绍二纤双向复用段保护环的基础,二纤双向复用段保护环就是因为光纤 S1 和 P2、S2 和 P1 上业务流向相同,才得以将四纤环转化为二纤环)。另外要注意的是,四纤环上每个网元节点的配置要求是双 ADM 系统,因为一个 ADM 只有东西方向一共两个线路端口(一对收发光纤称为一个线路端口),而四纤环上的网元节点需要在东西方向各配置两个线路端口,所以要配置成

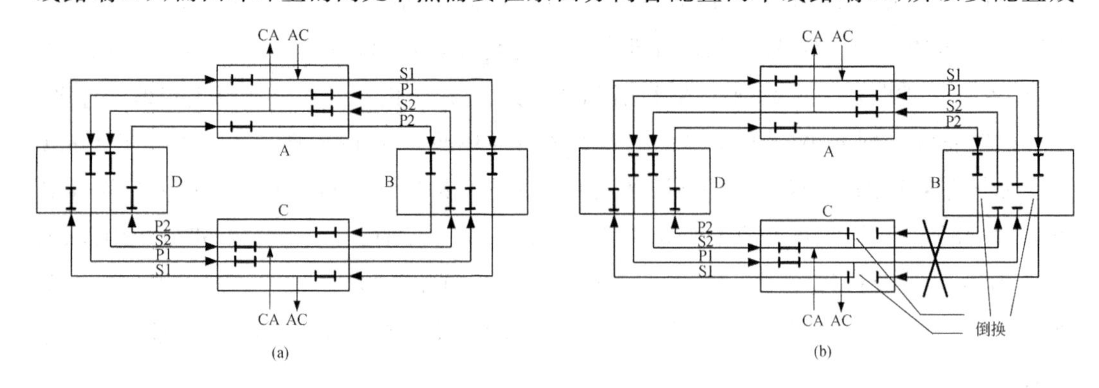

图 7-5　四纤双向复用段保护环

双 ADM 系统。

在环形网正常工作时，网元 A 到网元 C 的主业务从光纤 S1 经网元 B 传送到网元 C，网元 C 到网元 A 的业务经光纤 S2 经网元 B 传送到网元 A，这属于前面介绍的双向业务。同时，网元 A 到网元 C 以及网元 C 到网元 A 的额外业务分别通过光纤 P2 和 P1 传送，如图 7-5(a)所示。当网络发生故障，例如当 BC 之间的光纤段被切断后，在故障链路两端的网元 B、网元 C 会分别形成两个环回，也就是光纤 S1 和 P1、S2 和 P2 分别在靠近故障链路的两个端口形成闭环，如图 7-5(b)所示。这时，网元 A 到网元 C 的主业务首先沿光纤 S1 传送到网元 B 处，然后在网元 B 的远端进行环回，将光纤 S1 上网元 A 到网元 C 的主业务环回到光纤 P1 上传输，光纤 P1 上的额外业务被中断，该主业务在保护光纤上经网元 A、网元 D 穿通后到达网元 C，在网元 C 的远端，光纤 P1 上的业务环回到光纤 S1 上，网元 C 仍然在光纤 S1 上接收网元 A 发送到网元 C 的主业务。

对于网元 C 到网元 A 的主业务，先由网元 C 在其靠近故障链路的端口处环回到光纤 P2 上(这时光纤 P2 上的额外业务被中断)，然后沿光纤 P2 经过网元 D、网元 A 的穿通到达网元 B，在网元 B 的远端进行环回，将光纤 P2 上网元 C 到网元 A 的主业务环回到光纤 S2 上，再由光纤 S2 传回到网元 A，由网元 A 在主纤 S2 上接收该主业务。通过这种环回、穿通方式完成了主业务的复用段保护，实现网络自愈。

四纤双向复用段保护环的业务容量有两种极端方式。一种是环上有一个业务集中节点，各网元均与此节点进行通信，无其他网元之间的业务。这时环上的业务量最小，是 2×STM-N(主业务)和 4×STM-N(包括额外业务)，因为该业务集中节点的东西两侧均最多通过 STM-N 的主业务量或 2×STM-N 的总业务量。另一种情况是，环形网上只存在相邻网元之间的业务，不存在跨网元的业务。这时每个光纤段均由相邻的网元专用，例如，AB 光纤段只传输网元 A 与网元 B 之间的双向业务，DC 光纤段只传输网元 D 与网元 C 之间的双向业务等。由于在正常情况下，相邻网元之间的业务不占用其他光纤段的时隙资源，因此，各个光纤段都能传送 2×STM-N 的主业务量以及 2×STM-N 的额外业务量，实现最大限度的时隙重复利用。因为环上的光纤段数量等于环上网元的节点数 m，所以这时网络承载的业务量达到最大值，主业务量达到 $2m$×STM-N，总业务量达到 $4m$×STM-N。

尽管复用段保护环的保护倒换速度要慢于通道保护环，且倒换时要通过 K1、K2 字节所携带的 APS 协议来控制，使设备倒换时涉及的单板较多，容易出现故障，但由于双向复用段保护环的最大优点是网上业务容量大，且业务分布越分散，网元节点数越多，它的容量也越大，使其信道利用率要远高于通道保护环，所以双向复用段保护环得到普遍应用。另外，复用段保护环上网元节点的数量(不包括 REG，因为 REG 不参与复用段保护倒换功能)不能无限制增加，最多是 14 个，这是由 K1、K2 字节限定。

5. 二纤双向复用段保护环

鉴于四纤双向复用段保护环的成本较高，于是出现了一个新的变种：二纤双向复用段保护环，它们的保护机理类似，只不过采用双纤方式，网元节点只用单 ADM 即可，所以得到广泛应用。

从图 7-5(a)中可以看到，光纤 S1 和 P2、S2 和 P1 上的业务流向相同，那么可以使用时分复用技术将这两对光纤合成为两根光纤——S1/P2、S2/P1。这时将每根光纤的前半部分时隙(例如，STM-16 系统的 1＃～8＃STM-1)传送主业务，后半部分时隙(例如，STM-16 系统的 9＃～16＃STM-1)传送额外业务，也就是一根光纤上的保护时隙用来保护另一根光纤上的主业务。例如，光纤 S1/P2 上的 P2 时隙用来保护光纤 S2/P1 上的 S2 业务，因为在四纤环上，S2 和 P2 本身就是一对主备用光纤。因此，在二纤双向复用段保护环上无专门的主、备用光纤，每一根光纤的前半部分时隙是主信道，后半部分时隙是备用信道，两根光纤上业务流向相反。二纤双向复用段保护环的工作原理如图 7-6 所示。

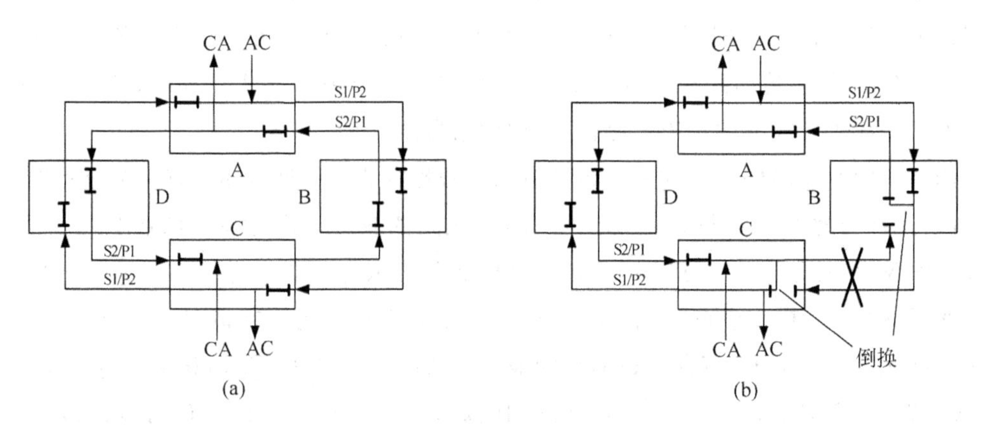

图 7-6 二纤双向复用段保护环

在网络正常的情况下，如图 7-6(a)所示，网元 A 到网元 C 的主业务放在光纤 S1/P2 的 S1 部分时隙(对于 STM-16 系统，主业务可以放在前 8 个 STM-1 的时隙中)，网元 A 到网元 C 的额外业务放于 P2 部分时隙(对于 STM-16 系统，额外业务可以放在后 8 个 STM-1 的时隙中)，两种业务沿光纤 S1/P2 穿通网元 B 到达网元 C，网元 C 从光纤 S1/P2 上分别提取由网元 A 发送的主业务和额外业务。同时，网元 C 到网元 A 的主业务放于光纤 S2/P1 的 S2 部分时隙，额外业务放于光纤 S2/P1 的 P1 部分时隙，同样穿通网元 B 后到达网元 A，网元 A 从光纤 S2/P1 上分别提取由网元 C 发送的主业务和额外业务。

在网络发生故障的情况下，例如网元 BC 之间的光纤断裂时，其工作情况如图 7-6(b)所示。网元 A 到网元 C 的主业务首先沿光纤 S1/P2 传送到网元 B(占用 S1 部分时隙)，然后在网元 B 的远端处进行环回，环回是将光纤 S1/P2 上 S1 部分时隙所传输的业务全部倒换到光纤 S2/P1 的 P1 部分时隙进行传输(对于 STM-16 系统,就是将光纤 S1/P2 上前 8 个 STM-1 所传输的业务,全部转移到光纤 S2/P1 上后 8 个 STM-1 继续传输),这样,在光纤 S2/P1 上由 P1 部分时隙所传输的额外业务被停止传输。接下来沿光纤 S2/P1 经网元 A、网元 D 穿通后到达网元 C,在网元 C 的远端进行环回,也就是将光纤 S2/P1 上由 P1 部分时隙所承载的业务环回到光纤 S1/P2,由 S1 部分时隙继续承载,最后,网元 C 在原来位置继续提取网元 A 发送到网元 C 的主业务。

对于网元 C 到网元 A 的主业务,先由网元 C 在靠近故障链路的端口处进行环回,将由 S2 部分时隙传输的业务环回到光纤 S1/P2 的 P2 部分时隙上,这时 P2 部分时隙上所传输的额外业务停止传输。然后该主业务沿光纤 S1/P2,经网元 D、网元 A 穿通后到达网元 B,并在网元 B 的远端进行环回,将 P2 部分时隙所传输的业务环回到光纤 S2/P1 上,由 S2 部分时隙继续传输到网元 A,最后,网元 A 在原来位置继续提取网元 C 发送到网元 A 的主业务。

通过以上方式完成了二纤环网在故障时的复用段主业务保护。二纤双向复用段保护环的业务容量为四纤双向复用段保护环的一半,即主业务量是 $m\times$STM-N,总业务量是 $2m\times$STM-N,其中 m 是节点数量。二纤双向复用段保护环在组网中使用较多,适用于业务分散的网络。

在前面介绍的 5 种自愈网中,二纤单向通道保护环和二纤双向复用段保护环是较常见的两种自愈网。这两种自愈网在业务容量方面,如果仅考虑所传输的主业务,二纤单向通道保护环的最大业务容量是 STM-N,二纤双向复用段保护环的最大业务容量是 $m\times$STM-N(m 是环上的节点数量)。显然,二纤双向复用段保护环的容量更大。在复杂性方面,二纤单向通道保护环的控制方法相对简单,它不涉及 APS 协议的处理过程,因而保护倒换时间较短,而二纤双向复用段保护环的控制逻辑较复杂,所以要用相对较长的时间才能完成保护倒换。

7.2　SDH 网络恢复

恢复相对来说是一个较慢的过程,其转换的执行要依靠倒换开关以外的网络管理系统(NMS)。进行恢复操作时,可占用传输节点之间的任意空闲容量,转换后的通道不是预先确定的路由。要实现恢复过程,需要网络管理系统对几个传输节点同时进行控制,通常要通过 DXC 实现,是一个较复杂的过程。网络恢复在网络出现故障或失效等异常情况时启动。由于故障导致故障点(段)正常业务的传输质量下降,甚至中断,此时网络恢复功能需要为受损业务找出新的可行路由,将这些业务疏导至目的地。

恢复的过程是:故障点邻近节点首先检测到失效,并将该失效消息告知恢复控制点。

然后由控制点为受损业务寻找一条替代路由，将受损业务疏导到这条新路径上，使业务传输得到恢复。当网络故障排除后，控制点将受损业务重新安排回原来的路由上。按照控制机制划分，网络恢复分为集中式控制和分布式控制两大类。

1. 集中式控制

集中式控制是通过一个中央控制中心来管理若干个 DXC 系统。中央控制中心内部有一个庞大的网络数据库，存有涉及该网络的所有节点、交叉连接矩阵表以及空闲容量的全部信息。每一链路和通道都分配有优先等级数值，作为该通道的权值。当链路或节点失效后，故障信息首先上报给网管系统，然后由网管系统在其网络数据库中搜寻有关链路或节点的信息，并计算可能的替代路由。同时，利用各个链路或通道分配的权值，可以计算出各种可能替代路由的累积权值，并据此选择一条最佳替代路径。当网管系统确定替代路由后，将发送控制命令给相关的节点执行交叉连接功能，从而建立起新的路由。

控制中心在求取替代路由时可以有两种不同的方式：链路恢复方式和通道恢复方式。

在链路恢复方式下，恢复过程围绕失效链路展开。以单链路失效为例，控制中心会收到失效链路的两个端节点上报的故障消息，控制中心通过分析得出两节点间链路失效的结论，因此所有经过该链路的业务均要进行恢复。链路恢复的特点是：替代路由的寻找是围绕失效链路的两个端节点展开，至于失效链路上受损业务在其他链路或节点上的情况，则不会考虑。这样实现起来比较简单，但网络空闲容量的利用率不高，网络业务的整体分布不够优化。

通道恢复与链路恢复的最大不同点在于，整个恢复过程是围绕受损业务展开，而不是故障链路的两个端节点。仍然以单链路失效为例，控制中心收到失效链路的两个端节点上报的故障信息，确定所有受影响业务的数量、优先级以及它们的源节点和宿节点等。如果可能，所有经过该链路的业务均要进行恢复。通道恢复的特点是替代路由的查找要按照失效链路上各个业务的源、宿节点展开，恢复过程是在除去失效链路的新拓扑结构中重新安排受损业务的路径。这种方案在理论上对网络资源的利用率最高，但实现过程复杂，特别是在失效链路承载多个不同源、宿业务流的时候。

2. 分布式控制

如果弱化控制中心的处理能力，增强各节点的智能化，强调各节点的自主控制，由各节点自行检验失效、控制恢复动作，可以缩短失效业务的恢复时间。这种将恢复功能分派到各个 DXC 节点的方法称为分布式控制恢复。在分布式控制方案中，各分布控制节点不需要存储全网信息，只需存储周围与它密切相关的节点及链路信息，但为了协调一致，各控制节点一般采用相同的恢复算法、消息指令集等。分布式控制恢复的具体实施也可以分为链路恢复和通道恢复这两种方式。

采用链路恢复时，如果一条链路失效，分布式恢复算法选择失效链路的一个端节点为发送点，另一个端节点为选择点。发送点通过与它连接的所有链路向全网广播请求消息，这样一直进行下去，直到选择点收到一条请求消息。由于请求消息在网络中是泛滥式广播，所以最先到达选择点的请求消息所经过的路径就是一条最短路径。因此，受损业务可以通过这条最短路径得到恢复。这种方法又被称为网络泛洪。

对于网络泛洪(network flooding)，请求发送节点会要求所有相邻节点提供空闲容量，然后路径上的所有节点都相互报告它们与相邻节点间的可用空闲容量，直到搜寻到发送点与选择点之间的最短(或最快)替代路由为止。一旦选择点确认了最佳路由，该消息将回传给发送点，以确认路由的存在并表明可以使用这一替代路由。最后，发送点要求该替代路由上的所有节点执行交叉连接、分配空闲容量，从而形成一条新的路径，让失效路径上的业务通过该替代路径传输。

分布式控制中的通道恢复依然是基于通道(业务)展开，根据失效业务的源节点和宿节点进行恢复。在每个失效业务的源节点和宿节点之间重新寻找一条最短路径。因为这些业务原先占用的资源不再需要，所以可以先释放掉。然后再从各个业务的源节点出发，采用网络泛洪的方式，去寻找到各个宿节点的最短路径，最终完成网络恢复。

通道恢复在网络资源的利用上更趋于合理，在网络容量是主要矛盾的情况下，这种方式具有较强吸引力。但是失效链路上的各个业务往往属于不同的源、宿节点对，多对源、宿节点都需要广播消息以寻找替代路由，这大大增加了各节点处理消息的负担和处理过程的复杂程度。而且业务的源、宿节点检测到失效报警的时间要慢于失效链路的端节点。因此，链路恢复是实际中常用的方法。

上面介绍的网络恢复方法依靠网络管理系统完成，是一种智能方式。此外，也可以采用人工在后台配置路径的方式，只是人工配置所需要的时间较长。如果网络冗余足够，也可以提前为每对业务预先设置几条替代路径，只是这种方式下的资源利用率较低，而且随着业务流的不断变化，替代路径也会发生调整，相关信息的实时更新会耗费较多资源。

本章小结

SDH网络强大的自愈功能是其特点及优势所在。之所以要花费大量的资源去规划、构建具有强大保护功能的通信网，其原因在于保持通信畅通十分重要，尤其是构建SDH网络的出发点是满足用户的电话业务。为了让SDH网络具有强大的生存能力，网络保护和网络恢复是两种主要方法，其基本要求都是网络资源要有足够的冗余。

在网络保护方面，主要介绍了二纤单向通道保护环、二纤双向通道保护环、二纤单向复用段保护环、二纤双向复用段保护环、四纤双向复用段保护环。其中，二纤单向通道保护环和二纤双向复用段保护环的应用较常见，前者的优势是控制方法简单、倒换速度快，后者的突出优点是网络容量大。在网络恢复方面，主要介绍了集中式控制、分布式控制两类方法，每一种方法又可以进一步划分为链路恢复方式和通道恢复方式。由于采取网络保护时，用户基本感觉不到倒换过程，不会影响用户的正常通话，所以网络保护比网络恢复应用更广泛。

思考题

1. 什么是 SDH 的网络保护和网络恢复，它们有什么差异？
2. 什么是通道保护，什么是复用段保护，它们有什么差异？
3. 简要说明二纤双向复用段保护环的工作原理。
4. 对于二纤单向通道保护环，触发保护倒换的条件是什么？
5. 对于二纤双向复用段保护环，触发保护倒换的条件是什么？
6. 对于 2.5Gb/s 二纤双向复用段保护环，其业务容量是多少个 E1？
7. 对于 SDH 传输网，简要说明 1+1 保护和 1：1 保护的区别及其典型应用示例。

第8章 密集波分复用网

CHAPTER 8

前面几章主要介绍了SDH网络及其关键技术，作为骨干网的主要传输手段，SDH一般采用单模光纤作为传输媒介。光纤具有带宽大、抗干扰、轻便等优点。光纤传输中有3个传输“窗口”，分别是850nm、1310nm、1550nm。其中850nm窗口只用于多模传输，用于单模传输的窗口是1310nm和1550nm两个波长窗口。早期的数据网络由于覆盖范围较小，常采用850nm窗口进行传输，该窗口的光纤及光收发器成本较低。而1310nm窗口在我国主要用于模拟电视信号的传输，光器件成本较高。高速语音数字信号(如PDH、SDH)主要通过1550nm窗口传输。也就是早期常说的，数据业务采用850nm窗口传输，广电业务通过1310nm窗口传输，电信业务利用1550nm窗口传输。

SDH具有严格的速率等级，从STM-1、STM-4、STM-16到STM-64，速率成严格的4倍关系，从155.52Mb/s直到9953.28Mb/s，但因为STM-64系统的速率太高，受光纤色散的影响严重，所以较少采用。随着骨干网业务量的不断增长，常用的方法就是基于时分复用(TDM)技术进行网络升级，从STM-1升级到STM-4，再从STM-4升级到STM-16。据统计，当系统速率不高于2.5Gb/s时，系统每升级一次，每比特的传输成本下降30%左右。采用这种时分复用的升级方式固然是数字通信系统提高传输效率、降低传输成本的有效措施，但是随着现代通信网对传输容量要求的急剧提高，继续采用TDM方式进行扩容已日益接近硅和砷化镓技术的极限，这将会使成本大幅上升，而且实现难度越来越大。

伴随着个人电脑普及而来的互联网飞速发展，以及多媒体通信业务的不断涌现，在20世纪90年代中后期，骨干网业务量出现了爆炸式增长，使传统的TDM网络升级方式无法满足市场需求。因此人们把注意力从SDH设备转移到光纤上，因为光纤有很宽的频谱资源，常规单模光纤的有效传输宽度在20nm以上，而SDH信号的传输只占用了其中很小一部分，就传输STM-64的10Gb/s信号来看，其所占宽度也远小于1nm。所以对于传输通道而言，还有很大“浪费”，因此存在巨大潜能。既然像SDH那样依靠一个光载波传输高速信号的方式遇到电子瓶颈，而光纤上还有巨大的空闲“道路”没有利用，那是否可以用多个光载波同时传输 SDH 信号，使一根光纤上所承载的业务量成倍提高呢？答案是肯定的，这就是密集波分复用(Dense Wavelength Division Multiplexing，DWDM)的思想。

于是研究者越来越多地把兴趣从电时分复用转移到光复用，在光域上用多个波长同时传输的方式来提高传输效率，这不仅能充分利用光纤的带宽资源，增加系统的传输容量，而且也提高了系统的经济效益。由于掺铒光纤放大器(EDFA)具有宽带放大特性，可覆盖约 30nm 的频谱宽度，因而用一个掺铒光纤放大器就可取代与信道数相等的光/电/光中继器，实现全光中继。这不仅极大地降低了设备成本，而且也提高了信号的传输质量。这一优越性推动了波分复用技术的发展，使其成为现代骨干传输网的主流技术。

目前，在一根光纤上利用多个波长传输光信号的 DWDM 技术已经成熟并得到广泛应用。利用 DWDM 技术在每根光纤上可以同时传输 N 路光载波，而每个光载波可以独立承载不同速率等级的高速数字信号，就像城市交通中并行的汽车道路一样，一条大道上可以同时有多个车流并驾齐驱，而各个车流的速率可以不一样。这样，在不增加线路建设的情况下，网络容量可以迅速提高为以前的 N 倍，这为我国在 20 世纪末、21 世纪初的网络大幅提速起到了决定性作用。

8.1 密集波分复用系统框架

1. 波分复用基本概念

波分复用(Wavelength Division Multiplexing，WDM)是光纤通信中的一种传输技术，由于光纤有很宽的传输带宽，而单载波高速数字信号(如 SDH)因技术的限制无法占用整个传输带宽，于是采用将光纤的可用传输带宽划分为若干个波段的方法，在每个波段用一个光载波传输一路高速数字信号，这样，多路光信号可通过一根光纤同时传输。

WDM 技术充分利用单模光纤低损耗区(1550nm 附近区域)的巨大带宽资源，将光纤的低损耗窗口划分为若干个信道，用多个光载波同时传输多路高速信号，在发送端采用光复用器将不同波长的光信号合并后，一起送入一根光纤中传输，在接收端再用光解复用器将这些不同波长的光信号分开。由于不同波长的光载波信号可以看作是互相独立的，从而在一根光纤中可实现多路光信号的复用传输。

由于光频率与光波长的乘积等于光在真空中的传播速率，即 $f\times\lambda=C$，因此，光的波分复用实质上就是光域的频分复用。通常讲的频分复用一般是指电信号中传输多路信号的一种复用方式，而在光通信系统中再用频分复用一词就可能产生含义不够明确的问题，而且 WDM 系统中的光波信号频分复用与电信号中使用的频分复用有较大区别，如图 8-1 所示。图中可以看到，电信号的频分复用，各路信号之间的频率间隔较小，从频率的角度看很容易发生相互干扰。例如，话音信号的带宽是 0.3～3.4kHz，而多路话音信号在进行频分复用时，每路所占的带宽是 4kHz，这说明每路话音信号之间的间隔不到 1kHz。而对于光信号的频分复用，信号之间的频率间隔达到 100GHz，从频率的角度看，两个信号之间几乎互不相干，但从光波的角度看，两个信号之间的波长间隔只相差 0.8nm，就很容易产生相互干扰。因此，虽然光波的多路复用实质上就是频分复用，但称为波分复用更贴切一些。

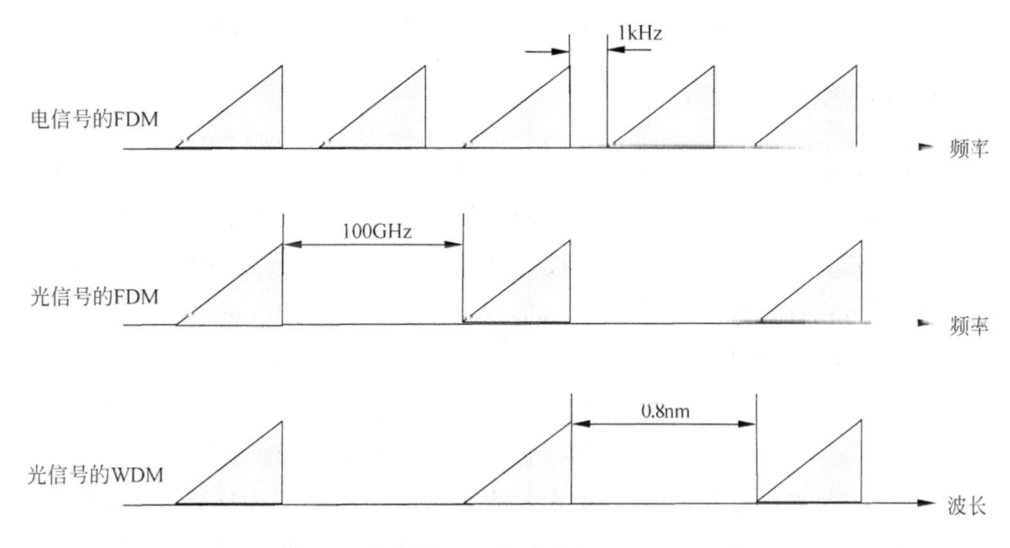

图 8-1 电信号 FDM 与光信号 WDM 的区别

2. 波分复用和密集波分复用

波分复用（WDM）的早期应用可追溯到 20 世纪 80 年代，为了有效利用光纤带宽，人们想到利用光纤的两个低损耗窗口 1310nm 和 1550nm 各传送一路光波信号，实现在一根光纤中同时传输两路光信号，这就是 1310nm/1550nm 两波长的 WDM 系统，也是最早出现的 WDM 系统。由于当时无法实现全光信号放大，在 WDM 系统中需要大量的"光/电"及"电/光"转换器，使系统变得复杂、昂贵，因此早期的 WDM 系统没有得到广泛应用。

随着 1550nm 窗口掺铒光纤放大器（EDFA）的商用化，WDM 系统的应用进入了一个新时期。由于 EDFA 的放大窗口在 1550nm 区域，人们不再使用 1310nm 窗口传输 WDM 信号，而只在 1550nm 窗口传送多路光载波信号。由于这些相邻波长之间的间隔较小，一般在 1nm 以下，且全部波长信号共用一个 EDFA，因此将这种 WDM 系统称为密集波分复用系统，即 DWDM 系统。DWDM 系统的核心特点是各光信道之间的间隔小于 1nm。

DWDM 系统各个载波之间的间隔较小，这也意味着其采用的光发射器件需要有较窄的谱宽、较高的波长稳定性，如果发生漂移将会影响其他光信道的正常工作，因此往往采用一些措施来达到指标要求，导致其成本较高。为了降低成本，同时考虑到在波分复用网的初期使用过程中，往往不需要较多的光信道，例如只需要 4 个波长或 8 个波长，这样在一定的可用带宽范围内，就可以把信道间隔扩大，例如 2nm 甚至更大。扩大信道间隔的好处在于不再对光器件有很高要求，光载波出现一定的漂移或光谱宽度稍大都不再影响系统的正常工作，从而使成本大幅下降。这种光信道间隔大于 1nm 的波分复用系统，通常称为粗波分复用(Coarse Wavelength Division Multiplexing，CWDM)。

3. DWDM 系统框架

从网络分层模型看，DWDM 和 SDH 同属于物理层。如果将 DWDM 做进一步的分层，可分为光通道层、光复用段层、光传输段层，其中，光通道层负责提供端到端的光信道，以透明方式传输各种雇主信息；光复用段层提供多波长光信号的复用能力；光传输段层则提供使光信号在各种光媒质上传输的功能。

DWDM 系统有“双纤单向传输”和“单纤双向传输”这两种类型。双纤单向传输 DWDM 系统是指一根光纤只完成一个方向光信号的传输，反方向的信号由另一光纤完成，如图 8-2 所示。在发送端，将各路高速数据分别发送到不同的光发射模块，进行“电/光”变换，各光发射模块的调制载波波长分别为 $\lambda_1,\lambda_2,\cdots,\lambda_n$，通过不同波长光载波进行调制后，各路高速数据信号在频谱上不再重叠，因此可以通过光复用器把它们集合在一起，

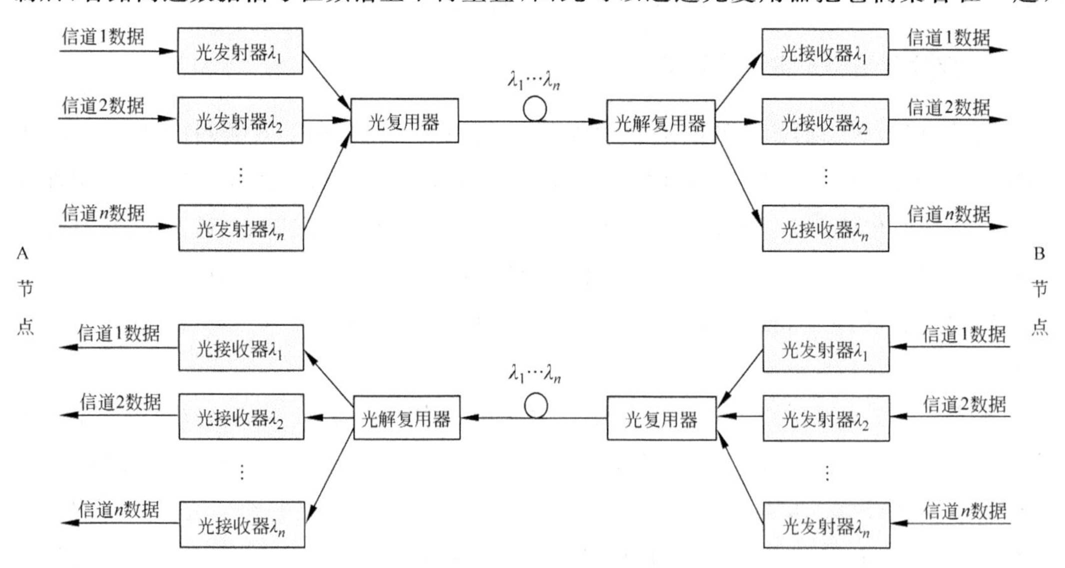

图 8-2　双纤单向 DWDM 传输系统

组成一个宽带光信号，并通过同一根光纤传输到目的节点。在接收端，通过光解复用器将不同波长的光信号分离，然后送到各路光信号接收器，进行“光/电”变换，恢复出发送端的高速数据信号，完成多路光信号的传输任务。由此看出，两个方向的各路光信号是在两根不同的光纤上分别传输，所以同一波长可以在两个方向上重复利用。双纤单向DWDM系统有如下特点：

(1) 需要两根光纤实现双向传输。

(2) 在同一根光纤上，全部光信道的传输方向相同。

(3) 对于同一个节点设备，收、发波长可以相同。

而对于单纤双向传输DWDM系统，它是指通过同一根光纤完成两个方向光信号的传输，如图8-3所示。在系统中，将全部可用波长$\lambda_1,\lambda_2,\cdots,\lambda_{2n}$分为两组，一组用于正向传输，另一组用于反向传输。其优点在于可节约一个方向光纤线路的铺设工作，缺点是收发光信道数量较少，而且需要解决发射的强光信号对接收的弱光信号的干扰等问题，系统较复杂。在每个节点，发射和接收的光载波不能相同，必须分开。单纤双向DWDM系统有如下特点：

(1) 只需要一根光纤就能实现双向传输。

(2) 在同一根光纤上，一部分光信道正向传输，另一部分光信道反向传输。

(3) 对于同一个节点设备，收、发波长不能相同。

(4) 实现的难度和复杂性比双纤单向DWDM系统更大。

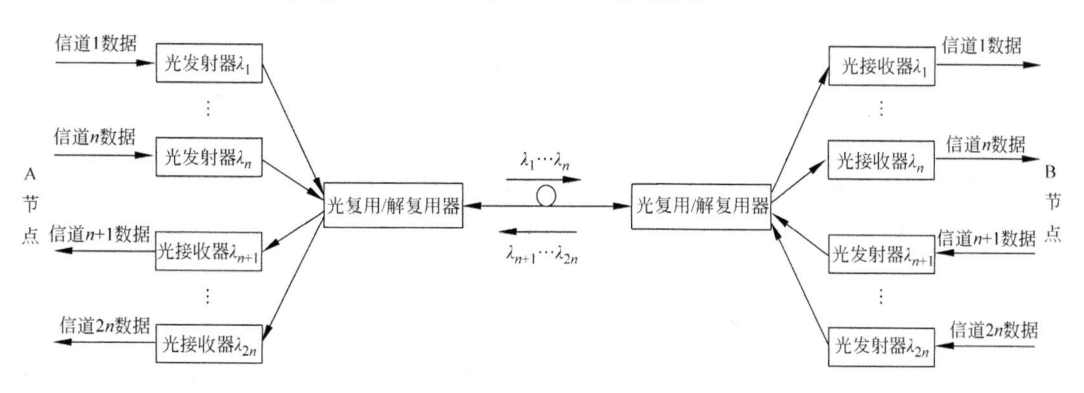

图8-3 单纤双向DWDM传输系统

目前在我国铺设的光缆资源较丰富，所以双纤单向系统较常见。在双纤单向DWDM系统中，单个信道的速率可以自由配置，从STM-1速率等级到目前已实用化的100Gb/s速率等级均可配置。每个光信道承载业务的类型包括PDH、SDH、ATM、IP等。容纳的光信道数量也由初期的8个、16个上升到现在的40个、80个，信道总容量可达8Tb/s。

将SDH各速率等级信号接入DWDM系统的各个光信道传输时，存在一个波长匹配的问题。SDH网络的工作波长在1550nm区域，但并没有规定严格的频点，而DWDM系统的工作波长也在1550nm区域，G.692标准已对DWDM系统的各个工作波长进行了严格规定，这样就出现了如何将SDH信号接入DWDM系统的问题。也就有了集成式DWDM系统和开放式DWDM系统，两者的差异主要在SDH系统与DWDM系统的光接口方面。

集成式DWDM系统要求SDH终端设备具有满足G.692的光接口，即标准的光波长以及能够长距离传输的光源。但这两项指标在SDH系统中没有严格要求，这就要求把满足G.692标准的光源集成在SDH系统中。这使得SDH与DWDM系统的接口比较简单，不需要增加多余设备，但这种情况一般出现在它们均属于同一设备厂家时，不同厂家的SDH与DWDM设备较难实现直接对接。集成式DWDM系统如图8-4所示，各路SDH信号已调制到各个DWDM标准光载波上，然后直接送到光复用器形成宽带光信号，在同一根光纤中一起传输。如果传输距离较长，可用宽带EDFA进行放大。到接收端后再用光解复用器分离各个载波，分别送给不同的SDH设备进行后续工作。

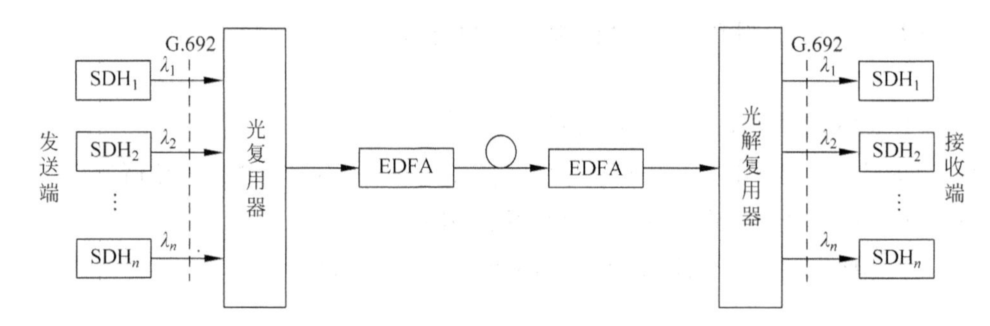

图8-4 集成式DWDM系统

集成式DWDM系统有如下特点：

(1) DWDM设备简单，不需要光波长变换器(Optical Transform Unit，OTU)。

(2) 对SDH设备要求高，设备光接口必须满足G.692标准。

(3) SDH与DWDM设备一般由同一厂家生产，才能达到较好的接口波长一致性。

(4) 不能横向联网，网络扩容较困难。

集成式DWDM系统要求SDH光接口配置为DWDM标准光接口，但一般的SDH传输系统没有这方面的严格要求，而且一些早期生产的SDH设备也没有考虑到DWDM应用，所以如何让任何SDH设备都能接入DWDM系统呢？开放式DWDM系统就能完成这一任务，在开放式DWDM系统中加入了光波长变换器(OTU)，其目的就是将非标准的SDH光载波转换为DWDM标准光载波，OTU位于SDH与DWDM系统的接口处，如图8-5所示。通过OTU的加入，可以将任何厂家生产的SDH设备接入DWDM系统，使其成为一个开放式系统。OTU输入端可以兼容任意厂家的SDH信号，其输出端是满足G.692标准的DWDM各个光波长光源。它不再要求SDH系统的光波长输出满足 G.692 标准，可继续沿用以前的规范要求(G.957 标准)。在带来接入便利性的同时，OTU 的引入也使 DWDM 系统结构变得更加复杂。开放式 DWDM 系统适用于多厂家环境，可以彻底实现 SDH 与 DWDM 的分离，有利于各厂家的分工协作，创造良好的市场环境。开放式 DWDM 系统有如下特点：

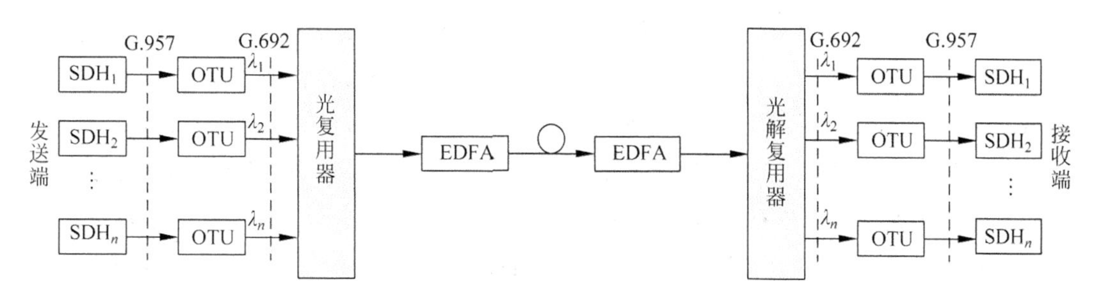

图 8-5　开放式 DWDM 系统

(1) DWDM 系统增加了 OTU 模块，OTU 模块的数量与复用的信道数量成正比。

(2) 对接入的 SDH 设备光接口无特殊要求，即不需要预先采用 DWDM 系统的规定波长。

(3) 可接入任何厂家的 SDH 设备，有利于横向联网和网络扩容。

4. DWDM 技术的主要特点

DWDM 技术之所以能得到快速发展及大量应用，主要原因在于它具有超大传输容量、节约光纤资源、透明传输、容易平滑升级、兼容现有 TDM 设备、可采用宽带 EDFA 实现长距离传输、对光纤色散无过高要求等特点，下面分别加以说明。

1) 超大传输容量

DWDM 系统的传输容量十分巨大。如果 DWDM 系统的每个复用光信道速率全是常规 SDH 的 2.5Gb/s，而复用光信道数量分别是 8、16、32，那么系统的传输容量分别为 20Gb/s、40Gb/s、80Gb/s，这样巨大的传输容量如果仅采用简单的 TDM 方式是无法实现的。目前，通过偏振复用(PDM)、多进制调制等技术的结合，已经实现了单路 100Gb/s 的传输速率，如果用 32 个光信道，单根光纤的总容量就可达到 3.2Tb/s。

2) 节约光纤资源

对于单波长系统而言，1 个 SDH 系统就需要一对光纤，而 DWDM 系统只需要一对光纤，就可以容纳几十个 SDH 子系统。也就是说，DWDM 系统用一对光纤就可以传输 SDH 用几十对光纤所传输的信息量，大大节约了光纤资源。例如，如果要在两地之间传输 16 个 2.5Gb/s 的 SDH 信号，单独采用 SDH 单波长系统传输，一共需要 32 根光纤，而采用 DWDM 多波长系统一起传输，在开通 16 个光信道(每信道采用 2.5Gb/s 速率)的情况下只需要一对光纤就可以实现。另外，DWDM 系统还可以利用单根光纤实现双向通信，这同样可以节约光纤资源。节约光纤资源的优势在长途干线中尤为明显。

3）各信道透明传输、平滑升级方便

在 DWDM 系统中，各复用光信道相互独立，各光信道可以分别传送不同的业务信号，如语音、数据和图像等。而且在传输过程中不对信号本身做任何处理，进入和离开 DWDM 系统的信号格式、速率等都完全一样，就像是面对面能直接看到一样，所以是“透明”传输。这不仅给使用者带来了极大便利，而且为网络运营商实现综合业务传输提供了平台。

当需要扩容升级时，只需要添加复用光信道数量及其相关设备，就可以平滑升级，而且对其他复用光信道无不良影响。这有利于最大限度地保护运营商的初期建设投资。例如，某地区在几年前建设了 SDH 的 622Mb/s 系统，随着当地通信事业的快速发展，当业务量需要用 6 个 STM-1 来承载时，如果沿用 TDM 的升级方式，就需要在 STM-4 系统的基础上升级到 STM-16 系统，但这样就多出了 10 个空闲的 STM-1，存在较大浪费。而如果采用 DWDM 系统后，就可以在以前一个波长信道传输 STM-4 的同时，再增加两个光信道，用于传输两个 STM-1 信号，实现了平滑升级，做到需要多少就添加多少。

4）兼容现有 TDM 设备

以 TDM 方式提高传输速率，虽然在降低成本方面具有较大优势，但却面临许多因素的限制，如制造工艺、电子器件工作速率的限制等。已有分析表明，如果采用 TDM 方式实现 40Gb/s 的电信号速率，就与电子器件的工作极限速率非常接近，想进一步以 TDM 方式提高速率已经相当困难。而 DWDM 技术则采用多个高速信道一起传输的方式，提高整个系统的容量，且每个高速信道均可采用已成熟的 TDM 技术，不仅轻而易举地实现了几十倍的扩容，而且不需要淘汰已有的高速 TDM 设备。

5）宽带 EDFA 的实用化

早期的 EDFA 用于放大单信道的 SDH 光信号，使 SDH 光信号能够长距离传输而不需要电中继。而 DWDM 系统传输的是多波长宽带光信号，信号带宽在 20nm 以上，要像 SDH 一样实现长距离传输且不进行电中继，就需要带宽在 20nm 以上的光放大器。因此，20 世纪末宽带 EDFA 的实用化推动了 DWDM 系统的广泛应用。宽带 EDFA 的光放大范围是 1530～1565nm，但比较平坦的增益部分一般是 1540～1560nm，基本可以覆盖 DWDM 系统的工作波长范围，因此用一个宽带 EDFA 就可以对 DWDM 系统复用的各路光信号进行同时放大，实现整体信号的长距离传输，避免每个光信道都需要一个单独光放大器的情况。因此，宽带 EDFA 的实用化节省了大量中继设备，降低了整个系统的成本。

6）对光纤色散无过高要求

从原理上看，色散会造成长距离传输后的数字脉冲展宽，使其容易出现码间干扰，所以在同样色散值的情况下，数字信号的速率越快表明其脉宽越窄，就越容易出现码间干扰。这就是为什么一路 2.5Gb/s 的高速信号可以不考虑色散影响，而一路 10Gb/s 的高速信号就需要考虑色散影响的原因，也就是色散的影响与单路信号速率密切相关。对于 DWDM 系统，不管整个系统的总体传输速率有多高、传输容量有多大，单个光信道的速率并不是很快，所以基本可以不考虑色散的影响。

8.2 DWDM 系统关键部件

由 8.1 节对 DWDM 系统的介绍可以看出，DWDM 网络在短时间内能大面积应用，除用户需求、市场推动外，离不开一些关键器件的成功开发，主要包括光源、光波长变换器(OTU)、光复用/解复用器（光合波/分波器）、光插分复用器(OADM)、光交叉连接器(OXC)、光放大器、新型光纤等。下面对这些关键部件分别进行说明。

1. 光源

在光纤通信中，实现电信号转变为光信号的关键器件是光源，光源性能的优劣直接影响光纤通信系统的传输性能。光纤通信中最常用的光源是半导体激光器(LD)和发光二极管(LED)，两者的主要区别在于 LED 发出的是荧光，而 LD 发出的是激光。由于 LED 发出的光谱很宽，因此多用于短距离、小容量光纤通信系统。而 LD 发出的光谱较窄，常用于长距离、大容量的光纤通信系统。

在 SDH 网络中，一根光纤中只有一个光信道，所以工作波长可以在一个较宽的区域内变化。而 DWDM 系统的主要特点是在一根光纤中同时传输多个光信道，每个信道使用不同的波长作为光载波，而且波长之间的间隔仅为 0.8nm，甚至更小，这就对激光器提出了较高要求。除了需要有准确的工作波长外，在整个寿命期间波长偏移量都应在一定的范围之内，以避免不同光信道之间的相互干扰。也就是需要采取温控等措施保证激光器工作波长的准确、稳定。当然，由于 CWDM 的光信道间隔较大，所以其采用的光源没有 DWDM 严格，成本也较低。

另外，光纤通信中的光源只能发出固定波长的光波，还不能做到按需任意改变激光器的发射波长。随着科技的发展，激光器发射波长将可按需进行调节，使同一个激光器在不同时刻发出不同波长的光信号，这不仅能使现有 DWDM 网络上/下光信道更加便利、灵活，而且也为未来实现光分组交换创造有利条件。同时，也便于生产厂家进行大批量生产，以降低生产成本，不再需要对每个波长激光器进行小批量单独加工。

2. 光波长变换器(OTU)

如前所述，在 DWDM 网络中，OTU 主要在开放式网络中负责 DWDM 与 SDH 的光接口转换，负责将 SDH 的光载波转换为 DWDM 规定的多个光载波，如图 8-5 所示。在发送端，OTU 将满足 G.957 标准的 SDH 光接口转换成满足 G.692 标准的 DWDM 光接口。在接收端，OTU 将满足 G.692 标准的 DWDM 光接口转换成满足 G.957 标准的 SDH 光接口。

OTU 还可以用在光交叉连接器(OXC)中，当光交叉连接器在连接各路光信号出现波长冲突时，OTU 可以将冲突波长转换到其他没有冲突的波长，通过波长变换解决冲突，提高 OXC 的连通性。

OTU 有"全光"和"光/电/光"两种方式，其中，"全光"方式目前还没有实用化，现在实用化的都是"光/电/光"方式，也就是首先将光信号变为电信号，取出上面的负载信息，然后再用负载信息去调制指定波长的光载波并发送出去，以此实现光载波波长的变换。

3. 光复用/解复用器(光合波/分波器)

光复用/解复用器是 DWDM 网络中的关键部件，将不同波长的光信号合并在一起，经同一根光纤输出的器件称为光复用器(光合波器)，即 OMUX(Optical Multiplexer)。反之，将经同一传输光纤送来的多波长光信号分解为多个单波长光信号，并分别通过不同的光纤输出的器件称为光解复用器(光分波器)，即 ODMX(Optical Demultiplexer)。从原理上看，该器件光路是互逆的，即只要将光解复用器的输出端和输入端反过来使用，就是光复用器。

光复用/解复用器的性能指标主要有插入损耗和串扰，插入损耗越小，光纤线路上需要的光放大器就越少；串扰越小，各光信道之间的干扰就越小。这些指标对系统的传输质量有决定性影响。DWDM 系统中常用的光复用/解复用器主要有光栅型和介质薄膜型等。

4. 光插分复用器(OADM)

光插分复用器和 SDH 网络中使用的电插分复用器(ADM)作用类似，都是将支路信号插入主干线或者从主干线分离支路信号，只是两者支路信号的"颗粒"大小不同。在 SDH 网络中，支路信号可以小到一路 2Mb/s 的 E1 信号，而在 DWDM 网络中，支路信号就是一路光信号。

在链形或环形 DWDM 网中，OADM 用于各节点上、下固定波长的光信号，各节点使用的光信道需要提前配置，不能随意更改。而未来 OADM 对上、下光信号将是完全可控，就像现在 SDH 网络中的 ADM 可灵活调配一样，通过网管系统就可以在中间节点有选择地上、下一个或几个波长的光信号，实现灵活组网调配。

5. 光交叉连接器(OXC)

在SDH网络中有数字交叉连接器(DXC),在DWDM网络中与DXC功能相似的是光交叉连接器(OXC)。DXC的功能是实现SDH网络中各阶VC信号的交叉连接,完成各VC信号的选路工作,而OXC是实现不同光纤承载的多路光信号之间的交叉连接,其交叉连接的“颗粒”是光载波,也就是为不同的光信道选择输出光纤。

正如DXC在SDH网络中扮演的重要角色一样,OXC在DWDM网络中也起着很关键的作用。它一般配置在整个网络的枢纽节点,负责各个光信道的调度配置,在未来全光网络的业务调度及疏导、网络保护与恢复等方面都将发挥关键作用。

OXC可以分为三种类型,包括固定路由的光交叉连接器、具有重新安排路由能力的光交叉连接器、具有波长变换能力的光交叉连接器。对于固定路由的光交叉连接器,其特点是,各光纤中每个波长的路由已经预先固定,无法改变;对于具有重新安排路由能力的光交叉连接器,其特点是,任一输入光纤中任一波长的信号均可送到任一输出光纤上;对于具有波长变换能力的光交叉连接器,其特点是,任一输入光纤中任一波长的信号均可通过任一输出光纤上的任意一个波长输出。显然,第一种最简单但不够灵活,而第三种最灵活,但成本很高,需要加入波长变换器。

6. 光放大器

在光纤通信中,总是希望能将光信号不失真地传送得越远越好。但由于光纤存在传输损耗,使光信号的幅度在传输过程中变得越来越小,从而限制了光信号的传输距离。20世纪80年代末光纤放大器的出现,使光信号的中继放大问题得到有效解决,这标志着光纤通信将进入一个新阶段。它使得SDH信号可以通过光纤长距离传输,实现光到光的中继放大。不仅如此,后来出现的宽带光纤放大器进一步促进了DWDM系统的迅速发展和普遍实用。

在光放大器出现以前,要完成中继一般采用“光/电/光”方式,也就是为了延长通信距离,在光纤通信系统中需加入电再生中继器,实现对已衰减光信号的放大、再生和整形。这种方式首先将弱光信号变换为电信号,然后提取电信号中的时钟信息,并采用该时钟信号对原信号进行再整形和再定时,以消除因长途传输而出现的干扰信号,最后再转换为光信号,重回传输通道。这种中继方式虽然可行,但也存在一些不足之处,主要体现在如下几个方面。

(1) 需要大量的光发送和光接收设备,以实现光/电、电/光转换,使设备变得较复杂。

(2) 无中继通信距离不能太长(不超过50km),否则会由于信号过度衰减,中继器无法正常提取信号。

(3) 因为“光/电/光”中继方式只能对单波长信号进行光/电、电/光转换，所以在DWDM系统中要采用这种方式实现中继，就需要增加大量的光复用器和光解复用器。

当光放大器出现后，长途光传输的中继就不再需要“光/电/光”方式，而是直接采用光放大器完成光信号的再生，中继直接在光域完成，不需要转换到电域进行，简化了操作环节。特别是在DWDM系统中，采用宽带光放大器可以实现全部光信道的同时放大，不需要进行光信道的分解和复用，可节省大量的光复用器、光解复用器、光收发器件等，可低成本实现光中继器功能。光放大器有半导体光放大器、掺杂光纤放大器等，下面分别加以说明。

1) 半导体光放大器

半导体光放大器由半导体材料制成，它既可以工作在1310nm窗口，也可以工作在1550nm窗口。如能使其在使用波长范围内保持平坦增益，就可以作为光放大的一种可选方案，还可以促成用1310nm窗口传输DWDM信号。

半导体光放大器的优点是体积小、制作工艺成熟、便于与其他光器件进行集成，而且其工作范围可覆盖1310nm和1550nm波段，这是目前EDFA所无法实现的。但半导体光放大器也存在明显不足，例如，与光纤耦合困难、耦合损耗大，对偏振较敏感，噪声及串扰较大等。这些缺点限制了其在光纤通信系统中的应用。

2) 掺铒光纤放大器

掺杂光纤放大器是利用稀土金属离子作为激光工作物质的一种放大器。将激光工作物质掺入光纤即成为掺杂光纤。至今用作掺杂激光工作物质的均为镧系稀土元素，如铒、钕、镨、铥等。容纳杂质的光纤称为基质光纤，既可以是石英光纤，也可以是氟化物光纤。这类光纤放大器叫作掺稀土离子光纤放大器。在掺杂光纤放大器中最引人注目，且已实用化的是掺铒光纤放大器(EDFA)。EDFA的优点主要体现在如下几方面。

(1) 工作波段在1550nm区域，与光纤的最低损耗窗口一致。

(2) 与光纤的耦合效率高。因为是光纤型放大器，所以易与传输光纤进行耦合连接，当然也可采用熔接技术与传输光纤熔接在一起，损耗可低至0.1dB。

(3) 能量转换效率高。激光工作物质集中在光纤芯子的近轴部分，而信号光和泵浦光也是在光纤的近轴部分最强，这使光与介质的相互作用较充分，且有较长的作用长度，从而会有较高的能量转换效率。

(4) 增益高、噪声低、输出功率大。EDFA增益可达40dB，输出功率在单泵浦时可达14dBm，而在双泵浦时可达17～20dBm。充分泵浦时，噪声系数可低至3～4dB。

(5) 增益特性稳定。EDFA的增益对温度变化不敏感，在100℃范围内，增益特性可以保持稳定。而且增益与偏振无关，这一特性至关重要，因为一般通信光纤并不能使传输信号偏振态保持不变。

(6) 可实现透明传输。所谓透明，是指信号的输入和输出相比，在速率、码型格式、协议封装等方面均不发生变化，就像在镜中看到的一样，完全透明，没有任何变化。

当然，EDFA 也存在一些缺点，主要体现在如下几个方面。

(1) 波长固定。铒离子的能级差决定了 EDFA 的工作波长固定不变，只能放大1550nm 波长附近的光波。换用不同的光纤基材时，铒离子能级只发生微小变化，因此可调节的波长范围有限。为了改变工作波长，只能换用其他元素。

(2) 增益带宽不够平坦。EDFA 的增益带宽约为 40nm，但这 40nm 范围内的增益并不平坦，不能全部用于 DWDM 信号的传输，所以在 DWDM 光纤通信系统中，需要采取特殊方法进行增益补偿。

为了确保 DWDM 系统的传输质量，要求 EDFA 应具有足够的带宽、平坦的增益、低噪声系数和高输出功率。特别是增益平坦度，这是 DWDM 传输系统对 EDFA 的一个特殊要求。为了使每一个复用的光信道增益保持一致，需要选择 EDFA 的增益平坦区域作为工作区域，同时可以采用增益均衡技术，使增益达到平坦。增益均衡技术的基本原理是，如果获得了放大器的增益特性曲线，就可以制作一个损耗特性曲线与之相反的均衡器，两者级联后就可以获得一个增益较平坦的放大器。这种技术的关键在于，放大器的增益曲线和均衡器的损耗特性要精密吻合，才能使综合特性曲线平坦。

另外，目前要实现信号的完全再生，采用的还是电再生器，需要经过 O/E/O 转换过程，即通过对电信号的处理来实现信号的再生、再整形、再定时，即 3R 功能。电再生器设备体积大、耗电多、运营成本高，且速率受限。而 EDFA 虽然可以用作再生器，但它只是解决了系统损耗受限的难题，而对于色散受限问题，EDFA 无能为力，即 EDFA 只能对光信号放大，而不能对光信号再整形。因此，未来有必要实现全光再生器，在不需要 O/E/O 转换的情况下就可以对光信号直接进行再定时、再整形和再放大，而且与系统的工作波长、速率、协议封装等无关。全光再生器的光放大功能可以解决损耗受限的问题，而对光脉冲波形进行再整形的功能则可以解决色散受限的难题。

7. 光纤

20 世纪 80 年代末，光纤通信逐步从短波长向长波长、从多模光纤(MMF)向单模光纤(SMF)转移。在国家光缆干线网和省内干线网上主要采用单模光纤，而多模光纤只在一些速率不高、传输距离短的局域网或接入网中使用。现在谈论的光纤一般都是单模光纤，单模光纤具有损耗低、带宽大、易于升级扩容等优点。

光信号在光纤中传输的距离要受到色散和损耗的双重影响，色散会使在光纤中传输的数字脉冲展宽，从而引起码间干扰降低信号质量。当码间干扰使传输性能劣化到一定程度(例如 10^{-3})时,传输系统就不能正常工作。而损耗使传输光信号的强度随着传输距离的增加而下降,当光功率下降到一定程度时,接收端就无法正常恢复信号,整个传输系统也无法正常工作。

为了延长系统的传输距离,主要从减小色散、降低损耗方面入手。对于常规单模光纤,1310nm 光传输窗口称为零色散窗口,光信号在此窗口传输色散最小,1550nm 窗口称为最小损耗窗口,光信号在此窗口传输的衰减最小。

ITU-T 规范了三种常用光纤,分别是符合 G. 652 规范的光纤、符合 G. 653 规范的光纤、符合 G. 655 规范的光纤。其中,G. 652 光纤在 1310nm 波长窗口色散性能最佳,又称为色散未移位光纤(就是零色散窗口在 1310nm 波长处),它可应用于 1310nm 和 1550nm 两个波长区的光信号传输。G. 653 光纤是在 1550nm 波长窗口色散性能最佳的单模光纤,又称为色散移位光纤,它通过改变光纤内部的折射率分布,将零色散点从 1310nm 迁移到 1550nm 波长处,使 1550nm 波长窗口的色散和损耗都较低,它主要应用于 1550nm 波长区的光信号传输。G. 655 光纤称为非零色散位移光纤,是将 G. 653 光纤的零色散点由 1550nm 波长移动到 1530～1560nm 范围以外,即移到 DWDM 工作窗口以外,使得在长途传输过程中能对 DWDM 光信号进行统一的色散补偿(正补偿或负补偿),所以 G. 655 光纤最适合 DWDM 系统。单模光纤除这三种外,还有色散补偿光纤、全波光纤等,下面分别加以说明。

1) G. 652 光纤

G. 652 光纤即常规单模光纤,又称为色散未移位光纤,它有两个工作波长窗口,1310nm 窗口和 1550nm 窗口。工作在 1310nm 窗口时,损耗约为 0. 5dB/km,这时色散最小,色散系数仅为 0～3. 5ps/km・nm。工作在 1550nm 窗口时,损耗约为 0. 2dB/km,但色散系数为 15～20ps/km・nm。

2) G. 653 光纤

G. 653 光纤即色散位移光纤,又称为 1550nm 窗口最佳光纤。它通过设计光纤折射率剖面,改变光纤的色散,使零色散点移到 1550nm 窗口,从而与光纤的最小衰减窗口相一致,使 1550nm 窗口同时具有最小色散和最小衰减。这是为了在 1550nm 传输 10Gb/s 以上速率单波长信号所做的准备工作之一,还是沿用以 TDM 方式提升网络容量的方式。但由于 DWDM 技术的迅速普及,继续以 TDM 方式扩容的老路没有继续走下去。因此 G. 653 光纤研制出来后并没有大范围使用。而且 G. 653 光纤也不适于 DWDM 系统,一方面是由于其 1550nm 处色散几乎为零,导致四波混频产生的新成分对原始信号的干扰较大。另一方面,1550nm 正好位于 DWDM 工作区域的中心,在对全部光信道进行色散补偿时,一部分需要正补偿,另一部分需要负补偿,不能统一进行,使补偿变得较复杂。

3) G.655 光纤

G.655 光纤即非零色散位移光纤，是一种新型光纤。在 DWDM 系统中，一般是利用光纤放大器尽可能地增加输出功率，从而延长传输距离。但大的光功率注入会使光纤产生非线性效应，特别是四波混频，严重影响 DWDM 系统的传输性能。也就是当光纤色散为零时，光波相互作用的相位相同，四波混频现象最严重，它产生的新信号波长常常与传输波长相同，这就干扰了正常信号的传输。为了解决 G.653 光纤中严重的四波混频现象，对 G.653 光纤的零色散点进行了搬移，让它离开 DWDM 的工作范围。同时，考虑到色散会展宽高速数字信号的脉冲宽度，所以色散值又不能太大，最后确定将零色散点刚好移出 DWDM 工作区域，这样，在 1530～1560nm 波段内，色散控制在 1～4ps/km・nm，这就是 G.655 光纤。

非零色散位移光纤的零色散点可以低于 1530nm，也可高于 1560nm，这两种情况都能满足对色散值的要求。G.655 光纤除了对零色散点进行了搬移外，其他各项参数都与 G.653 相同，在 1550nm 窗口仍具有最小衰减系数。它的色散系数值虽然稍大于 G.653 光纤，但相对于 G.652 光纤，已大大缓解了色散受限距离。

4) 色散补偿光纤

现在大量敷设和实用的仍然是 G.652 光纤。随着通信容量的继续扩大，DWDM 系统单信道的速率也会超过 2.5Gb/s，达到 10Gb/s 甚至更高，这时就需要进行色散补偿。色散补偿光纤就是专用于补偿色散的光纤，它在 1550nm 区域有很大的负色散。在原有 G.652 光纤线路中加入一段色散补偿光纤，用色散补偿光纤的长度来控制补偿量的大小，可以抵消原有 G.652 光纤在 1550nm 处的正色散，使整个线路在 1550nm 处的总色散为零或较小，这样既可满足单信道超高速传输，又可传输密集波分复用信号。一般来说，25m 色散补偿光纤就可以补偿 1km G.652 光纤的色散。

5) 全波光纤

现有的单模光纤，不是工作在 1310nm 窗口(1280～1325nm)，就是工作在 1550nm 窗口(1530～1565nm)，而 1350～1450nm 波长范围没有利用。其原因在于，在光纤制造过程中，一般会出现水分子渗入纤芯玻璃中，导致 1385nm 处有较强的氢氧根吸收损耗，使得 1350～1450nm 区域不能用于通信。为了进一步拓展光纤的可用带宽，在光纤制造过程中，经过严格的脱水处理，消除了 1350～1450nm 区域的氢氧根吸收峰，使光纤的可用带宽扩展为 1280～1625nm，称这种光纤为全波光纤。

全波光纤实质上仍是常规单模光纤，这种光纤的损耗，从 1300nm 处的 0.5dB/km 开始，一直下降到 1600nm 处的 0.2dB/km，从而使光纤的可用工作范围大幅拓宽。在密集波分复用情况(波长间隔按 0.8nm 计算)下，这相当于将光信道数量增加到 400 多个，进一步节约了光纤线路资源。

本章小结

采用密集波分复用系统是传输网扩容的主要手段，从20世纪末到21世纪初，我国采用DWDM技术对骨干网络进行了大范围扩容，使网络的传输能力在短时间内扩大了10倍以上。本章从系统框架和关键技术这两方面对DWDM系统进行了介绍。在关键技术方面，主要介绍了光源、光波长变换器、光复用/解复用器、光插分复用器、光交叉连接器、光放大器、光纤种类等与DWDM关系密切的技术。

DWDM技术可以使用在不同的目标环境下，最简单、直接的就是骨干网扩容，当骨干网的容量大幅提升以后，还可以用DWDM技术去构建城域网、局域网，只是采用的技术细节、总体方案等会有所差异，由于篇幅有限，这里没有详细介绍。

思考题

1. WDM本质上是光域上的时分复用、空分复用、频分复用还是码分复用？

2. 什么是WDM技术？为什么要提出WDM技术？WDM与DWDM有何区别？

3. 实现DWDM技术有哪些关键技术？

4. 画出DWDM系统总体结构示意图，并说明各部分作用。

5. 一个DWDM系统采用8波复用技术，其中5个波传输STM-16的SDH信号，2个波传输1Gb/s的高速IP业务，1个波传输STM-4的SDH信号。此时，该系统的总传输速率是多少？

6. 目前在DWDM系统中最常用的是哪一种光放大器？

7. 光波分复用器、光解复用器的功能分别是什么？对其有何要求？

8. 光波长变换器的功能是什么？有几种转换方式？

9. 简要回答下述问题：

(1) 下列光纤中，哪些属于单模光纤：常规单模光纤(G652)、色散位移光纤(G653)、非零色散位移光纤(G655)，其中，哪种光纤最适合DWDM信号的传输？

(2) 全波光纤的突出优点是什么？

第9章 分组交换基本原理

CHAPTER 9

传统固定电话业务一般采用E1帧结构进行传输。E1帧结构共有32个时隙(slot)，每个时隙能够传输一路64kb/s数字话音业务，一帧可同时传输30路话音业务。在交换节点对话音业务进行转接时，来自各个输入端口E1信号流中的话音时隙，被转接到其目的输出端口的E1帧结构中，其实质是时隙交换，我们通常将其称为电路交换。这样，一路话音业务从发送端到接收端，均会占用各段链路上E1帧结构的一个时隙，只是由于交换的存在，它所占用的时隙编号在各段链路上可能发生变化。由此可见，传统电路交换的特点就是时延较小、可满足恒定比特流业务要求。但其不足之处就是对时隙的长期占用，而不管是否传送话音业务。这势必导致信道资源的浪费，提高话音业务传输成本。

为了节约信道资源，提高时隙利用率，在话音业务的间隙，时隙可用来传输其他信息，即一个时隙通道由多对源宿节点共享，这就是统计复用方法的雏形。为了更好地实现统计复用，信息在传输过程中一般采用分组(packet)的形式。在分组交换网中，用户数据不再固定、周期性地占用时隙，而是根据用户请求和网络资源情况，由网络动态分配。接收端不按固定的时隙关系来提取相应用户数据，而是根据数据中携带的目的地址来接收数据。这种复用方式称为异步时分复用，也称为统计时分复用。与此相对应，电路交换方式又称为同步时分复用。

分组交换节点和电路交换节点的作用都是为各个输入端口的数据选择出端口，采用统计复用的分组交换可节约信道资源，从而减少信息传输费用。为了节约硬件成本、较好地利用统计复用方法，在配置分组交换节点的内部连线及其他资源时，一般采取共享的方式，这势必导致资源竞争的现象。为了应对资源冲突，满足不同种类业务对时延、丢失率等指标的不同要求，在分组交换结构中，一般将业务划分为不同等级，不同等级业务采用不同的服务策略。在进行分组交换时，一般以固定长度的信元(cell)作为基本交换单位。

交换机和路由器中都会用到分组交换结构(switch fabric)。对于路由器而言，它包括多个输入、输出端口。来自各地的分组到达路由器的不同输入端口后，交换结构便会根据转发表将它们转发到相应的输出端口，而这个转发表是依据路由协议进行更新的。在分组交换结构中，来自不同输入端口的分组可能同时去往相同的输出端口，这样就会导致输出端口竞争。在设计一个高性能可扩展的分组交换结构时，如何在竞争出现的时候进行仲裁，是一个重要且具有挑战性的课题。

为了解决输出端口的竞争问题，已经提出了多种解决方案。一种典型方案是，允许所有去往相同输出端的数据分组同时到达输出端。对于这种方案，由于输出链路每个时刻只允许一个数据分组发出，其他数据分组就需要在出端口缓存中排队等待，这种结构称为出端口缓存交换结构。如果交换结构的端口数量为 N，为了保证不丢弃数据分组，这种交换结构内部的工作速率就要达到端口线速率的 N 倍。随着端口线速率的提高以及端口数量的增加，这种方案变得难以实现。另一种典型方案是将缓存放在输入端，这种方案不将目的端相同的数据分组同时送往输出端，而是采用一种调度方案(或称为仲裁方案)，从目的端相同的多个分组中选出一个送往输出端，其余竞争失败的分组需要在缓存中等待下一次调度。这种结构称为入端口缓存交换结构。

一般情况下，大规模分组交换结构在一个信元周期会将多个入端口分组并行转发到多个出端口。对于入端口缓存交换结构，在进行数据转发的同时，需要为下一个信元周期的转发做准备，即：完成下一个信元周期的“输入/输出”端口配对。对于一个输入和输出端口数量均为 N 的交换结构，同时最多有 N 对连接，如果一个信元周期的持续时间是 t，那么平均建立一对匹配关系所需要的时间应该不超过 t/N。例如，当交换结构内部的传输速率是 1Gb/s、信元长度为 64 字节时，一个信元的传输时间是 $64\times8/1=512$ns，如果交换结构的输入、输出端口数均为 100，那么建立一对匹配关系的时间限制是 5.12ns，而且随着交换结构端口数量的增加，限制时间将进一步缩短。因此，对于规模较小的交换结构，建立输入、输出之间的匹配关系时，可采用集中处理方式，而对于大规模交换结构，由于建立匹配关系的时间限制，无法采用传统的集中处理方式，需要采用分布处理方式。另外，提高交换结构内部的工作速率、研究较好的匹配算法等，都是应对匹配时间限制的常用方法。

9.1 基本概念

无论是交换机还是路由器，都需要将从光纤上收到的光信号首先转换成电信号，然后进行时钟提取和数据恢复，转变为二进制码流。如果在骨干网上采用 SDH 进行传输，接下来就需要恢复二进制码流的帧结构，也就是确定帧的开始位置，进而在净负荷中分离各个分组，并将这些分组分发到交换结构(switch fabric)的各个输入端口，交换结构负责有序地将各输入端口数据分发到各个输出端口，每个输出端口的数据分别装入各自不同的帧结构，最后经过电光变换从不同的光接口发送出去。其中，交换结构(switch fabric)就是接下来几章要介绍、探讨的主要内容。下面首先对一些基本概念进行说明。

1. 交换和路由

交换和路由都是将信息从设备的一个输入端口传输到另一个输出端口。然而，路由包含“选路”的功能，通常涉及较大的网络范围，它可以实现网络中两个长距离节点间的信息传输，而交换通常是指单个网络节点内的信息交换。再者，路由通常需要与其他网络节点合作，并且基于路由协议，而交换仅仅是单个设备具有的功能，它是基于转发表、交换结构和调度算法而工作。图 9-1 和图 9-2 举例描述了交换和路由。

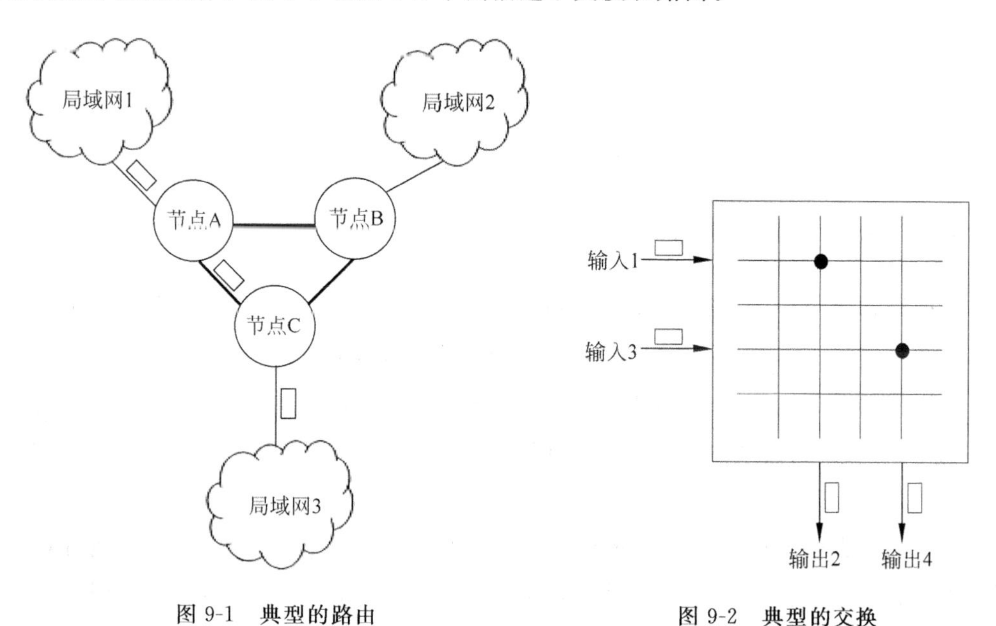

图 9-1 典型的路由　　图 9-2 典型的交换

在图 9-1 中，要将局域网 1 的数据发往局域网 3 首先要通过节点 A，节点 A 有两条路径可选，一条是节点 A 直接发到节点 C，另一条是节点 A 先发到节点 B，然后再由节点 B 发送到节点 C。节点 A 最终选择哪条路径会参照网络业务的分布情况并遵循相关路由协议，所以节点 A 具备路由器功能。图 9-2 是一个节点内的交换结构，它有 4 个输入、输出端口，它的作用就是按照事先确定的时间顺序，在一个特定的时间点将 2 个交换开关闭合，让输入端口 1 和输入端口 3 的数据分别转发到输出端口 2 和输出端口 4。

2. 单播和多播

在交换结构的输入端和输出端之间，大多数连接都是一个输入端口连接一个输出端口的点到点方式，这也称为单播方式。在单播方式下，一个输入端口的流量仅仅去往一个输出端口。然而，对于音频会议、视频会议和数据广播这样的应用而言，一个输入端口的数据就需要被送往几个不同的输出端口，这种方式称为多播。为支持多播通信，需要采用专门的方法将一个输入端口的数据复制到多个输出端口。图 9-3 中就显示了一条单播路径和一条“1 对 3”的多播路径。另外，广播是多播的特例，也就是当全部输出端口的数据都来源于同一个输入端口时，就称为广播方式。

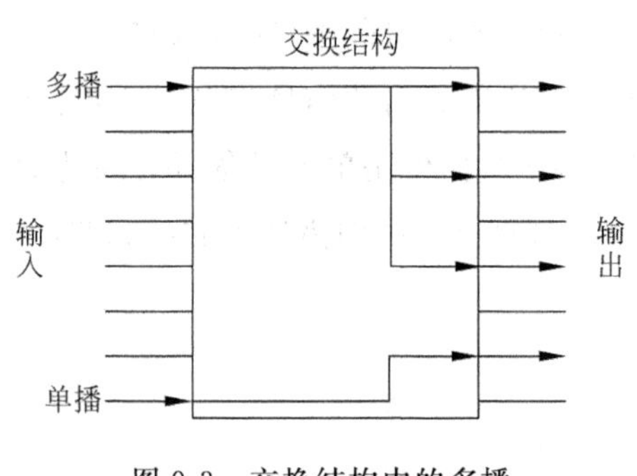

图 9-3　交换结构中的多播

3. 交换结构的用途和评价方法

交换结构的用途是，将某个输入端口的信息输出到特定的一个或多个输出端口。可以从性能和实现成本两方面来评价、对比交换结构的优缺点。在性能指标方面，主要考察在各种可能的业务流模式下，分组经过交换结构的时延、时延抖动、丢失率等。在成本方面，需要计算实现交换结构所需的缓存和连线资源数量，做工程实现时所需花费的人力、物力等。

上述评价方法实质上就是性价比，在具体实施时需要综合考虑各种因素，而且对于不同种类业务，重点关注的参数指标也各有差异。例如，对于语音业务和数据业务而言，前者重点关注时延指标，而对丢失率参数不敏感，但后者正好相反。此外，为了减小丢失率，一般会给交换结构配置较多缓存，这不仅会增加交换结构成本，而且由于进入缓存的数据总量增加，还会加大数据时延。为了缓和时延和丢失率之间的冲突，往往加入其他协调措施，例如对于不同种类业务进行差别服务等。

交换结构要解决的中心问题就是，用多少资源（包括内部连线、缓存等），并进行合理配置，在各种可能的业务流模式下，将冲突的概率减少到可以接受的程度，使分组时延和丢失率等达到一定指标。

4. 吞吐率和加速因子

交换结构的吞吐率定义为，当所有输入端口以最大能力传输数据时，平均总输出数据量与平均总输入数据量的比值。吞吐率是百分比值，是一个不大于1的正数，它实际上反映了交换结构的利用率。与吞吐率相近的一个概念是吞吐量，它是指单位时间内整个交换结构所传输的业务总量，其单位是Mb/s或Gb/s等。

由于交换结构的内部资源对全部端口是一种共享方式，这势必导致各端口之间抢占内部资源，引发资源竞争。为了减少竞争的发生，常常提高交换结构内部的工作速率，让交换结构内部工作速率大于各端口的信息到达(或离开)速率，一个k倍的加速因子意味着交换结构内部转发速率是输入(或输出)线速率的k倍。所以当加速因子大于1时，需要在输出端配置缓存。由于提高了内部转发速率，交换结构就可以在一个信元周期内将多个信元转发到输出端，从而缓解竞争压力，提高吞吐率。

5. 交换结构分类

根据交换技术的不同，可以将交换结构分为时分交换结构和空分交换结构。在时分交换结构中，一个时间点只有一个分组通过交换结构，而对于空分交换结构，一个时间点可以有多个分组同时通过交换结构。时分交换可进一步分为共享缓存型和共享媒介型，空分交换可进一步分为单路径交换和多路径交换，这两种结构还可以进一步分为不同的类型，如图9-4所示。其中，单路径交换结构是指从交换结构的任一输入端口到任一输出端口有且仅有一条路径，而多路径交换结构是指从交换结构的任一输入端口到任一输出端口有多条可选路径。

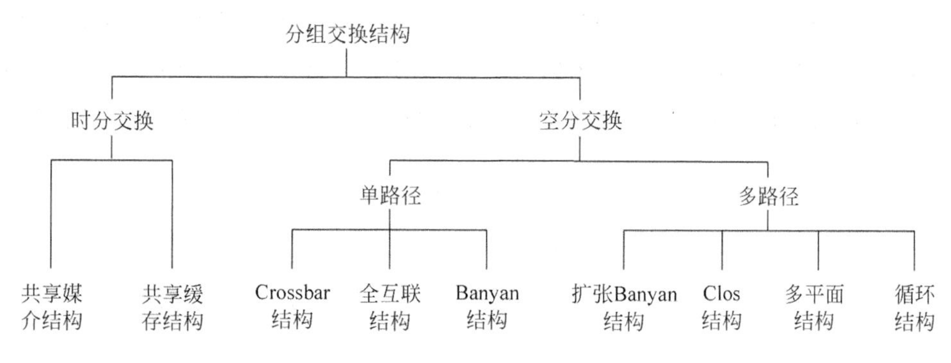

图9-4 交换结构的分类

6. 交换结构的阻塞和冲突

在时分交换结构中，各输入端口数据是分时通过交换结构，每个时间点只有一个分组通过交换结构，而且每个端口数据通过交换结构的时间已经预先确定，因此不存在各输入端口数据竞争交换结构资源的情况。对于空分交换结构，由于在一个时间点可能有多个分组同时通过交换结构，这些分组所经过的内部资源可能部分重叠，这时就会出现资源竞争现象。

从交换结构是否总能建立输入端到输出端之间连接关系的外部特性看，交换结构可分为无阻塞型和阻塞型。当一个外部输入端口和一个外部输出端口是空闲的情况下，如果一定可以找到空闲的内部通道将它们连接起来，这种交换结构就称为无阻塞型交换结构，如果不一定可以找到空闲的内部通道将它们连接起来，这种交换结构就称为阻塞型交换结构。注意这里所说的空闲端口是指还未被占用的数据端口。

由上面的说明不难看出，时分交换结构是无阻塞型交换结构。对于空分交换，其主要问题是输入端、输出端的匹配。这里重点说说空分交换结构可能出现的一些冲突。空分交换结构是由连线和缓存组成。连线又分为输入端连线、内部连线和输出端连线。当多个分组要同时去往一个输出端口时，就造成输出端冲突(output port contention)；当多个分组要同时经过一条内部连线时，就造成内部连线冲突(internal line contention)，或称为内部连线阻塞(internal line blocking)。出现这些冲突时的解决办法是，选择一个分组发送，将其余分组暂时缓存或丢弃。另外，当资源冲突引起分组暂时缓存时，如果缓存里只有一个 FIFO(First In First Out)队列，就会产生队头阻塞(Head of Line Blocking，HOL Blocking)现象。

由于网络数据的突发性较强，势必导致交换结构各输入端口数据的目的输出端具有较大不确定性，容易出现多个输入端口请求与同一输出端口建立连接的情况，这时只有一个输入端口的请求可以得到响应，其他输入端口需要等待，这样就出现了输出端口冲突现象，如图 9-5 所示。在图 9-5 中，输入端口 1 和输入端口 4 的第一个分组都要去往输出端口 3，竞争的结果只能是一个输入端口成功，另一个输入端口等待，同时看到输入端口 2 和输入端口 3 的分组，由于它们目的输出端口没发生竞争，所以能正常传输。输出端口竞争可能使交换结构在某个时刻所传输的数据总量减少，导致交换结构的利用率下降。

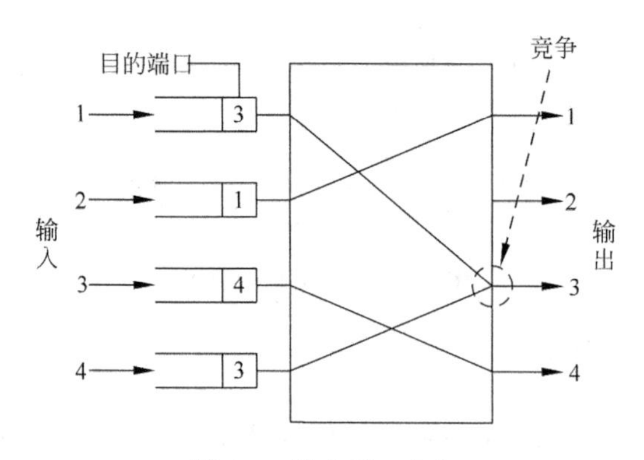

图 9-5 输出端口竞争

内部连线冲突的示例如图 9-6 和图 9-7 所示。在图 9-6 中已建立 3 对连接关系，分别是输入端口 4 去往输出端口 5、输入端口 7 去往输出端口 1、输入端口 8 去往输出端口 8，这时如果空闲输入端口 9 请求与空闲输出端口 4 或者 6 建立连接，因内部阻塞该连接就无法建立。图 9-7 是另一个例子,在这个三级网络中,输入端口 1、3 分别请求与输出端口 6、5 建立连接,但是它们都需要经过第 2 级的同一个输出端口,这样就导致了内部连线竞争。

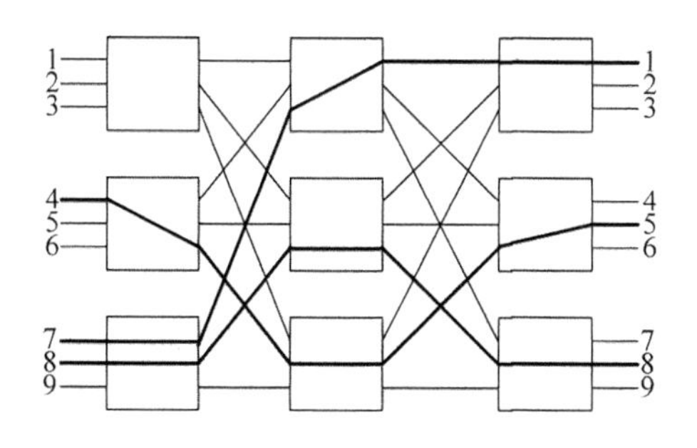

图 9-6 Clos 结构中的内部阻塞

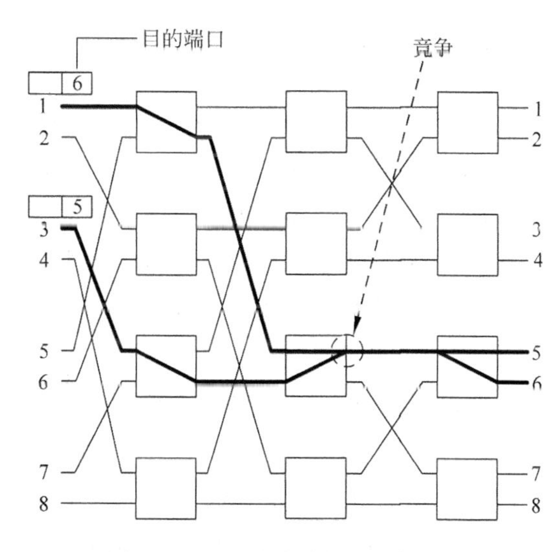

图 9-7 Delta 交换结构的内部阻塞

产生队头阻塞的前提是每个输入端口只有一个等待队列,从该输入端口去往不同输出端口的分组进入同一个队列等待调度,该队列中第一个分组由于资源冲突不能在当前时刻交换到输出端口,只能停留在队列里,队列后面的分组由于被第一个分组阻挡,即使在当前时刻没有资源冲突也不能交换到输出端口,如图 9-8 所示。在图 9-8 中,输入端口 1 的 FIFO 队列中有 2 个分组等待发送,分别去往输出端口 3 和输出端口 2。在第一个信元周期,输入端口 1 和输入端口 4 的分组都要去往输出端口 3,如果输入端口 1 竞争失败,那么其队列中的第一个分组只能等待,但其队列中的第二个分组是去往输出端口 2,而此时输出端口 2 处于空闲状态。这表明,输入端口 1 队列中的第二个分组,即使在第一个信元周期没有资源冲突,由于被前面的分组阻挡,也无法交换到空闲的输出端口 2。为了解决队头阻塞现象,可采用 VOQ(Virtual Output Queuing)结构,或者提高交换结构的内部工作速率等，这在后面会加以介绍。

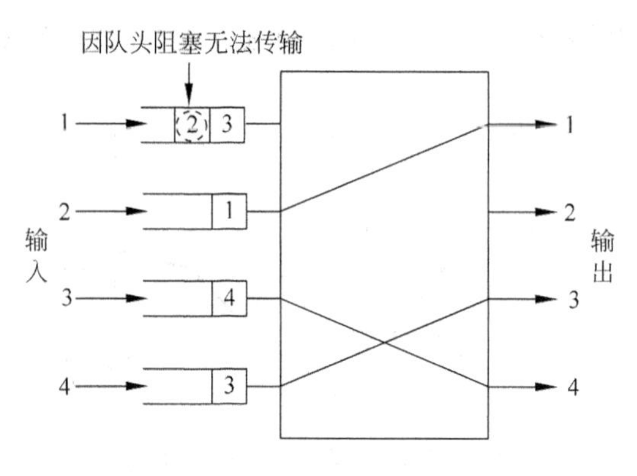

图 9-8 队头阻塞现象

7. 分组模式交换和信元模式交换

数据交换结构有两种方式，分组模式和信元模式。由于分组的长度可变，而信元的长度固定，所以分组模式又称为变长交换，信元模式又称为定长交换。在早期 IP 数据分组的交换过程中，虽然 IP 分组的长度具有较大变化性，但为了简便，在业务量不大的情况下一般采用分组模式。随着网络业务量的不断增加，变长分组交换越来越容易引发阻塞，目前已较少采用变长分组交换。信元交换模式的一个早期示例是 ATM 交换，在 ATM 网络中，信息被封装成 53 个字节的固定长度信元。相关技术在 20 世纪 90 年代初被广泛研究，并取得丰硕成果。信元交换模式的一个明显优势，就是方便交换结构进行资源分配和信元调度，更容易减少阻塞的发生，特别是当业务量较大的时候。

为了在 IP 交换机中使用信元交换技术，提出了一种先分割后重组的结构，如图 9-9 所示。在每个输入端口，均采用一个输入分割模块(ISM)，首先将变长 IP 分组分割成一些固定长度的信元，当余留部分不足一个完整的信元长度时，就进行适当填充使其达到固定长度。然后将这些信元存储到信元队列(CQs)中，每个信元队列与各自的输出端口相对应，例如可采用虚拟输出队列(VOQs)的方式。在每个输出端口，都配置了输出重组模

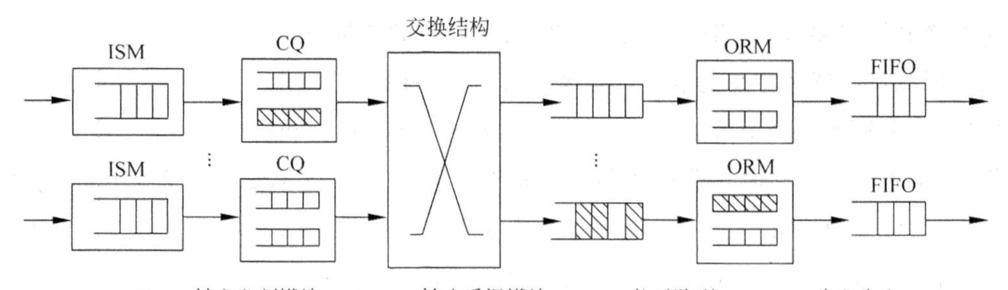

图 9-9 具有分割和重组功能的信元交换结构

块(ORM),用于将属于同一分组的信元进行重新组装,最后将重组后的分组存储到先入先出队列(FIFO)中,等待发送出去。

9.2　时分交换

在时分交换结构中,来自不同输入端口的分组分时通过同一条数据通路到达不同的输出端口,该通路连接全部输入端口和输出端口。交换结构中的内部资源被所有从输入到输出的分组分时共享,这种内部资源可以是一条总线,也可以是一个缓存。典型的时分交换结构有共享缓存型和共享媒介型两种,共享媒介可以是总线也可以是环。

由于全部数据分组均要经过共享资源,那么在共享资源处信息的处理速率就应该达到所有输入端信号速率的总和,但是信号处理速率不可能无限制提高,因此时分交换结构的规模一般较小。然而,这类交换结构存在一个优势,由于每个分组都通过同一条数据通路,所以这种结构很容易支持多播和广播业务。

1. 共享媒介型

在共享媒介交换结构中,到达输入端的分组时分复用到一个共享高速传输媒介,该媒介的信号处理速率不低于全部输入线速率的总和。图9-10是一个共享总线型交换结构,在每个与共享总线相连的输出线路上,均配置有地址过滤器(AF)和输出FIFO缓存。全部输入端口的数据均发送到该总线上,并传递给每个AF,地址过滤器用于检测每个到来分组的头部,只让属于本输出端口的分组通过。这样,经过时分复用的输入分组被分离到所对应的输出端口。

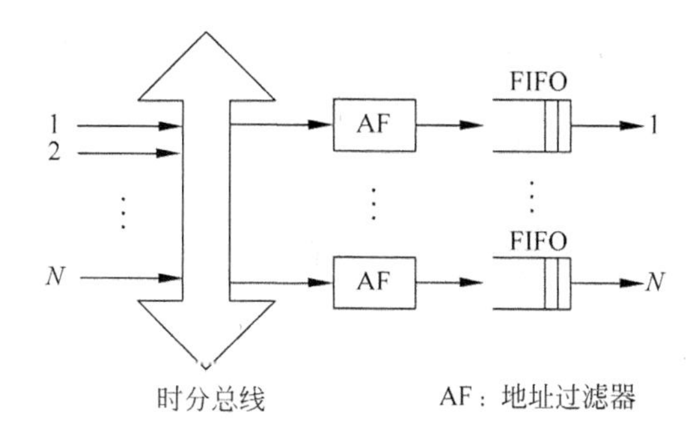

图9-10　共享总线交换结构

由于共享总线交换结构的每个输出端口均需要配置独立缓存,使得这种交换结构的缓存使用量较大,从而使其缓存利用率较低。同时看到,不仅是总线,还包括地址过滤器和输出缓存,它们的工作时钟都要达到全部输入线速率的总和,否则就可能发生拥塞,这就限制了此类交换结构的规模。就缓存而言，如果在某个时间点，全部 N 个输入端口的数据均发往同一个输出端口，那么在一个信元周期就要完成全部信元的写操作和读操作。假设信元持续时间是 T_{cell}，缓存存取时间是 T_{mem}，交换结构的输入输出端口数量均为 N，那么就需要满足关系式 $T_{cell} \geqslant 2N \times T_{mem}$。

举一个示例，如果各输入端口的线速率均是 10Gb/s，信元长度为 64 字节，各缓存的读写周期是 2ns，那么每个信元在端口的传输时间 $T_{cell} = 64 \times 8/10 = 51.2\text{ns}$，则有 $N \leqslant 12.8$，这表明当前条件下的端口数量不能超过 12 个。由此看出，要扩大交换结构的规模，增加端口数量，只能缩短每个信元的处理时间，也就是提高交换结构内部的工作速率、缩短缓存的读写周期，而这些都受到硬件条件限制，因此，这种交换结构的总体规模不可能太大。另外，由图 9-10 不难看出，每个输入端口的数据都会去往各个输出端口，因此实现多播、广播业务很方便。

2. 共享缓存型

在共享缓存交换结构中，所有输入端口的分组分时存储到共享缓存中，然后在控制器的作用下将数据分发给各个输出端口，如图 9-11 所示。它与共享媒介交换结构的不同之处在于，各个输出端口不需要完成数据过滤工作，数据到各输出端口的分发由分路器完成。这种结构的缓存使用量要少于共享总线型交换结构，缓存利用率较高。但缓存的读写速率仍然限制了交换规模的进一步扩大，仅适用于较小容量的交换结构。此外，与共享总线型交换结构一样，这种交换结构在实现多播、广播业务时也很方便。

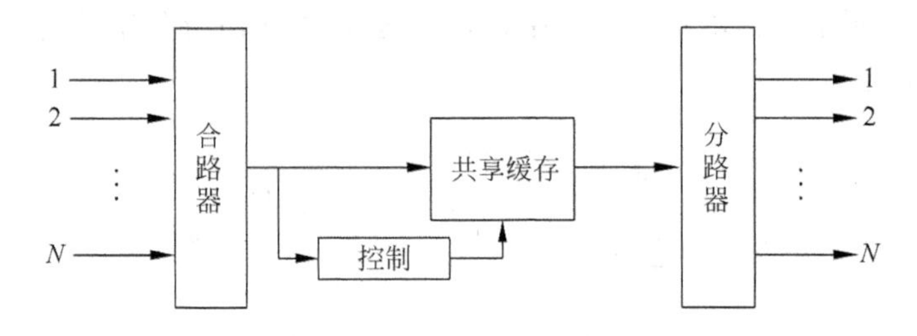

图 9-11 共享缓存交换结构

9.3 空分交换

在时分复用交换结构中，所有从输入端到输出端的信元经过的是同一个通道。而在空分交换结构中，从输入端到输出端有多条并行通道，这些通道可以同时工作，多个信元可以同时从输入端到输出端。空分交换结构的交换容量等于单个通道的容量乘以可以同时工作的通道数量。因此，扩容的方法就是提高每个通道的传输速率，增加并行通道的数量。

空分交换可分为单路径交换结构和多路径交换结构。在单路径空分交换结构中，从一个输入端口到一个输出端口，有且只有一条路径。而在多路径空分交换结构中，从任意一个输入端口到任意一个输出端口，均有多条可选路径。前者的路由控制比后者简单，但后者连接更加方便灵活，容错能力更强。

前面已说明，在进行分组交换时，首先要将变长分组分割成固定长度的信元，交换结构中所传递的实际上是固定长度信元。这对于多路径交换结构而言，属于同一分组的各个信元就可能走不同的路径到达输出端，由于各条路径的忙闲程度不同，各信元的时延就会不一致，最终导致输出端收到信元的顺序与输入端发出信元的顺序不一致，出现乱序问题，需要在输出端对收到的信元进行重新排序。而对于单路径交换结构，任意一个输入端口到任意一个输出端口仅有一条路径，所以不存在乱序问题。

典型的单路径交换结构有 Crossbar 结构、全互联结构以及 Banyan 结构，而典型的多路径交换结构有扩张 Banyan 结构、Clos 结构、多平面结构以及循环结构等，如图 9-4 所示，下面分别对它们进行介绍。

1. Crossbar 交换结构

Crossbar 交换结构由纵横交叉的连线构成，在每个交叉点是路径选择开关，对于一个输入输出端口数量均为 N 的 Crossbar 交换结构，路径选择开关的总量是 N^2 个，路径选择开关有 cross 状态和 bar 状态共两个状态。一个 4×4 的 Crossbar 交换结构如图 9-12 所示，它共有 16 个交叉点，这些交叉点的状态信息存储在一个二维数组中，cross 状态（默认值）和 bar 状态下交叉点的连接关系如图中所示。如果输入端口 i 与输出端口 j 需要建立连接，则应使 (i,j) 交叉点处于 bar 状态，同时将第 i 行和第 j 列的其他交叉点设置为 cross 状态。在同一信元周期内，Crossbar 交换结构最多可以传输 N 个信元，这些信元的输入端口和输出端口各不相同。

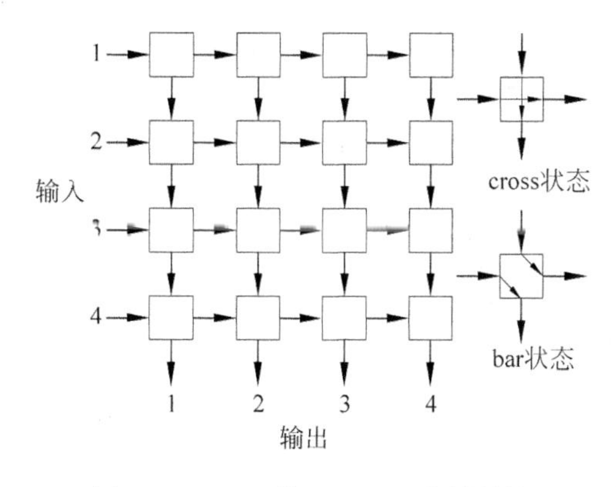

图 9-12 4×4 的 Crossbar 交换结构

Crossbar 交换结构具有内部无阻塞、结构简单的特点，但交叉点个数较多，其数量与端口数量的平方成正比。Crossbar 交换结构不会出现内部阻塞，也就是在输入端和输出端均空闲的情况下，一定能够在交换结构内部找到通路将它们连接起来。假设在一个 4×4 的 Crossbar 交换结构中，输入端口 1、2、3、4 分别请求与输出端口 3、4、1、3 连接，如图 9-13 所示。在这 4 个连接请求中，(1,3)和(4,3)这两个连接请求的输出端口相同，只能满足其中一个，因此最后有三个请求得到满足，可以无阻塞地同时转发信元。另外，在已经满足(1,3)连接请求的情况下，输出端口 3 已被占用，处于非空闲状态，所以此时不能满足连接请求(4,3)并不能说明该交换结构是阻塞型。

在 Crossbar 交换结构中有多个位置可以配置缓存，这些位置既可以是交换结构的交叉点，也可以是交换结构的输入端、输出端，这些方案各有优缺点。关于缓存的位置安排，在第 10 章将进行说明。

2. 全互联交换结构

在全互联交换结构中，任意一个输入端口和任意一个输出端口都有一条专门的连接线路，是另一种单路径空分交换结构，如图 9-14 所示。显然这是一种无阻塞交换结构，为了实现无阻塞特性，内部共有 N^2(N 为输入输出的端口数量)条连线，这些连线无法共享，因此，如果采用这种结构实现超大规模交换结构，会使成本太高。由于每个输入端口的数据都广播到全部输出端口，使这种结构容易实现多播和广播业务，这与前面介绍的共享媒介交换结构相似。

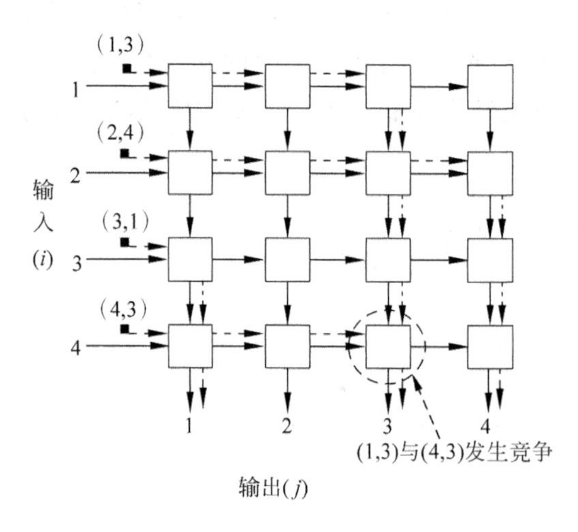

图 9-13 4×4 的 Crossbar 交换结构连接示例

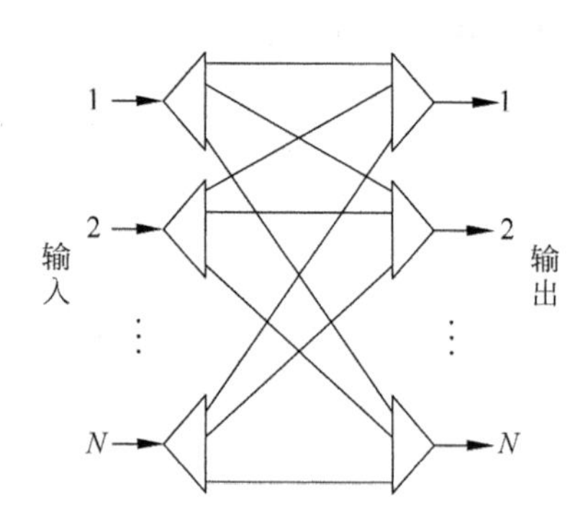

图 9-14 全互联交换结构

与共享媒介交换结构所不同的是，内部线路的信号速率不需要加速到端口速率的 N 倍，因为其内部连线都是独占而不是共享。全部数据到达输出端后再进行过滤、缓存操作，也就是在每个输出端口都需要配置独立缓存。在输出端为了便于输出调度，一般将缓存分为 N 个子区，每个子区对应一条输入线路，让来自不同输入端口的数据存储到不同的子区，这样就需要 N^2 个缓存，显然这些缓存也无法共享。

由于内部连线没有加速的要求，内部信号的处理速率不再是其规模扩大的限制因素，从实现的可能性看，全互联交换结构可以实现任意规模的交换结构，只是随着端口数量的增加，内部连线以及各输出端口缓存的数量均成平方关系增加，对于一个超大规模交换结构，内部连线及出端口缓存的数量将变得十分庞大，不仅成本巨大，而且也不便于维护。

3. Banyan 交换结构

Banyan 交换结构是由多个 2×2 交换单元构成，每个交换单元有“平行连接”和“交叉连接”两种状态。其级数 k 与输入(输出)端口数 N 之间的关系是 $N=2^k$。它的任一输入端口到任一输出端口有且只有一条通路。由于其结构简单，便于用大规模集成电路构成大容量交换结构。但由于是多级单路径结构，因此容易出现内部阻塞，而且端口数越多阻塞概率越大。

Banyan 交换结构具有较好的扩展性，可以用简单方法将小容量 Banyan 结构扩展成较大规模交换结构。假设已有 $N\times N$ 的 Banyan 交换结构，需构成 $2N\times 2N$ 的 Banyan 交换结构，则可以用 2 组 $N\times N$ 的 Banyan 交换结构，再加上 N 个 2×2 交换单元构成。首先将 N 个 2×2 交换单元的输出线分成两组，使每个交换单元在两组中各有一条输出线，然后将这两组输出线分别连接 2 组 Banyan 交换结构的 N 条输入线，这样就构成了 $2N\times 2N$ 的 Banyan 交换结构。图 9-15 显示了 2 个 3 级 Banyan 交换结构，每个交换结构均包含 12 个 2×2 交换单元、8 个输入输出端口，由图中不难看出，这 2 个 3 级 Banyan 交换结构都是由 2 级结构扩展而来，其规模也从 4×4 扩展到 8×8。因此，4 个 2×2 交换单元两两交叉连接就构成一个 4×4 的 Banyan 交换结构，12 个 2×2 交换单元连接起来可以得到一个 8×8 的 3 级 Banyan 交换结构，32 个 2×2 交换单元连接起来可以构成一个 16×16

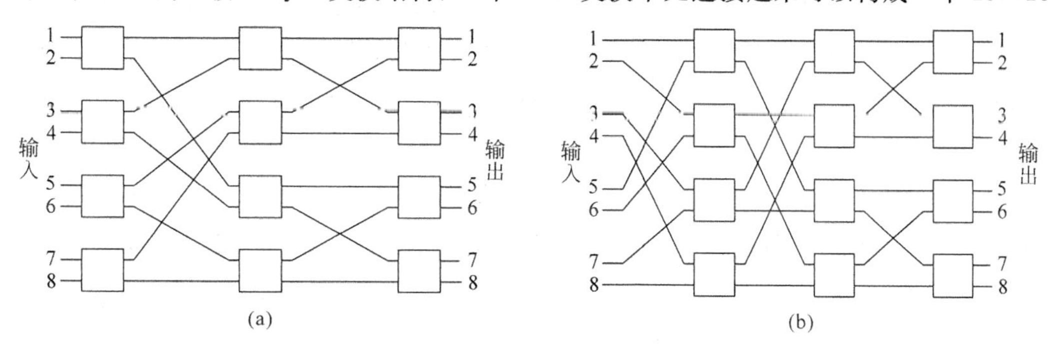

图 9-15 Banyan 交换结构

的4级Banyan交换结构，以此类推。

Banyan交换结构的另一个特点是具有自路由功能。所谓自选路由，就是在给定输出端口地址的前提下，每一级2×2交换单元可以自行解析输出端口地址，并按照解析结果将交换单元设置为“平行连接”或者“交叉连接”状态，最终使信元到达指定的输出端口。Banyan交换结构使用出端口号的二进制编码作为输出端口地址。对于一个8×8交换结构，其输出端口地址编码为000～111，而一个16×16交换结构的输出端口地址编码为0000～1111，每个编码对应一个输出端口。该编码作为路由标签被加到每个新到信元的头部，交换结构中的各级交换单元逐位解析该路由标签，如果是“0”就从上面端口输出，如果是“1”就从下面端口输出，这样，信元所经过的路径就被该路由标签唯一确定，完成了自路由功能。

从Banyan交换结构的自选路由特点可知，各级交换单元都是按照目的地址来选择输出端口，它只有一种选择，所以任意输入端口到任意输出端口之间只有一条路径。这就意味着，当两对输入输出端口之间的路径有重叠时，就会产生内部阻塞。阻塞的发生与业务分布、端口数量等密切相关。要解决内部阻塞问题，一种方法是增加交换结构中的可选路径，将单路径变为多路径，这在下面“扩张Banyan交换结构”中介绍。另一种方法是在Banyan交换结构的前面添加一个排序网，对各输入端口到输出端口的连接先进行排序，让各对连接在交换结构中所经过的路径不发生重叠，从而不发生内部阻塞，相关方法在后续章节会详细介绍。

4. 扩张Banyan交换结构

前面介绍了Banyan交换结构，其优点是扩展性好，便于大规模集成，而且具有自路由功能等，但其缺点也比较突出，就是容易发生内部阻塞。为了缓解内部阻塞，可采取增加可选择路径的方法。在普通的Banyan交换结构中，交换结构的级数k与输入(输出)端口数量N之间的关系是$N=2^k$，这时Banyan交换结构任意输入端口到任意输出端口之间有且只有一条路径。如果保持Banyan交换结构的端口数量N不变，而将级数增加(大于k)，这样在任意输入端口到任意输出端口之间就存在多条可选路径，有利于缓解内部阻塞。将这种级数大于$k(=\log_2 N)$的Banyan交换结构称为扩张Banyan交换结构。

Benes交换结构就是一种扩张Banyan交换结构，如图9-16所示。它以Banyan交换结构的第3级为对称轴，翻转8×8交换结构的其他两级，形成一个8×8的5级交换结构，这就是8×8的Benes结构。显然，交换结构的端口数量没有增加，增加的是8个交换单元和一些内部连线。这时，任意输入端口到任意输出端口之间的路径数量变为4条。这说明通过增加交换结构的级数，可以将单路径Banyan交换结构变为多路径Banyan交换结构，代价就是使用了更多的交换单元和内部连线。

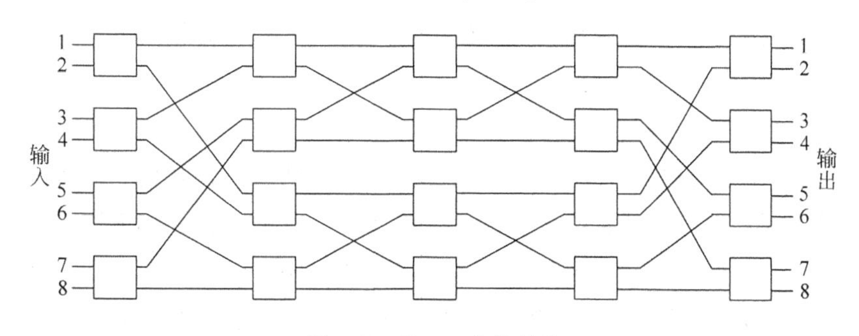

图 9-16　Benes 交换结构

由于扩张 Banyan 交换结构存在多条可选路径，属于同一分组的各个信元可能走不同的路径到达输出端，而各路经的时延往往不一致，使各信元到达输出端的顺序有可能被打乱，出现乱序问题。这也是多路径交换结构的一个共性问题，需要采取其他措施加以解决。

5. Clos 交换结构

Clos 交换结构是另一种多级多路径交换结构，其中三级 Clos 交换结构较常见，其结构特征是：在交换结构的第一级，将 N 条输入线分为 k 组，每组有 n 条输入线，即 $N=k\times n$，并将每组的 n 条输入线连接到同一个交换单元，交换单元有 m 条输出线，每一条输出线分别连接到第二级的一个交换单元；第二级有 m 个交换单元，每个交换单元与第一级、第三级各个交换单元有且只有一根连线；第三级每个交换单元输入线的数量与第二级交换单元的数量相同，第三级输出线总数与第一级输入线总数相同。一个三级 Clos 交换结构如图 9-17 所示，图中输入和输出级模块数量均为 k 个，有 m 个中间级模块。第一

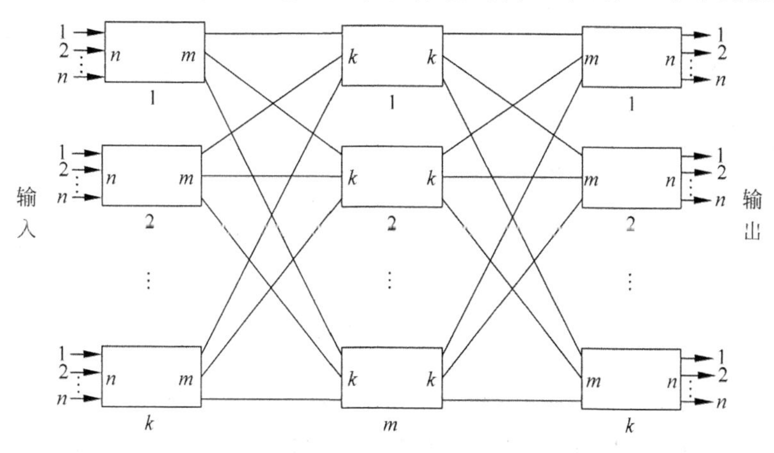

图 9-17　三级 Clos 交换结构

级用于分配流量，中间级由几个平行的交换模块构成，用于提供通过交换结构的多个路径，第三级将中间级不同交换模块转发来的信元传输到正确的输出端口。由图可以看出，任意输入端口和任意输出端口之间均有 m 条可选路径，也就是有多少个中间级模块，就有多少条可选路径。

前面介绍了交换结构可分为无阻塞型和阻塞型，判断的前提是输入端和输出端均为空闲状态，这里对相关定义作进一步明确。除前面介绍的无阻塞型和阻塞型以外，再增加一种可重排无阻塞型交换结构，为了便于区分，将前面介绍的无阻塞型交换结构定义为严格无阻塞型交换结构。将定义再次表述如下：对于一个交换结构，当任意输入端口 i 和任意输出端口 j 均为空闲状态时，如果在交换结构内部一定能找到通路将端口 i、j 相连接，就称其为严格无阻塞型交换结构；如果将已有的连接路径重新安排后就能够使端口 i、j 相连通，就称其为可重排无阻塞型交换结构；如果重新安排已有的连接路径后仍无法将端口 i、j 连通，就称其为阻塞型交换结构。

利用上述定义，再来看看前面提及的示例图 9-6，为了便于观察，将图再次放于此处，如图 9-18(a)所示。图中所示为一个三级 Clos 交换结构，其参数为 $N=9$、$n=3$、$m=3$，已建立的 3 对连接关系分别是(4,5)、(7,1)、(8,8)，括号中前一个数字代表输入端口编号，后一个数字代表输出端口编号，这 3 对连接所经过的路径如图中粗实线所示。这时如果空闲输入端口 9 请求与空闲输出端口 4 或者 6 建立连接，因无法直接找到内部通道而无法实现，出现内部阻塞现象。但通过仔细观察可以发现，如果将连接(4,5)所经过的路径调整为经过第二级中间模块，就能够将空闲的输入端口 9 和空闲的输出端口 6 或 4 进行连接，如图 9-18(b)所示。因此，将图 9-18 所示交换结构称为可重排无阻塞型交换结构。

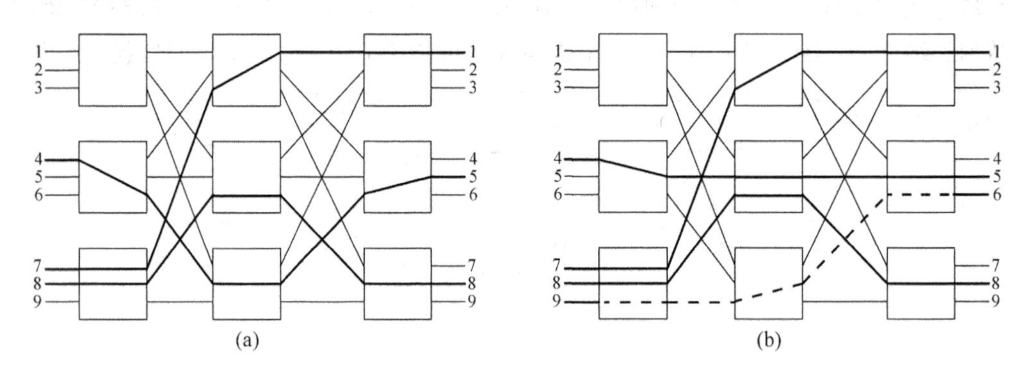

图 9-18　可重排无阻塞型交换结构

有研究表明，当满足 $m \geqslant 2n-1$ 时，Clos 是严格无阻塞型交换结构，不用重新安排已有连接就能完成任意空闲端口之间的连接请求；当满足 $2n-1>m \geqslant n$ 时，Clos 是可重排无阻塞型交换结构，要完成任意空闲端口之间的连接请求，可能需要对已有连接进行重新安排；当 $m<n$ 时，Clos 是阻塞型交换结构，部分连接请求无法完成。由此不难看出，问题的关键在于中间级交换单元的数量，因为它决定了可选路径的多少，但也不是越多越好。对于图 9-18 所示交换结构，因为 $n=3$，所以当中间级数量 $m=2n-1=5$ 时，就成为一个严格无阻塞型交换结构。

6. 多平面交换

多平面交换结构如图 9-19 所示，是指具有多个交换平面的交换结构，各个交换平面通常具有相同的交换结构，可以是 Clos、Banyan、Crossbar 等。多平面交换提供了一种提高系统吞吐量的方法。通过采取适当方法在各个平面之间分配输入流量，可以减少交换结构内部的信元冲突。多平面交换结构的稳定性较好，即使有一个完整的交换平面发生故障，也只会减少交换结构的容量，而不会影响它的连通性。

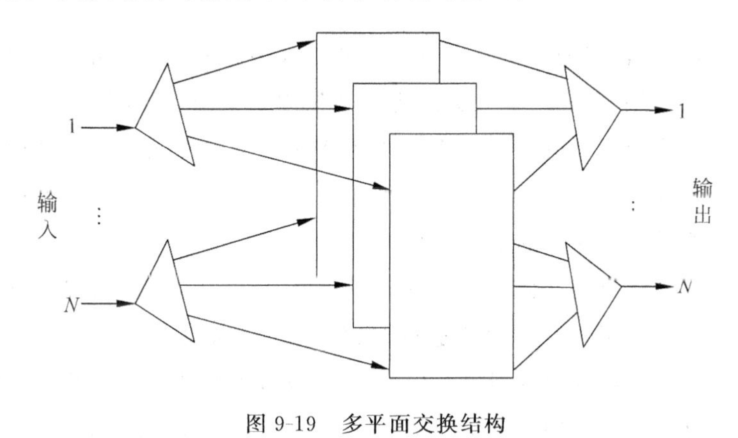

图 9-19　多平面交换结构

总体来看，与单平面交换结构相比，可以降低信元冲突概率，而且当交换平面中的一个或多个发生故障时，剩余的交换平面仍然可以工作，保证了连通性。但其成本及复杂性明显增加，而且会出现乱序问题。

7. 循环交换结构

循环交换结构可用来解决内部链路竞争以及输出端口竞争，如图 9-20 所示。当出现内部链路竞争或输出端口竞争时，如果所设置的缓存已满，就可以将那些无法及时传输或缓存的信元，通过一套循环路径返回到输入端，去争取下一轮传输机会，以减少丢弃信元的数量，降低信元丢失率。循环交换结构的优点是信元丢失率较低，而缺点在于需要一个更大规模的交换结构来容纳循环端口。同时，循环可能导致到达输出端的信元乱序，因此需要采用一些方法来确保同一个分组的信元顺序。

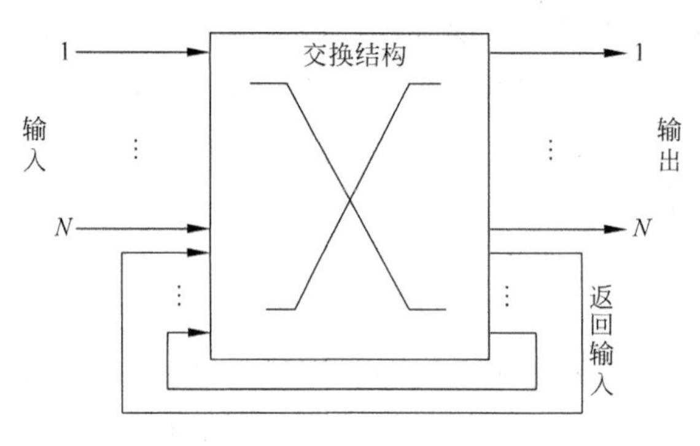

图 9-20 循环交换结构

本章小结

要构建宽带通信网，宽带传输和交换是其两大支柱，前面几章介绍了骨干网传输技术，而从本章开始介绍的大规模分组交换技术就是构建宽带通信网的另一个支柱。本章首先介绍了分组交换的基本概念及一些关键点，然后进一步分析、说明了时分交换结构和空分交换结构。因为时分交换结构受缓存读写速率的限制，无法构建超大规模交换结构，所以空分交换结构是本章介绍的重点内容。

要进行资源共享是分组交换的基本点，伴随而来的是统计复用技术，这就不可避免地会出现资源竞争和阻塞现象。所以连通性、丢失率、等待时延等成为分组交换的关键指标。为了减少资源竞争而导致的阻塞现象，在空分交换结构中又常常采用多路径结构，但这并不意味着单路径交换结构一定是阻塞型交换结构，以及多路径交换结构一定是无阻塞型交换结构。另外，在多路径交换结构中，乱序问题一直都是一个绕不开的话题。

思考题

1. 相对于电路交换，分组交换的优点有(　　)。

   A. 频带利用率高　B. 成本低　C. 时延小　D. 误码率低

2. 分组交换结构的功能包括(　　)。

   A. 将一输入分组输出到一个输出端口

   B. 将一输入分组输出到多个输出端口

   C. 缓存分组

   D. 丢弃分组

3. 利用 Clos 交换结构，可以做到(　　)。

   A. 无内部连线冲突　B. 无乱序现象　C. 无队头阻塞　D. 多路径交换

4. 属于多路径交换结构的有(　　)。

A. Crossbar　　B. Banyan　　C. Clos　　D. Benes

5. 下列交换结构一定属于内部无阻塞的有(　　)。

A. Crossbar　　B. Banyan　　C. Benes　　D. 共享缓存

6. 名词解释：交换结构中的出端口竞争、内部链路竞争、队头阻塞。

7. 单路径交换结构一定是阻塞型交换结构吗？为什么？

8. 多路径交换结构一定是无阻塞型交换结构吗？为什么？

9. 对于共享缓存型交换结构，已知信元的长度是53字节，各端口的线速率是155Mb/s，缓存的访问周期为10ns，且缓存的位宽与信元长度一致。在交换结构的输入、输出端口数量相同的情况下，试确定其端口数量的最大值。

第10章 交换结构中的缓存策略

CHAPTER 10

由于网络的数据流量具有明显的突发性，导致交换结构各输入端口的数据流也具有较大的不确定性，这使交换结构的内部线路及输出端口容易出现竞争。对于竞争的处理，在单路径交换结构中，竞争失败的信元一般采取缓存或丢弃的方法，在多路径交换结构中，竞争失败的信元除缓存或丢弃的方法以外，还有一种更好的方法，那就是选择其他传输路径。由此看出，无论是哪种交换结构，缓存在交换结构中都发挥着重要作用。本章将介绍几种缓存策略，包括共享缓存队列、输出端队列(Output Queuing，OQ)、输入端队列(Input Queuing，IQ)、虚输出端队列(Virtual Output Queuing，VOQ)、联合输入输出队列(Combined Input and Output Queuing，CIOQ)和交叉点队列(Crosspoint Queuing)。下面按照时分交换结构的缓存策略和空分交换结构的缓存策略分别加以介绍。

10.1 时分交换结构的缓存策略

时分交换结构中的缓存策略，最典型的就是共享缓存队列。如前所述，由于需要在一个信元周期内完成全部输入和输出端口的读写操作，就限制了其端口数量，使这种交换结构的规模往往较小。图10-1给出了共享缓存队列结构示意图，有n个输入端口和m个输出端口。各输入端口的信元都存储在一个缓存结构内，缓存内有m个逻辑队列，每个逻辑队列对应一个输出端口，并存储去往该输出端口的信元。到达各输入端口的信元首先时分复用为一个数据流，然后被送往共享缓存。在缓存内部，各信元按照其目的输出端口进入相应的逻辑队列。在读取缓存时，通过依次循环的方式，从各个逻辑队列中分别取出位于队头的信元，以时分复用的方式合成为一个输出流，该数据流到达输出端口后再解复用，将信元分别送往各自的输出端口。为便于读取操作，每个逻辑队列都有两个指针，队头指针和队尾指针。队头指针用于读操作，指向逻辑队列的队头信元，队尾指针用于写操作，指向逻辑队列的队尾信元或队列中第一个空信元的位置。

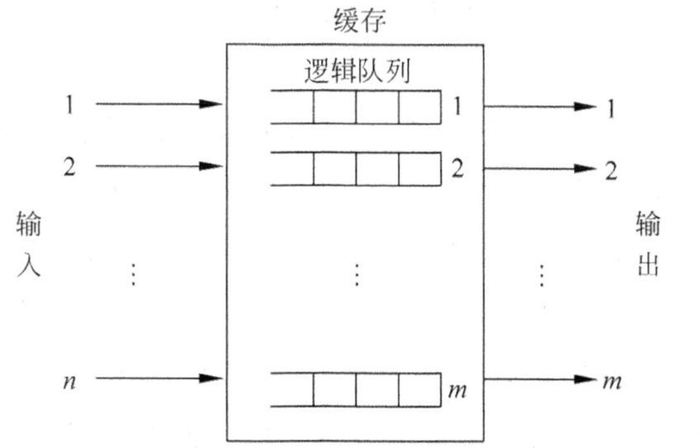

图 10-1 共享缓存队列结构

一个较详细的工作原理如图 10-2 所示，各输入端口信元时分复用为两个数据流，一个是由各信元净负荷组成的信息流，去往共享缓存；另一个是由各信元头组成的信息流，去往路由判决器，以形成、维护逻辑队列。路由判决器会解析每个信元头，然后确定将对应的信元安排到哪个队列，并将排队信息保存到相应队列的队尾指针寄存器中。同时，各队尾指针寄存器还会收到一个来自空闲地址存储器的新缓存地址，用于下一个信元的写入。空闲地址存储器用于记录共享缓存中的全部空闲地址。数据的读取操作由输出判决器和各队列的队头指针寄存器共同完成，通过依次读取各队头指针寄存器的第一个信元，

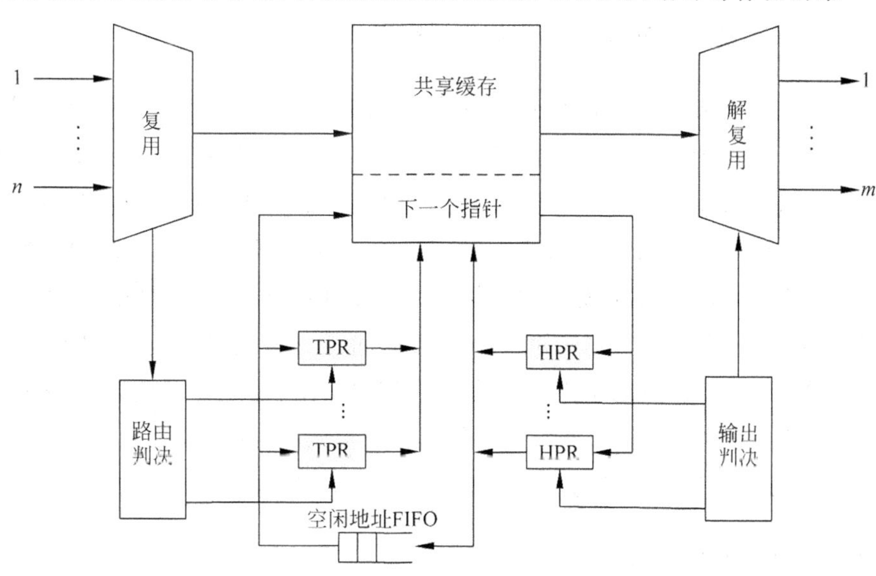

TPR(Tail Pointer Register)：队尾指针寄存器
HPR(Head Pointer Register)：队头指针寄存器

图 10-2 共享缓存工作原理

形成一个高速串行数据流，到达输出端后再进行串并变换，将数据解复用后分发给相应的输出端口。同时，已输出信元所占用的缓存地址将变为空闲状态，并在空闲地址存储器中进行记录，用于后续信元的存储。

在共享缓存交换结构中，所有输入端口和输出端口共同访问同一缓存。在信元丢失率一定的情况下，使用集中式缓存管理的共享缓存交换结构，对缓存的总需求量比其他交换结构少。然而，这种交换结构的规模受缓存存取时间的限制，因为在一个信元周期内需要完成全部输入端口和输出端口的读写操作。所以，缓存访问周期必须小于或等于信元周期的 $1/(m+n)$，即：信元的持续时间 $\geqslant(m+n)\times$ 缓存访问周期。例如已知信元的长度是 53 字节，各端口的线路速率是 155Mb/s，如果存储器的访问周期为 10ns，在交换结构的输入、输出端口数量相同的情况下，其端口数的最大值为 136。

尽管在节约缓存用量方面，共享缓存交换结构有很大优势，但这种结构的缓存可能被一个或少数几个业务量较重的端口占用，以致没有足够的缓存空间供其他端口使用。因此，为了保证较好的公平性，通常需要对各端口所占用的缓存大小进行限定。

由于共享缓存交换结构的各个端口共享缓存空间，因此它能获得更好的缓存利用率。在缓存规模相同的前提下，共享缓存交换结构的信元丢失率低于其他缓存交换结构。共享缓存交换结构的另一个优点，就是它更容易支持多播操作，下面介绍几类多播共享缓存交换结构。

1. 具有一个多播逻辑队列的共享缓存交换结构

用共享缓存交换结构实现多播，最简单的方式就是将全部多播信元存放在同一个逻辑队列中，如图 10-3 所示。这种方法的优点在于，每个信元周期内需要更新的逻辑队列数量较少。多播路由表用于存储多播路由信息，如记录进行多播的端口编号等。一般情况下，多播信元比单播信元的优先级高，只有当对应的输出端无多播信元需要发送时，该输出端才可以服务单播信元，这称为严格优先。当然，除了严格优先策略外，单播和多播信元之间还存在其他服务策略。例如，它们可以通过轮询方式服务，或者权值轮询方式，权值可以是单播和多播流量的比值。但是，当采用严格优先之外的策略时，多播逻辑队列可能出现队头阻塞现象。这是由于当单播信元优先得到服务时，多播队头信元可能被暂停发送，这会导致多播队列后面的信元无法去往处于空闲状态的输出端。

2. 具有信元复制功能的共享缓存交换结构

另一种进行多播的方法是将多播信元和单播信元放在同一个逻辑队列中，也就是不再进行单播和多播优先级的区分，而是严格按照信元到达的先后次序进行发送。这就需要将多播信元同时放入共享缓存的多个队列，为此，多播信元将首先通过信元复制环节，

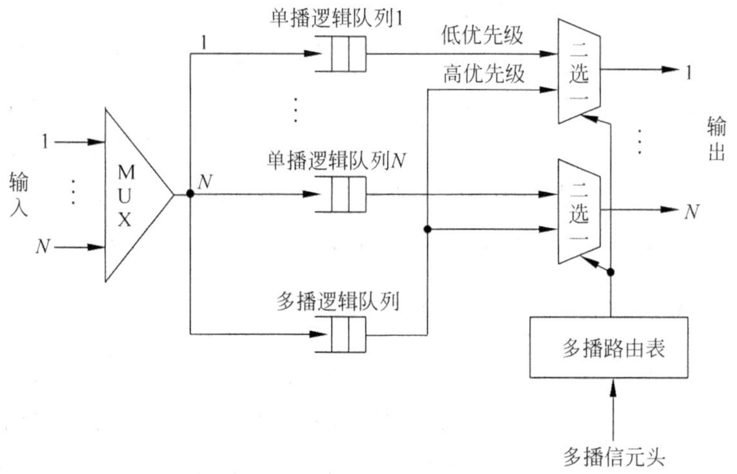

图 10-3　具有一个多播逻辑队列的共享缓存交换结构

为其全部多播端口复制信元，然后再将复制后的多个信元分别存放到相应的逻辑队列中。这样，每个复制的信元都存储在共享缓存中，其地址信息存储在控制模块的地址队列中。

图 10-4 是一个具有信元复制功能的多播共享缓存交换结构。它共有 4 个输入、输出端口，当输入端口 2 到达一个多播信元后，由于其目的输出端口分别是 1、2、4，所以在信元复制环节被复制为 3 个信元，这 3 个信元分别存储到共享缓存的 1、2、4 号逻辑队列，按照各队列的先后次序分别发送。另外，这 3 个信元在各队列中的地址信息存储在控制模块的地址队列中，用于控制各队列的发送。由此看出，这种方案的多播信元经过复制后，都将按照单播信元进行处理，使信元的发送顺序和到达顺序一致，在时间上具有较好的公

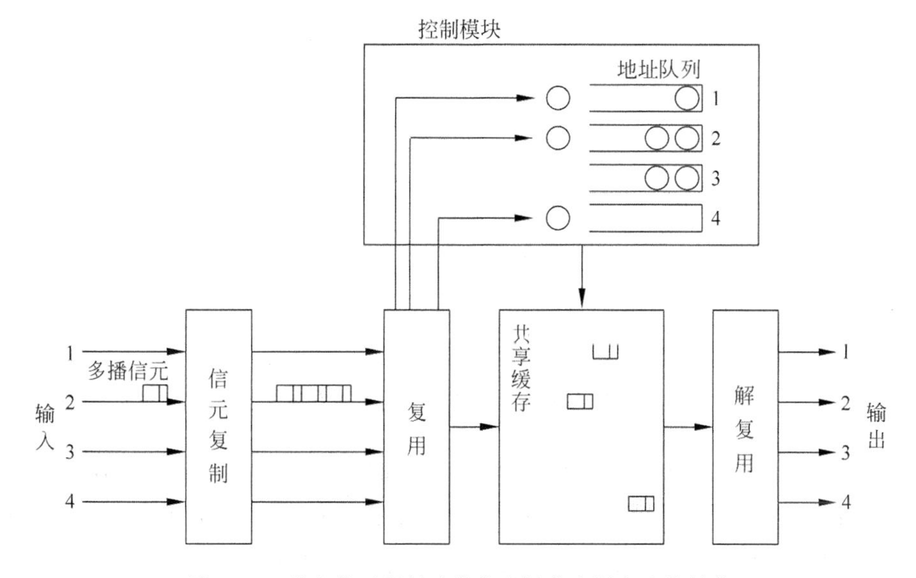

图 10-4　具有信元复制功能的多播共享缓存交换结构

平性。但如果每个输入端口到达的信元都是广播信元，那么在一个信元周期，信元复制环节就要复制 N^2 个信元，从而使进入共享缓存交换结构的信元数量也是 N^2 个。考虑到每个信元周期最多发送 N 个信元，这将导致共享缓存中的信元数量大幅增加，进而使信元丢失率上升。为了获得较低的信元丢失率，就需要增加共享缓存中的缓存数量，这又会使成本大幅提高。另一方面，在一个信元周期要复制或存储 N^2 个信元，这对信元复制以及存储环节的处理速率都有较高要求，一旦端口数量较大将无法完成。

3. 具有地址复制功能的共享缓存交换结构

为了节约共享缓存的使用量，一种新的信元"复制"方式被提出来，其具体操作方法是，信元只在共享缓存中存储一份，而将该信元的存储地址复制多份，分别存储到控制模块的多个地址队列中，也就是让不同的地址队列分别去读取同一个地址的数据信元。这就是具有地址复制功能的共享缓存交换结构。这种结构用地址复制取代了信元复制，由于地址所占空间比数据信元小很多，所以这种方式可以节约大量缓存资源。多播信元的地址复制功能在控制模块中实现，如图 10-5 所示，图中仍以输入端口 2 到达一个去往输出端口 1、2、4 的多播信元为例。当一个多播信元到达时，仅一个信元被存储在共享缓存中，其存储地址通过复制后被放入多个地址队列，这个多播信元在控制模块的作用下，将被不同队列多次读出到不同的输出端口，从而实现多播的功能。

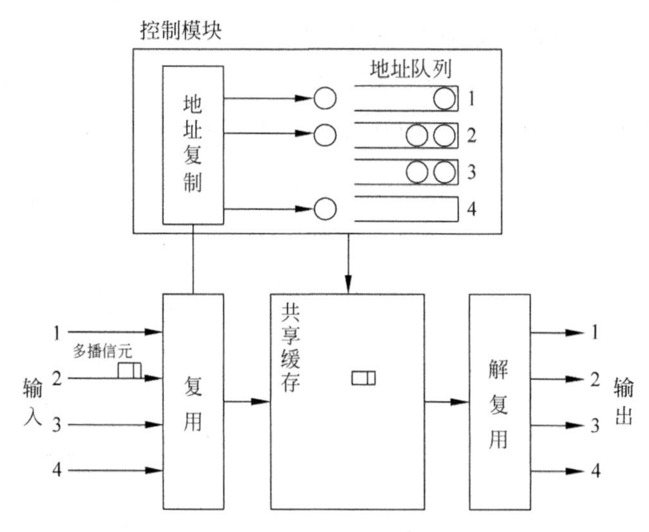

图 10-5 具有地址复制功能的共享缓存交换结构

为了确定在什么时刻能删除存储的多播信元，需要用到多播信元计数器，其初始值就是地址复制的个数。当多播信元被读取一次时，多播信元计数器的值减 1，当其值减为 0 时，就表示该信元的多播已经完成，可以删除在共享缓存中的多播信元了。另外，尽管在每个信元周期写入共享缓存的最大信元个数为 N，但如果每个输入端口到达的信元都是广播信元，那么在一个信元周期，信元地址复制环节也要复制 N^2 个地址，从而使控制模块中地址队列的增长幅度较大，这在一定程度上同样会限制交换结构的规模。当 N 较大时，这仍可能成为系统瓶颈。

10.2　空分交换结构的缓存策略

在空分交换结构中，有多条路径在同时将信元从输入端传递到输出端，其交换规模更大、结构也更加复杂。因此其缓存策略也多种多样，下面就典型的 OQ、IQ、VOQ、CIOQ、交叉点缓存（XB）分别加以说明。

1. 输出队列

输出队列（OQ）交换结构是将缓存置于交换结构的输出端，如图 10-6 所示。在这种结构中，信元一旦到达输入端便立即转发到目的输出端。由于在一个信元周期可能有多个信元去往同一个输出端口，所以需要在输出端配置缓存。这同时要求交换结构内部的信号速率要大于输入端口的线路速率，当全部输入端口的信元都要去往同一个输出端口时，为了避免信元丢弃，交换结构内部信号速率需要达到输入端口线路速率的 N 倍（N 是输入端口总数）。

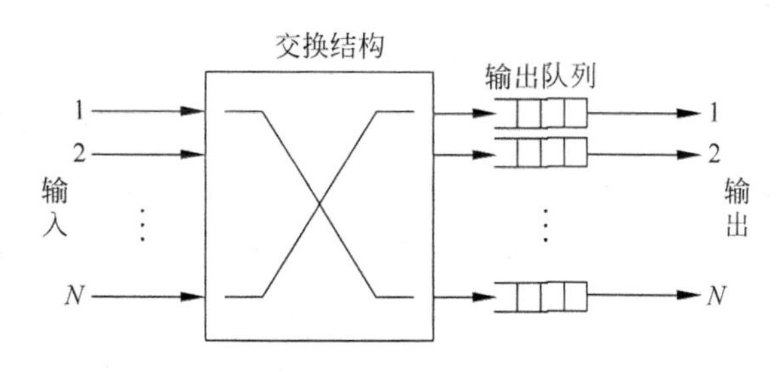

图 10-6　输出队列结构

随着输入端口数量的增加，交换结构内部信号速率也需要大幅提高，这就限制了交换结构的进一步扩容。同时，在无法满足丢失率为 0 的情况下，势必有部分信元在出现冲突时会被丢弃，这就需要采用适当的 QOS（服务质量）策略来加以控制，让高优先级业务首先得到服务。

由于在每个输出端口均配置了固定长度的缓存队列，OQ 交换结构的缓存利用率没有共享缓存结构高。

2. 输入队列

由于输出队列结构有内部提速的要求，限制了交换结构的规模，而要大幅提升交换结构的规模，内部提速的比例就不能太高，也就是要求内部工作速率接近端口线速率。为此，输入队列(IQ)结构受到更多的关注，如图10-7所示。在这种结构中，为了避免多个输入端口的信元要同时去往同一个输出端口时出现的竞争现象，在每个输入端口都配置一个FIFO队列来存储信元，因此，这种交换结构的规模不再受到缓存速率及提速的限制。

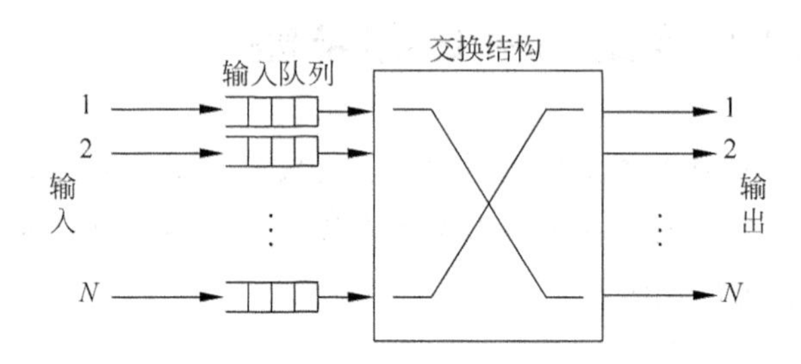

图10-7　输入队列结构

对于这种交换结构，在每个信元周期，都需要确定下一个信元周期传输哪些输入端口的信元到相应的输出端口，也就是在每个信元周期，一方面要将输入端口信元传输到输出端口，另一方面要为下一个信元周期的传输做准备。当出现多个输入端口的信元都要去往同一个输出端口时，因为每个信元周期只能转发一个信元到一个特定的输出端口，所以就需要有一种调度策略来确定先满足哪个输入端口的需求。

对于在调度决策中失败的信元，就需要在缓存中继续等待。由于在每个输入端口只配置了一个FIFO(先入先出)缓存，它是严格按照信元到达的时间先后次序进行传输，后到达的信元需要等待先到达的信元发送后，才有机会去与其他端口竞争，这就会使输入队列出现队头阻塞现象，如图10-8所示。在图10-8中，各输入队列中的数字表示该信元的目的输出端口号，其中，输入端口1和4的队头信元都要去往输出端口3，当端口1竞争失败使其继续等待时，由于被前一个信元阻挡，端口1队列的第2个信元也无法传输到输出端口2，尽管下一个信元周期输出端口2是空闲状态，就出现了队头阻塞现象，这就严重降低了交换结构的吞吐率，使交换结构的吞吐率不能达到100%。

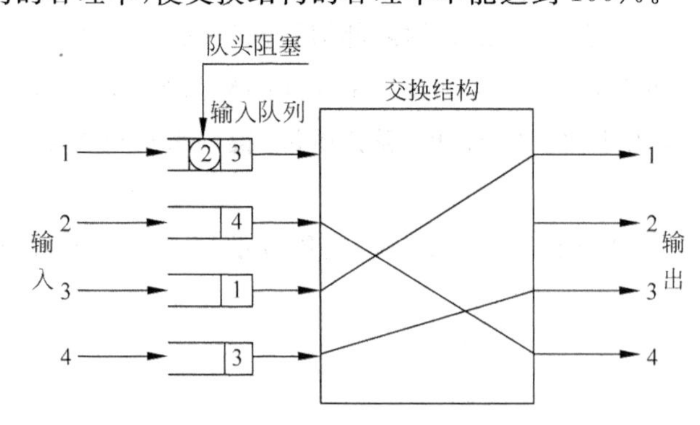

图10-8　输入队列结构中的队头阻塞

为了计算IQ交换结构的吞吐率，假设所有的输入队列都一直有信元处于等待状态，当信元通过交换结构传送后，新的信元立即取代它的位置并成为输入队列的队头。如果各个输入队列的队头中有 k 个信元去往同一个输出端口，则随机地选择其中一个进行传送，也就是每个队头信元被选择的概率均为 $1/k$。当每个输入队列信元的到达都是贝努利过程且其目的输出端口是均匀分布时，表10-1给出了不同端口数量情况下的吞吐率结果。从表中可以看到，当 N 很大时，吞吐率趋近于58.6%，这说明队头阻塞较严重，因队头阻塞而导致的交换资源闲置量较大，这同时也表明，如果输入端的业务负载超过0.586，交换结构的吞吐率将维持在58.6%附近。

表10-1 输入队列结构的吞吐率

端口数量(N)	1	2	3	4	5	6	7	8	∞
吞吐率(%)	100	75.00	68.25	65.53	63.99	63.02	62.34	61.84	58.60

总体来看，IQ交换结构具有如下特点。

(1) 数据到达各输入端口后，首先被存放在FIFO中。

(2) 交换结构的规模不再受缓存速率的限制。

(3) 需要设计相应的调度算法，在每个信元周期进行输入端和输出端的匹配。

(4) 会产生队头阻塞现象。

(5) 在端口数量较多且业务均匀分布的情况下，吞吐率仅为58.6%。

3. 虚拟输出队列

为解决输入队列的队头阻塞现象，出现了虚拟输出队列(VOQ)交换结构，如图10-9所示。这种结构与IQ结构一样，信元都缓存在输入端，但输入缓存被分为 N(N 是输出端口数量)个逻辑队列，称之为VOQ，每个逻辑队列对应一个输出端口。这样，在每个输入端口，新到信元都会按照其目的输出端口存入相应的逻辑队列，去往任一输出端口的第一个信元都排在各自队列的队首，不会出现队头阻塞现象。

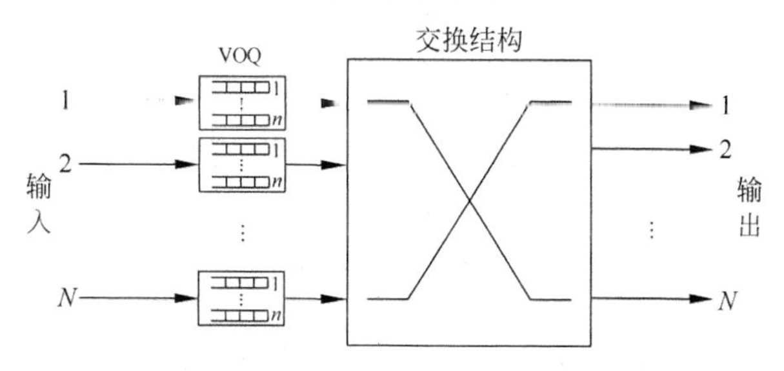

图10-9 虚拟输出队列结构

由于逻辑队列的数量是 IQ 结构的 N 倍，在每个信元周期进行的输入端和输出端匹配工作就变得更复杂。因为每个信元周期各输入端口最多只能发送一个信元，各输出端口也最多只能接收一个信元，所以每个输入端口的 N 个逻辑队列一次最多有一个被选中，同时各输入端口所发出的信元，它们的目的端口之间不能相同，这就使得调度算法更加复杂。相关算法将在后续章节介绍，算法主要是在时延、吞吐率以及实现的复杂度等方面进行权衡，探究如何从一个 $N\times N$ 的请求矩阵中确定一种配对关系，使综合性价比最高。

总体来看，VOQ 交换结构具有如下特点。

(1) 各输入端口均设置 n 个队列，分别对应 n 个输出端口。

(2) 不会出现队头阻塞现象。

(3) 在每个信元周期，每个输入端口的 n 个队列最多只能选择一个队列发送信元，且每个输出端口只能接收一个信元，匹配算法较复杂。

(4) 时延、吞吐率、复杂度等是考察匹配算法的重要参数。

4. 组合输入输出队列

虽然 VOQ 结构能够解决队头阻塞问题，但其缓存队列的数量是 IQ 结构的 N 倍，且这些缓存无法共享，所以 VOQ 结构一般需要大量的缓存资源，导致其成本较高。能否在使用较少缓存资源的前提下解决队头阻塞呢？组合输入输出队列(CIOQ)结构应运而生，这种交换结构在每个输入端口、输出端口均配置一个缓存队列，如图 10-10 所示，从缓存队列的总数量上看，它比 VOQ 少很多，但比 IQ、OQ 结构要多一些。此外，它允许交换结构内部进行加速，让交换结构内部的处理速率是端口线速率的 S 倍($1<S<N$)，这表明在每个信元周期，输出端可以接收多个信元。因为交换结构的工作速率比线速率快，所以需要在输入端、输出端配置缓存，以此来解决端口线路和交换结构内部速率不一致的问题。

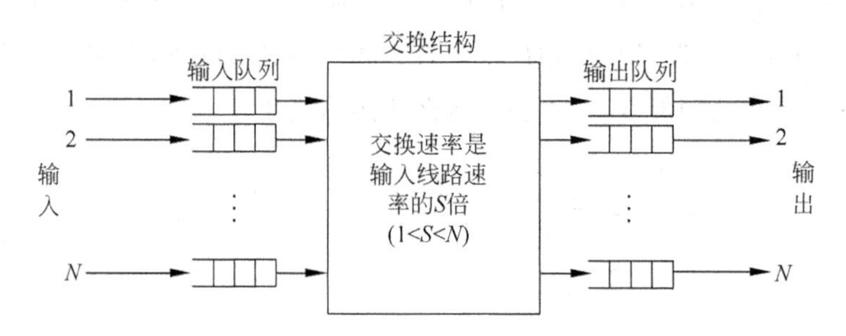

图 10-10　组合输入输出队列结构

由此不难看出，这种交换结构在采用较少缓存的前提下能基本解决队头阻塞，关键因素是内部加速，那么加速因子 S 确定为多少合适呢？这还是要看希望达到的目标是什么。已有研究证明，在均匀业务情况下，当 $S=4$ 时，CIOQ 交换结构的吞吐率可达 99%，这表明其队头阻塞已基本解决。那什么是均匀业务呢？所谓均匀业务，是指交换结构的各个输入端口之间在单位时间内到达的业务量服从均匀分布，且这些业务的目的输出端口均匀分布。总体来看，CIOQ 交换结构具有如下特点。

(1) 在输入端口、输出端口均设置缓存。

(2) 是另一种解决“队头阻塞”的方法。

(3) 交换结构工作速率是端口线速率的 $S(1<S<N)$ 倍。

(4) 在均匀业务情况下，当 $S=4$ 时的吞吐率可达 99%。

5. 交叉点缓存队列

前面讨论的几种交换结构，缓存不是在输入端就是在输出端，或者是它们的组合，那么能不能把缓存放在交换结构的内部呢？答案是肯定的。把缓存放在交换结构的内部，一方面可以解决内部冲突时的信元缓存，另一方面还可以解决 Crossbar 交换结构的队头阻塞。下面就来看将缓存放于 Crossbar 交换结构的交叉点后的效果，其结构如图 10-11 所示。

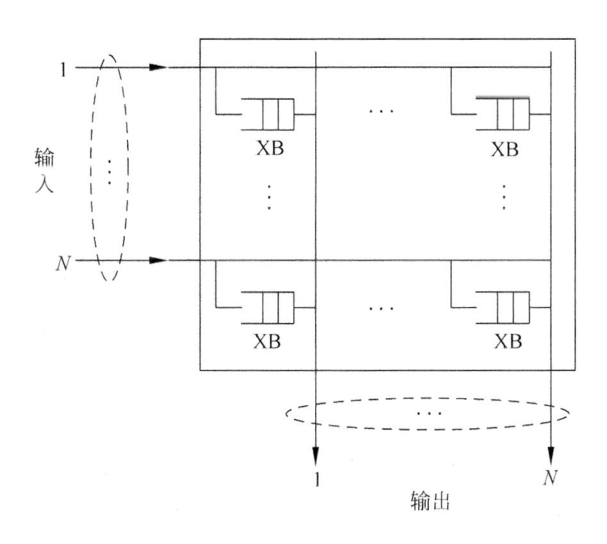

图 10-11 具有交叉点缓存的 Crossbar 结构

在图 10-11 中，每个交叉点处均配置有一个缓存，称之为 XB(crosspoint buffer)，来自各输入端口的信元，先分别存入其目的端口所对应的那一个 XB，等待被转发到输出端。同时，每个输出端口均配置有一个仲裁器，用于确定将对应列中哪一个缓存中的信元读出，传输到输出端，仲裁器需要按照某种调度算法(如轮询)进行决策。不难发现，这种交换结构实质上就是将 VOQ 结构的各个逻辑队列放到了相应的交叉点，因此它能解决队头阻塞问题。

由上述分析看出，这种交换结构所需缓存队列的数量以 N^2 速度增长。由于交叉点缓存不能共享，导致需要的缓存总量非常大，使其很难集成在一个芯片上，因此很难真正实现。为了减小交叉点缓存的规模，出现了 CIXB(combined input and crosspoint buffer)交换结构，它采用较大规模的输入端缓存和较小规模的交叉点缓存。CIXB 交换结构以端口线速率运行，其结构如图 10-12 所示。当一个信元到达时，首先进入 IQ 队列，等到交叉点缓存有剩余空间时，信元就被转移到交叉点缓存。交叉点缓存和输入端缓存的数量分别是 N^2 个和 N 个。不同于纯粹交叉点缓存交换结构，CIXB 交换结构在交叉点只需要很小规模的缓存量。因此，CIXB 交换结构总的缓存规模远远小于纯粹交叉点缓存交换结构。

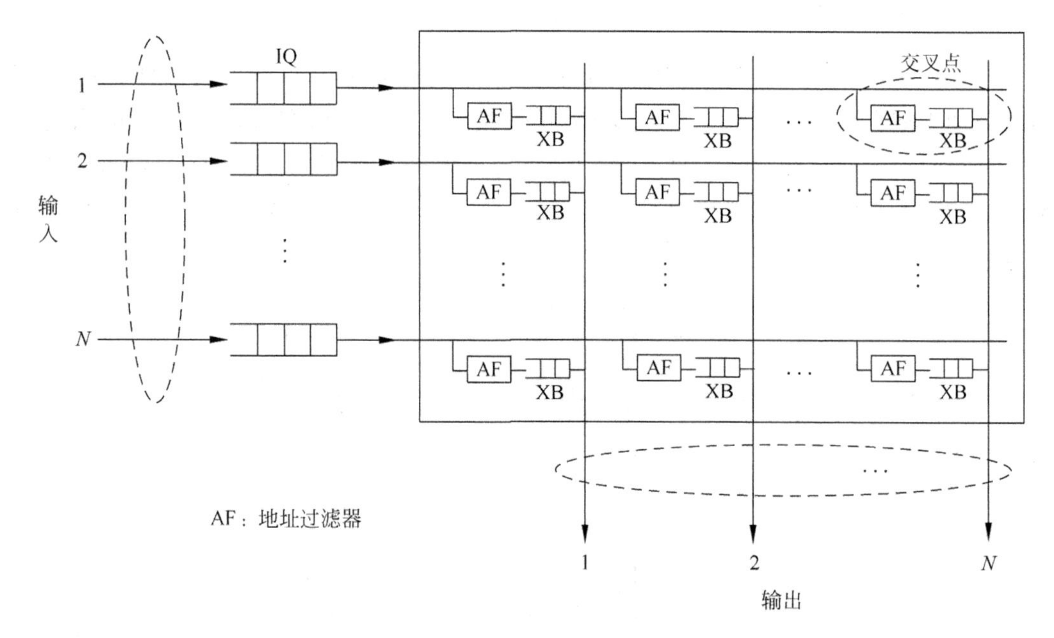

图 10-12　CIXB 交换结构

研究结果表明，当交换结构的规模为 32×32、输入负载为 0.8、CIXB 交换结构的 IQ 队列长度是 32 个信元时，要使交换结构的信元丢失率小于 10^{-8}，CIXB 交换结构在每个交叉点只需要存储 4 个信元，而纯粹交叉点缓存交换结构需要在每个交叉点存储 8 个信元。这样，纯粹交叉点缓存交换结构需要的缓存总量是 32×32×8＝8192 个信元，而 CIXB 交换结构需要的缓存总量是 32×32＋32×32×4＝5120 个信元，后者缓存的使用量是前者的 62.5%，因此，CIXB 交换结构更具有优越性。

虽然 CIXB 交换结构相较于纯粹交叉点缓存交换结构有明显优势，但是它仍会受到队头阻塞的影响，无法达到 100%的吞吐率。为此，可将输入端的 IQ 结构改为 VOQ 结构，变为基于 VOQ 的 CIXB 交换结构，如图 10-13 所示。这种交换结构与基于 IQ 的

CIXB 交换结构之间的不同点在于，每个输入端的队列不再只有 1 个，而是多个。所以就多了一个选择哪个虚拟输出队列的信元传送到交叉点的环节。为此，在每个虚拟输出队列都设置一个令牌计数器，其初始值为 0，最大值是交叉点缓存所能容纳信元个数的最大值。每往交叉点缓存发送一个信元，对应的令牌计数器加 1，交叉点缓存每发送一个信元去输出端，对应的令牌计数器减 1。这样，各队列的令牌计数器就及时反映了各交叉点缓存的存储状态。当各输入端口在每个信元周期要确定将哪个队列的第一个信元传送到交叉点时，就会按照各令牌计数器的数值以及选用的准则进行判定、决策。显然，当令牌计数器达到最大值后，将不会选择继续向相应交叉点发送信元，否则会使交叉点缓存产生溢出。

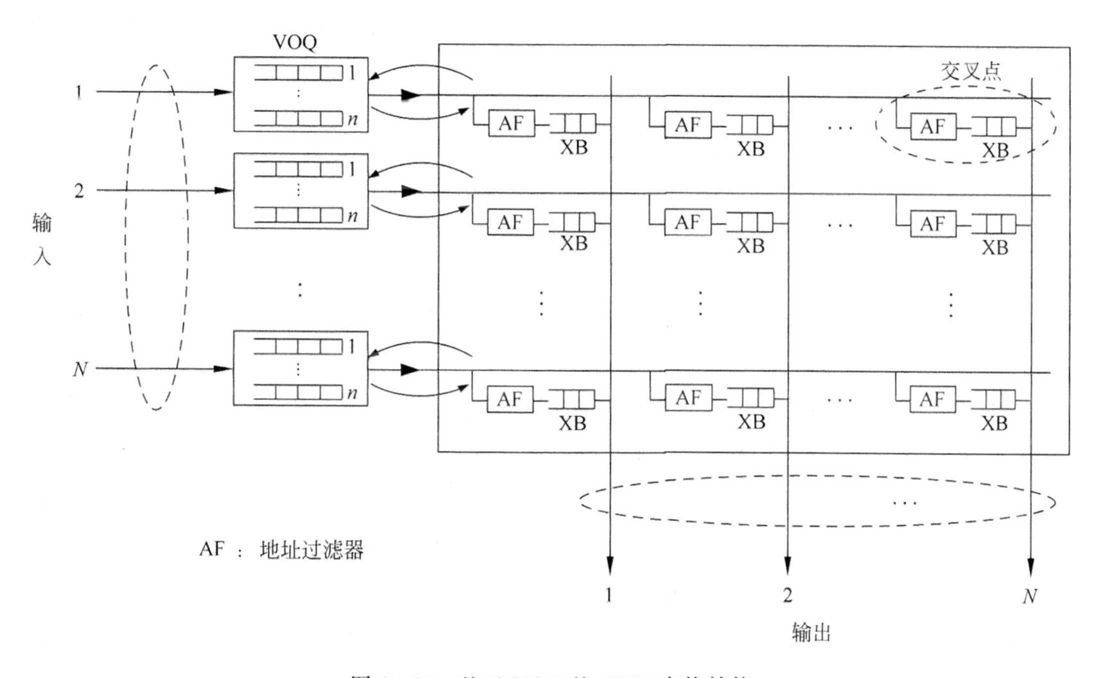

图 10-13 基于 VOQ 的 CIXB 交换结构

在输入端和输出端进行仲裁时，最简单的方法就是轮询机制。也就是在各输入端口，只要令牌计数器没有达到最大值，其对应的队列都能够参与轮流发送信元到交叉点的过程；在各输出端口，只要各交叉点缓存非空，各交叉点缓存信元也都能够参与轮流发送信元到输出端的过程。同时，输入端仲裁与输出端仲裁是分开独立进行的，这也减少了信元选择的复杂度。

由于轮询机制没有将各缓存中信元数量的多少作为决策依据，导致一些繁忙队列的信元不能及时传送，使其时延性能较差。于是又出现了基于信元等待时间的仲裁方法，典型的是 OCF_OCF(Oldest Cell First_Oldest Cell First)，也就是在输入端和输出端均采用“等待时间最长的信元优先”的仲裁方法。在输入端进行调度时，首先确认有信元的队列，然后在这些队列中，选中令牌计数器最小的那个队列，并将其队头信元传递到交叉点缓存。如果令牌计数器最小的队列超过1个，就选择队头信元等待时间相对较长的那个信元。在各输出端口进行调度时，在所对应的那一列交叉点缓存中，选择有最大等待时间的那个队头信元，并将其发送到相应的输出端口。这种基于延迟时间选择信元的方法与采用简单轮循的方法相比，有更好的信元时延性能。

总体来看，交叉点队列结构具有如下特点。

(1) 缓存位于 Crossbar 交换结构的各个交叉点处。

(2) 各输入端口信元首先被存储在 XB(cross-point buffer)中，是另一种解决"队头阻塞"的方法。

(3) 各输出端口需配置一个仲裁器，采用一定的调度算法从对应列的多个缓存中选择一个输出。

(4) 需要 N^2 个缓存，共享性差，一般与 VOQ 结构联合使用。

本章小结

由于是一种资源共享性结构，分组交换结构就很难完全避免冲突与竞争，此时，如果一味地采取丢弃数据分组的方法，势必会导致分组丢失率很高，所以将冲突的数据分组暂时缓存，是减少分组丢失率、提高交换效率的关键措施。但缓存量太大，又会使数据通过交换结构的时延加大，因此，缓存大小的设置需要在丢失率和时延之间进行折中。

既然缓存在分组交换结构中必不可少，那么在分组交换结构中如何配置缓存才能获得较好的效果呢？本章分别针对时分交换结构、空分交换结构中各种缓存策略进行了分析、介绍。在分析、介绍过程中，为了突出重点，一般采取将缓存放在某个固定位置的方式，而在实际的交换结构中，往往将各种缓存策略综合使用，以获得更好的效果。

思考题

1. 对于交换结构中的缓存，下列说法正确的有(　　)。

A. 缓存越大，分组丢失率越低　　B. 可位于交换结构的输入端

C. 可位于交换结构的输出端　　D. 可位于交换结构内部

2. 避免队头阻塞的方法有(　　)。

A. VOQ　　B. IQ

C. 提高交换结构的内部工作速率　　D. 将缓存置于 Crossbar 的交叉点

3. 设计一个输入和输出端口数量均为 500 的交换结构，各输入端口的线速率是 1Gb/s。

(1) 如果采用共享缓存交换结构，其内部工作速率应该不低于多少？

(2) 如果在输入端采用 VOQ 结构，交换结构内部工作速率的最小值是多少？

4. 设计一个输入和输出端口数量均为 100 的共享缓存交换结构，各输入端口的线速率是 2Gb/s，且进入交换结构的信元长度是 50 字节。假设缓存的总线宽度等于一个信元长度，要让这个交换结构正常工作，所配置缓存的读写周期应该满足什么条件？

5. 如图 10-14 所示交换结构示意图，共有 4 个输入端口和 4 个输出端口，每个输入端口配置一个缓存队列。该交换结构会发生队头阻塞现象吗？为什么？如果会发生，在不改变交换结构形态的前提下，有办法解决吗？

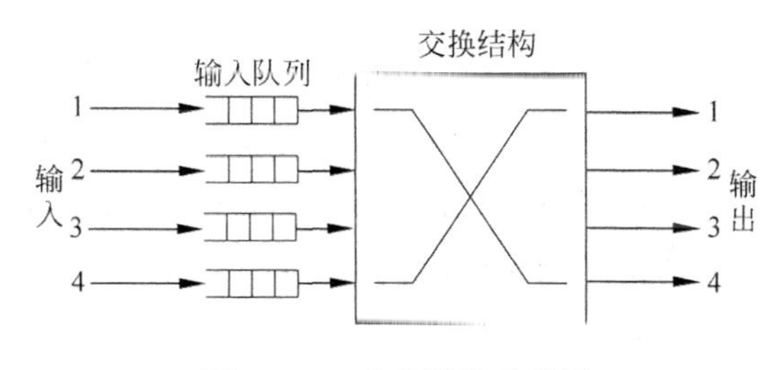

图 10-14　交换结构示意图

第11章 多级交换结构

CHAPTER 11

大规模交换结构通常是由多个交换模块以不同方式互连而成，一般可以将其分为单级交换结构和多级交换结构。图11-1是由多个相同模块并联而成的单级交换结构，称其为并行分组交换结构。进入交换结构的信元被分散到k个交换平面（交换模块），由于在各个交换平面中没有缓存，所以不用考虑信元乱序问题。

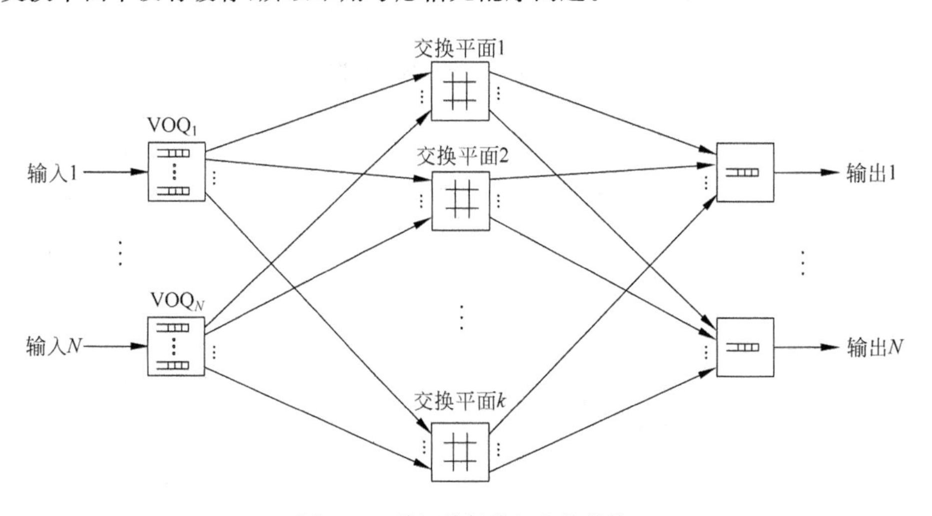

图11-1 单级并行分组交换结构

由图11-1可以看出，这是一种CIOQ交换结构，为了避免队头阻塞，输入端采用VOQ结构，而每个输出端口都只有一个队列。如果内部不加速，那么在每个信元周期，每个输出端口缓存就只能写入一个信元，也就是在每个输出模块的k条输入线中只能有一条线有信元到达。这说明在交换平面总共kN条输出线中最多只有N条线在传输信元，且其输出端口互不相同。由于内部没有缓存，所以全部交换平面总共kN条输入线中也只能有N条输入线在传输信元。由此可以看出，单个交换平面可能同时接收多个信元，但前提是在该交换平面内部不产生路由冲突，且全部信元的目的输出端口也互不相同。因此，这种交换结构要解决的问题是，如何在每个信元周期内从 N^2 个队列中选出 N 个队列的第一个信元，并使其无阻塞地传输到目的输出端口。

显然，上述单级并行分组交换结构的运行速率受到队列匹配时间的制约，如果端口数 N 越大，匹配决策所花费的时间就越长，因此，它不能支持大量端口，要支持大规模交换结构，只能采用多级交换结构。多级交换结构不再以单列交换模块连接输入端和输出端，而是以多列交换模块连接输入端和输出端。多级交换结构分为两类，一类是全连接多级交换结构，在相邻两级间，上一级的每个模块与下一级的全部模块均有连线，例如 Clos 结构。另一类是部分连接多级交换结构，上一级中的每个模块只与下一级中的部分模块相连，例如 Banyan 结构。

11.1 多级交换结构中的路由决策方式

大规模多级交换结构(switch fabric)有时也称为多级交换网络(Multistage Interconnection Network，MIN)，它是由大量基本交换模块构成，其规模可达数百条到数万条输入输出线。基本交换模块在构成交换结构时需要依照一定的规则，该规则决定了交换结构的特性。最小的基本交换模块是 2×2 结构，也可以是规模较大的 $n \times n$ 结构，使用较大规模的基本交换模块可以减少交换结构的级数。在多级交换结构中，内部连线能将任意输入端口和任意输出端口连接起来形成通路，但为了节约资源、降低成本，内部连线一般采取共享方式。

在多级交换结构中，需要解决的核心问题是路由选择。进行路由选择的目的，就是要合理地将业务量分配到交换结构中，使其内部阻塞率较小。对于超大规模交换结构，一般采用分布式方式进行路由选择，这便于节约决策时间、提高交换容量；对于中小规模交换结构，可考虑采用集中式方式进行路由选择，由一个中央处理单元进行统一决策、调度。无论是集中式还是分布式，在建立路由时，既可以基于连接，也可以基于信元。所谓基于连接是指内部面向连接，一条路径建立后会连续占用较长时间，可用于传输实时信号；而所谓基于信元是指每个信元逐个进行路由选择，也就是只确定一个信元的传输路径。

基于连接建立路由的特点是，仅在连接建立时进行一次路由选择，内部面向连接，连接中所有信元使用相同的路径，可保证信元的顺序，但是在建立连接时就需要分配好内部资源，连接可能因资源不足而被拒绝，同时所分配的资源仅为单条链路上传输的信元共享，其他信元无法使用。而基于信元建立路由的特点是，对每个信元逐个进行路由决策，属于同一数据分组的各个信元可以通过不同路径到达输出端，所以在输出端可能无法保证原来的发送顺序，需要重新排序，但其内部资源由全部信元共享。

路由确定后，路由信息既可以采用路由标签的形式加到信元头部，也可以放在交换结构各级的路由表中。前者称为基于信元方式，后者称为基于网络方式。如果路由标签和信元一起通过交换结构，那么交换结构的每级模块都会去读取、解析信元所携带的路由信息，以确定其输出端口，也称其为信元自寻路(self-routing)方式。如果采用路由表方式，信元每经过一级交换模块，均会去查询路由表以确定其输出端口。由于基于信元方式在信元头部添加了路由标签，因此需要在交换结构的输入端口设置缓存，方便添加路由信息，而且由于传输的信息量增加，交换结构内部需要提速。而基于网络方式需要在交换结构每一级设置路由表，所以需要配置较多缓存，当路由决策完成时，将路由信息分别写入各级路由表。路由表查找可以采用标签替换的方式，也就是在输入端口只需要给信元添加一个标签，然后就逐级进行路由表查找、标签更新过程，直到输出端口。由于添加的标签较小，因此基本不需要内部提速。另外，在支持多播或广播业务方面，路由表的操作相对简单。

进行路由选择的目的就是尽可能避免路由冲突、减少竞争，这种竞争既可能发生在内部连线，也可能出现在输出端口。为了减少竞争，可以用较大规模的基本交换模块替换较小规模的基本交换模块，这不仅可以改善路由的选择性，而且可以减少整个交换结构的级数。另外，为了减少冲突和信元丢弃，还可以采用设置缓存、提高交换结构内部工作速率、在交换结构各级之间采用反压机制、采用多路径交换结构等方法。

对于在交换结构各级之间采用反压机制的方法，其前提是在各级交换单元均配置有缓存，用于存储竞争失败的信元，如图 11-2 所示。各级输入控制器监视缓存的充满程度，当缓存中的信元数量达到一定限度时，便向上一级交换单元发送反压控制信号，上一级交换单元中的输出控制器将减慢输出信元的速率。如果上一级缓存也出现信元数量超限的情况，就继续向更上一级反馈，直到输入端口，这有利于将信元均衡地分配到整个交换结构中。在具体操作时，可以将反压控制设为多个级别，以便按照缓存的占用多少进行差异化控制。

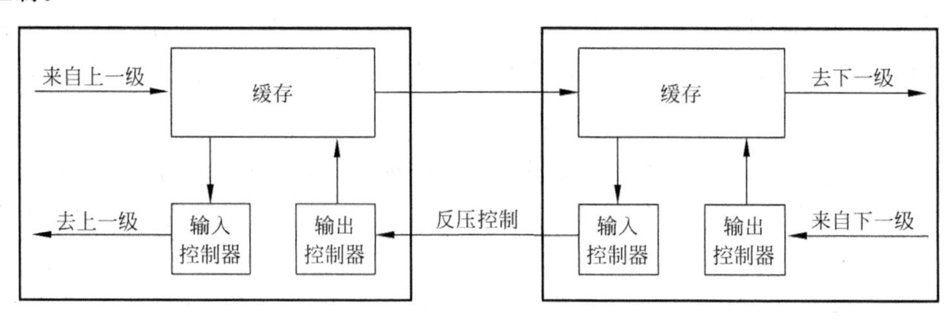

图 11-2　交换结构中的反压控制

考虑到Clos和Banyan分别是全连接多级交换结构、部分连接多级交换结构的典型代表，下面将分别对它们的特点、路由选择方法、改进措施等进行介绍。为了便于原理说明，若无特别说明，均采用集中式方式进行路由选择，且每个信元分别进行路由选择。

11.2　Clos交换结构的路由选择

11.2.1　Clos交换结构路由的一般性说明

对于单级交换结构的典型代表Crossbar，只要输入端和输出端处于空闲状态，就一定能通过内部连线将它们连通，所以是严格无阻塞交换结构。而对于全连接多级交换结构的典型代表Clos，虽然每一级模块的输出都有多个选择，但仍有可能出现阻塞，如图11-3所示。图中已建立4对连接，它们的内部路径已用粗体实线标注，分别是输入端口2去往输出端口5、输入端口4去往输出端口2、输入端口7去往输出端口1、输入端口8去往输出端口8，这时如果空闲输入端口1(或者3)请求与空闲输出端口3建立连接，因内部阻塞该连接就无法建立。虽然通过重新安排已有的连接就可以满足该连接请求，例如将“输入端口4去往输出端口2”的连接改为通过中间级的第二个模块，就可以让输入端口1(或者3)与输出端口3通过中间级的第三个模块连通，但是当交换结构的规模较大时，这种重新安排路由的方式必然会耗费较多时间，影响交换结构的工作速率。

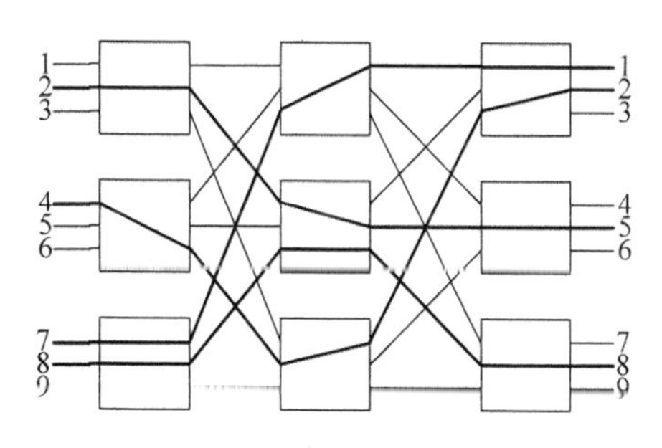

图11-3　Clos结构中的内部阻塞

从Clos交换结构的构造规则可以看出，在三级交换结构中，中间级模块的数量越多，可选择的路径就越多。那么中间级模块的数量(即m值)达到多少时就完全不会发生冲突了呢？为了找出一个严格无阻塞三级交换结构所需要的m值，可以用图11-4加以说明。在图11-4中，输入级模块和输出级模块均只画出了一个，各输入(输出)模块均有n条输入(输出)线，假设需要在输入端口a和输出端口b之间建立一条路径。考虑最紧张的情况，也就是除端口a、b外，其余输入、输出端口之间均已建立连接关系。这时，输入模块x的其余$n-1$个输入端口均通过模块x的输出端口和第二级模块建立连接，为此需要的第二级模块数量为$n-1$。同理，输出模块y的其余$n-1$个输出端口均通过模块y的输入端口和第二级模块建立连接，此时需要的第二级模块数量也是$n-1$。当输入模块x需要的第二级模块和输出模块y需要的第二级模块互不重叠时，也就是输入模块x的$n-1$个输入端口都不去往输出模块y(这一点在观察图11-4时需要特别注意)，所需要的第二级模块数量最多，即：$2\times(n-1)=2n-2$，这些中间级模块均不能用于建立 a、b 之间的通路。因此，要在 a 和 b 之间建立一条通路，就需要在第二级再增加一个交换模块，使第二级模块的数量变为 $2n-2+1=2n-1$。所以，当 $m\geqslant 2n-1$ 时，三级 Clos 交换结构就是严格无阻塞交换结构。这时，每个输入模块有 n 个输入端口、$2n-1$ 个输出端口，每个中间级模块的输入端口和输出端口均为 $2n-1$ 个，每个输出模块有 $2n-1$ 个输入端口、n 个输出端口。

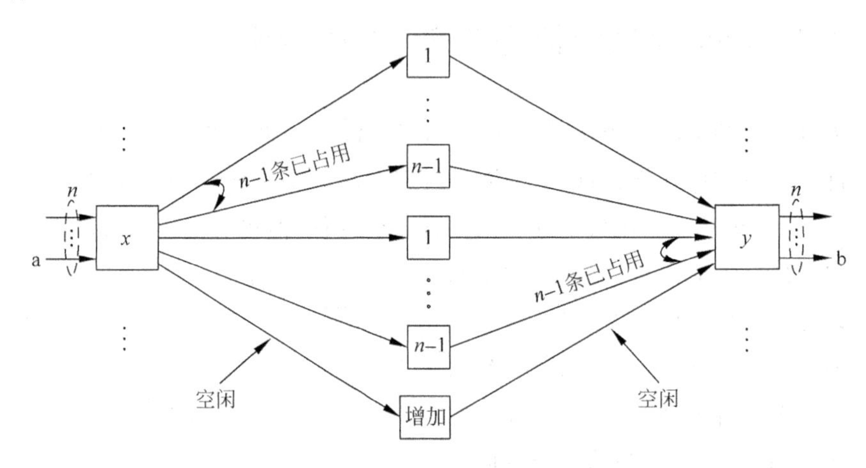

图 11-4　三级 Clos 交换结构的无阻塞条件

那么为什么要用模块化交换结构？模块化交换结构有哪些优势呢？当然，有些优势显而易见，例如，便于构建大规模交换结构、出现故障后只需要更换单个模块等。其实最关键的还是其总体需要的硬件资源少且故障率低。为了对比三级 Clos 交换结构和 Crossbar 交换结构的硬件资源，下面来对比这两种结构中分别使用了多少个交叉点。假设三级 Clos 交换结构中的每个模块均采用 Crossbar 结构，同时设交叉点的总数为 N_x、输入(输出)端口的总数量为 N、每个输入(输出)模块的输入(输出)端口数均为 n、中间级模块的数量为 m，则有

$$N_x = 2Nm + m\left(\frac{N}{n}\right)^2$$

如果要达到严格无阻塞，就需要满足 $m=2n-1$，将 m 值代入上式，可得

$$N_x = 2N(2n-1) + (2n-1)\left(\frac{N}{n}\right)^2$$

对于大规模交换结构而言，n 值较大，所以可以近似得到

$$N_x \approx 2N(2n) + (2n)\left(\frac{N}{n}\right)^2 = 4Nn + 2\left(\frac{N^2}{n}\right)$$

为了降低故障率，需要使交叉点的数量最少。为此，求 N_x 关于 n 的微分，并使其结果为 0，可以得到 $n=(N/2)^{1/2}$。将其代入 N_x 可以得到

$$N_x = 4\sqrt{2}N^{3/2} = O(N^{3/2})$$

由此可以看出，当三级 Clos 交换结构设计成严格无阻塞时，耗费的硬件资源（交叉点的数量）与 $N^{3/2}$ 成正比。而 Crossbar 交换结构也是严格无阻塞结构，但其交叉点的数量与 N^2 成正比。显然三级 Clos 交换结构比 Crossbar 交换结构更节约资源，而且由于所使用交叉点数量的减少，必然会使交换结构的故障率大幅降低。此外，由于输入端与输出端之间的路径不止一条，所以三级 Clos 交换结构能够提供更强的可靠性。通过上述对比，充分说明了多级交换结构相对于单级交换结构的优势。

Clos 交换结构的缺点在于，在每个信元周期均需要对各个输入、输出端口的连接路径进行整体综合安排，才能避免内部阻塞，即使是满足条件 $m=2n-1$ 后也是如此，要避免不同的输入模块将去往相同输出模块的信元发送到同一个中间级模块。在对路径进行整体综合安排时，需要采用一定的规则，运行规则所花费的时间将影响交换结构的规模大小。当然，通过提高交换结构的内部工作速率，可以在一个信元周期将多个信元发送到输出端，从而避免内部阻塞。

11.2.2 Clos 交换结构的路由安排问题

Clos 是多级模块化交换结构，前面章节已介绍其构建规则。它可以是三级结构，也可以有更多级，本书以三级结构进行说明。对于三级 Clos，一般将第一级称为输入级，第二级称为中间级，第三级称为输出级，相对应的模块称为输入模块（IM）、中间模块（CM）和输出模块（OM），且每个模块均假定为无阻塞结构，例如可使用 Crossbar 交换结构。如图 11-5 所示是一个规模为 $N\times N$ 的交换结构，全部输入端口和输出端口分别被分配到 k 个模块，输入、输出模块的规模分别是 $n\times m$ 和 $m\times n$，同时有 m 个中间级模块，其规模为 $k\times k$。如前所述，Clos 交换结构有两种无阻塞类型，严格无阻塞型和可重排无阻塞型。图 11-3 就是一种可重排无阻塞型交换结构，而当满足条件 $m\geqslant 2n-1$ 时，就是严格无阻塞型交换结构。在严格无阻塞 Clos 交换结构中，建立新的连接路径不会影响已建立的其他连接路径。但是在可重排无阻塞 Clos 交换结构中，为了满足新的连接，可能会对部分已建立的连接路径进行重新安排。

下面介绍 Clos 交换结构如何进行路由安排。参考图 11-6，Clos 交换结构的路由约束条件可简要归纳为以下几点。

(1) 任何一个中间级模块，只能分配给每个输入模块的一个输入端口，以及每个输出模块的一个输出端口。

(2) 输入端口 i 和输出端口 j 可以通过任何中间级模块相连接。

(3) 输入端口 i 和输出端口 j 之间可选路径的数量，等于中间级模块的数量。

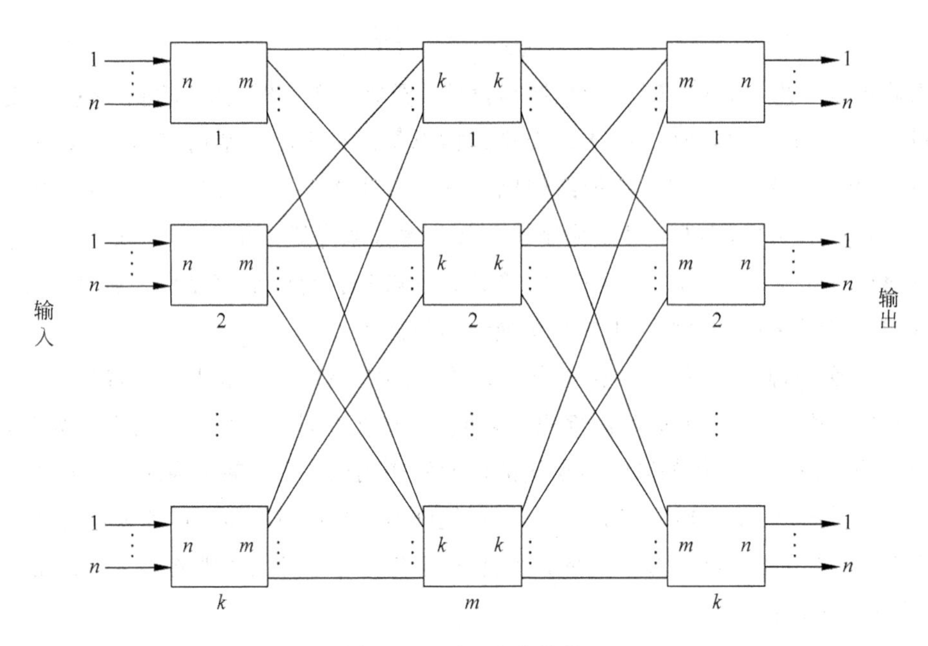

图 11-5 Clos 交换结构

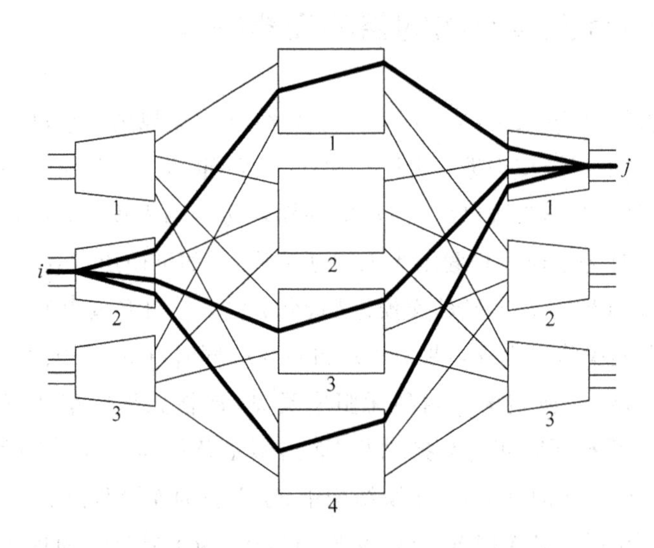

图 11-6 Clos 中输入端口 i 到输出端口 j 的 3 种可能路径

路由问题就是如何使输入信元到达期望的输出端口，而不引起路径冲突。对于每个信元周期，输入模块和输出模块之间的业务流量可以表述为

$$
\boldsymbol{T}=\begin{pmatrix} t_{11} & t_{12} & \cdots & t_{1k} \\ t_{21} & t_{22} & \cdots & t_{2k} \\ \vdots & \vdots & \ddots & \vdots \\ t_{k1} & t_{k2} & \cdots & t_{kk} \end{pmatrix}
$$

这里 t_{ij} 代表第 i 个输入模块到第 j 个输出模块的信元数量。每行的总和是到达每个输入模块的信元总数，而每列的总和是要去往每个输出模块的信元总数。

Clos 交换结构中的路由问题，可以表述为给一个图各条边进行着色的问题，不同的颜色代表不同的路径，也就是相同的颜色表示会经过同一个中间级模块。图 11-7(a)是有 6 个中间级模块的 Clos 交换结构，该结构在某个信元周期的连接请求矩阵 $\boldsymbol{T}$ 如下所示：

$$\boldsymbol{T}=\begin{bmatrix}3 & 1 & 2\\1 & 4 & 1\\2 & 1 & 3\end{bmatrix}$$

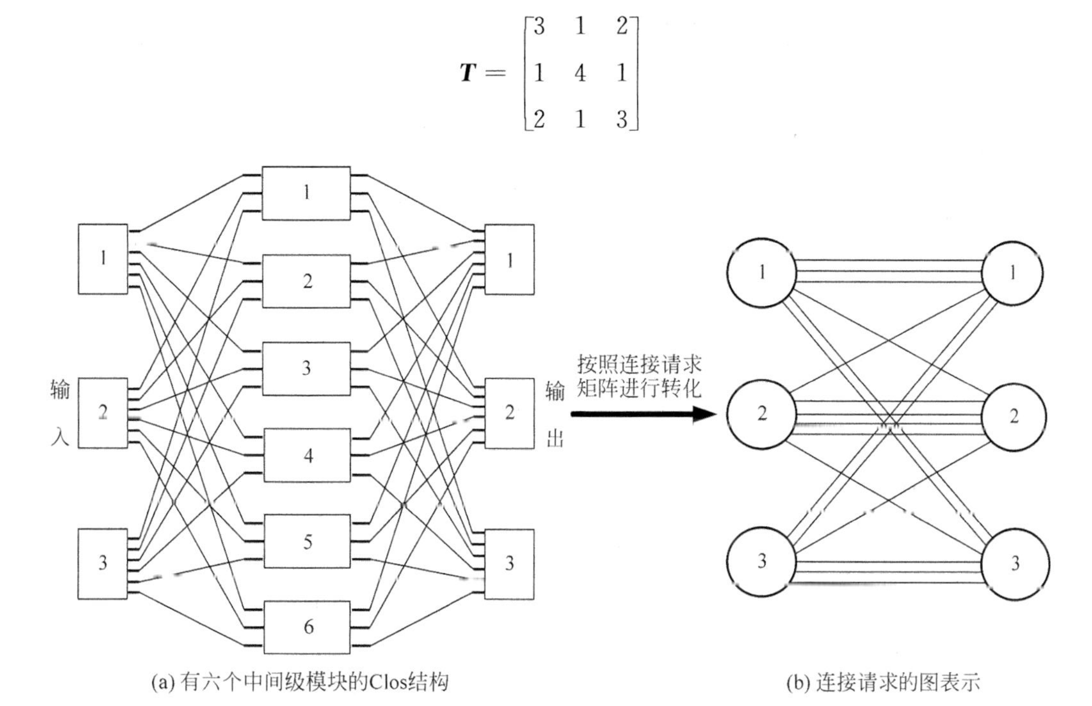

图 11-7　Clos 路由问题的图表示

图 11-7(b)中的两列分别代表输入模块和输出模块，按照上述给定的连接请求矩阵，将需要传递信元的输入、输出模块用直线连接，这些连线就是准备进行着色的边。所谓边着色问题，就是使用最少数量的颜色，标注右图中的各条连线，使单个模块(输入模块或输出模块)全部连线的颜色互不相同。图 11-8 给出了图 11-7 的一种边着色方案，为了方便起见，以不同的线形代表不同的颜色，也就是相同的线形代表相同的颜色，不同的线形代表不同的颜色，如图 11-8(a)所示。单个输入模块的各条输出线形互不相同，表示它们要分别经过不同的中间级模块，这也说明相同线形的各条线要经过同一个中间级模块，如图 11-8(b)所示。

除边着色方法以外，另一种解决 Clos 交换结构中路由问题的方法是矩阵分解。将连接请求矩阵分解成多个子矩阵之和的形式。

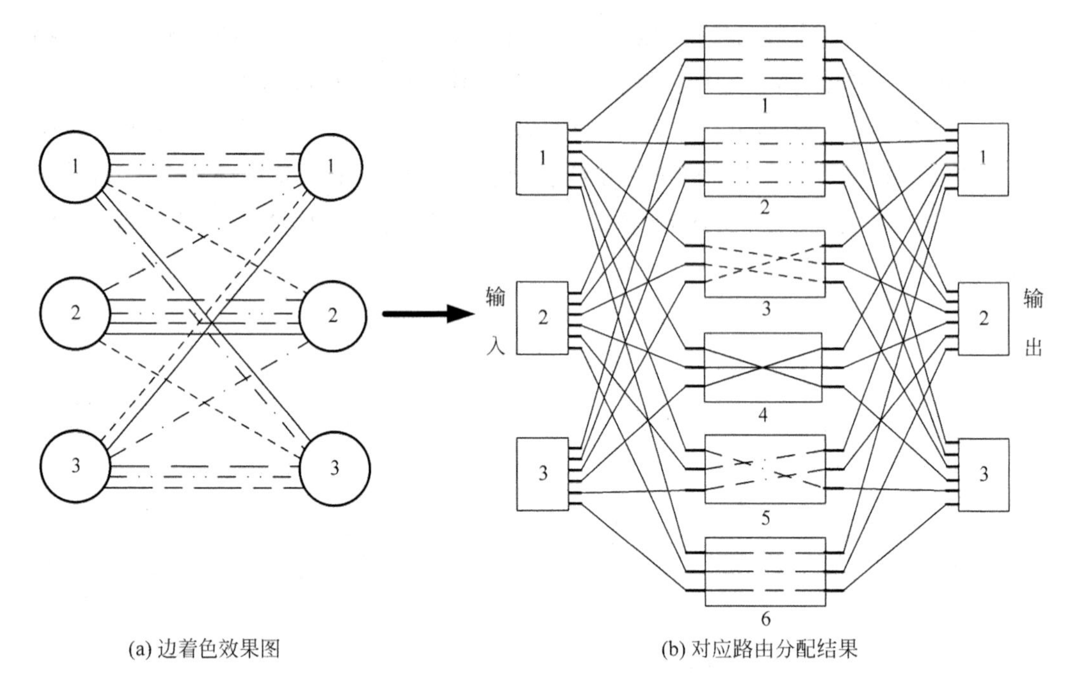

(a) 边着色效果图

(b) 对应路由分配结果

图 11-8　Clos 交换结构中的边着色示例

$$\boldsymbol{T}=\begin{pmatrix} t_{11} & t_{12} & \cdots & t_{1k} \\ t_{21} & t_{22} & \cdots & t_{2k} \\ \vdots & \vdots & \ddots & \vdots \\ t_{k1} & t_{k2} & \cdots & t_{kk} \end{pmatrix}=\begin{pmatrix} a_{11} & a_{12} & \cdots & a_{1k} \\ a_{21} & a_{22} & \cdots & a_{2k} \\ \vdots & \vdots & \ddots & \vdots \\ a_{k1} & a_{k2} & \cdots & a_{kk} \end{pmatrix}+\begin{pmatrix} b_{11} & b_{12} & \cdots & b_{1k} \\ b_{21} & b_{22} & \cdots & b_{2k} \\ \vdots & \vdots & \ddots & \vdots \\ b_{k1} & b_{k2} & \cdots & b_{kk} \end{pmatrix}+\cdots$$

且分解后的每个子矩阵满足以下条件

$$\sum_{j=1}^{k} a_{ij} \leqslant 1, \sum_{j=1}^{k} b_{ij} \leqslant 1, \cdots, i=1,2,\cdots,k$$

$$\sum_{i=1}^{k} a_{ij} \leqslant 1, \sum_{i=1}^{k} b_{ij} \leqslant 1, \cdots, j=1,2,\cdots,k$$

采用矩阵分解的方法，图 11-7 的连接请求矩阵可以分解为如下 6 个子矩阵。

$$\boldsymbol{T}=\begin{bmatrix} 3 & 1 & 2 \\ 1 & 4 & 1 \\ 2 & 1 & 3 \end{bmatrix}$$

$$=\begin{bmatrix} 1 & 0 & 0 \\ 0 & 1 & 0 \\ 0 & 0 & 1 \end{bmatrix}+\begin{bmatrix} 1 & 0 & 0 \\ 0 & 1 & 0 \\ 0 & 0 & 1 \end{bmatrix}+\begin{bmatrix} 0 & 1 & 0 \\ 0 & 0 & 1 \\ 1 & 0 & 0 \end{bmatrix}+\begin{bmatrix} 0 & 0 & 1 \\ 0 & 1 & 0 \\ 1 & 0 & 0 \end{bmatrix}+\begin{bmatrix} 0 & 0 & 1 \\ 1 & 0 & 0 \\ 0 & 1 & 0 \end{bmatrix}+\begin{bmatrix} 1 & 0 & 0 \\ 0 & 1 & 0 \\ 0 & 0 & 1 \end{bmatrix}$$

上述 6 个子矩阵分别代表了 Clos 交换结构中 6 个中间级模块的连接关系，如图 11-9 所示。6 个子矩阵分别列在图的右边，它们分别表示左图 6 个中间级模块的连接关系。由此完成了采用矩阵分解法对 Clos 交换结构的路由安排。

以上分别介绍了边着色、矩阵分解这两种进行路由安排的方法。对于 Clos 交换结构

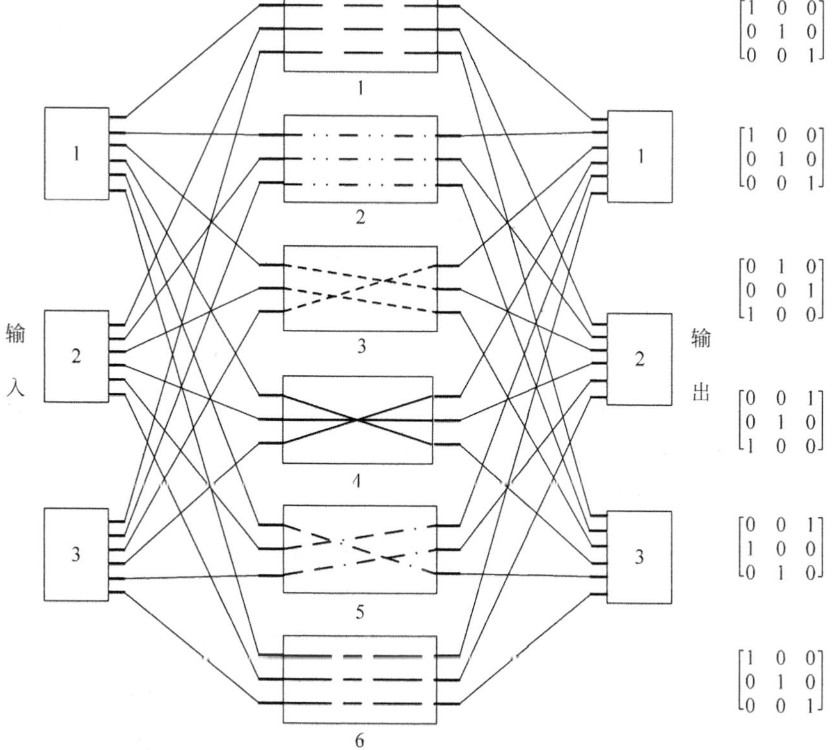

图 11-9 Clos 交换结构路由的矩阵分解法

的路由安排,总体上可以表述为以下 3 个等效问题。

(1) 对于有 m 个中间级模块的 Clos 交换结构,如何分配中间级路径来满足一组连接请求?

(2) 在单个输入(输出)模块最多使用 m 种互不相同颜色的条件下,如何给一个连接关系图的各条边进行着色,使最后完成着色边的数量最多?

(3) 如何将一个每行、每列之和均不大于 m 的矩阵分解成 m 个子矩阵,使每个子矩阵的每行、每列之和均不大于 1?

上述三个问题给出了解决路由安排问题的不同思路、方法,虽然解决问题的途径不同,但目标一致,就如同图 11-7～图 11-9 所展示的结果。本节主要对上述第(2)、(3)条的解决方法进行了介绍,11.2.3 节将用两个算法对第(1)条解决思路进行说明。

11.2.3 典型的 Clos 交换结构路由调度算法

这里介绍两个典型的 Clos 交换结构调度算法,分别是循环算法和卡罗尔算法,其中,循环算法的目标是实现最优匹配，而卡罗尔算法采用并行启发式匹配，不一定能达到最优效果。从下面的对比中将会看到，循环算法的复杂度较高，而卡罗尔算法的复杂度较低。

1. 循环算法

循环算法属于序列最优匹配算法，只适用于 $m=2$ 的 Clos 交换结构。也就是只能有两个中间级模块，而对输入、输出模块的数量没有限制，但输入、输出模块的规模都是 2×2。当给定连接请求矩阵后，循环算法按照如下步骤进行操作。

(1) 从任意输入端口启动循环算法。

(2) 通过任意一个中间级模块，将步骤(1)中的输入端口和其目的输出端口连接。

(3) 将步骤(2)中确定输出模块的两个输出端口连接，形成环回路径，并通过另一个中间级模块，按照给定的连接请求矩阵，回到相对应的输入端口。

(4) 将步骤(3)中确定输入模块的两个输入端口连接，形成环回路径，并通过步骤(2)中使用的中间级模块，按照给定的连接请求矩阵，去往相对应的输出端口。

(5) 反复执行步骤(3)、(4)，直到形成闭环。

(6) 如果在给定的连接请求矩阵中还有剩余项，就重复执行步骤(1)～步骤(5)。

下面对循环算法进行举例说明。一个规模是 8×8 的 Clos 交换结构如图 11-10 所示，分别有 4 个输入模块和 4 个输出模块，模块规模为 2×2，同时有两个中间级模块，每个中间级模块的规模是 4×4，图中同时给出了一组输入、输出连接请求。按照图 11-10 中所示的连接请求关系表，假设从输入端口 1 开始启动循环算法，其目的输出端口是 4，选择中间模块 1(也可以选择中间模块 2)建立它们之间的连接。由于输出端口 4 位于输出模块 2，所以将输出端口 3、4 连接，形成回环通路。通过查看连接请求关系表，可知输出

$$\begin{matrix}输入端口\\输出端口\end{matrix}\begin{pmatrix}1&2&3&4&5&6&7&8\\4&5&6&3&7&8&1&2\end{pmatrix}$$

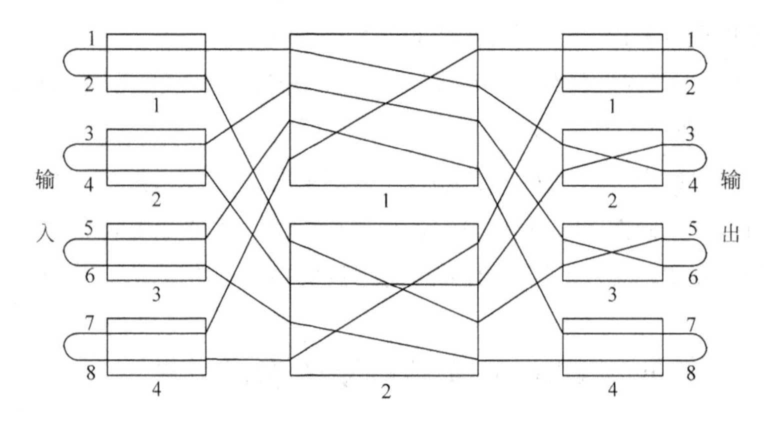

图 11-10　8×8Clos 交换结构的循环算法

端口 3 的源端口是输入端口 4，所以通过中间模块 2(注意与前一次经过的中间级模块不同)将输出端口 3 与输入端口 4 连接。由于输入端口 4 位于输入模块 2，所以将输入端口 3、4 连接，形成回环通路。同理，通过查看连接请求关系表，可知输入端口 3 的目的输出端口是输出端口 6，所以通过中间模块 1(注意与前一次经过的中间级模块不同)将输入端口 3 与输出端口 6 连接。接下来继续连接输出端口 5、6，并通过中间模块 2 将输出端口 5 与输入端口 2 连接。将输入端口 1、2 连接后形成一个闭合环路。这里就执行完循环算法的第(5)步骤，已完成 4 条路径的建立。从连接请求关系表看，还剩余有输入端口 5、6、7、8 没有与输出端口建立连接，接下来可以分别从输入端口 5、7 开始，继续分别执行循环算法，最终完成全部路径的建立，结果如图 11-10 中所示。可以看出，其连接关系最终形成了 3 个闭合环路。

由上述过程可以看出，相邻两次路由所经过的中间级模块不能相同，而且每对连接关系是依次建立的，有多少对连接就会经过多少次中间级模块。考虑到最多同时有 N 对连接请求，因此该算法的复杂度为 $O(N)$，也就是算法所花费的时间与端口数量成正比。

2. 卡罗尔算法

卡罗尔算法属于并行启发式匹配算法，以启发式方式给各个信元分配中间级路径。用 i、j 分别表示输入模块(IM)和输出模块(OM)的编号，其范围是 $1\sim k$。卡罗尔匹配算法将每个信元周期分为 k 个小时隙，小时隙的编号用 r 表示，有 $0\leqslant r\leqslant k-1$。在第 r 个小时隙期间，IM_i 只与 OM_j 通过中间级模块建立连接，其中，$j=[(r+i)$ 模 $k]$。需要注意的是，这时有 k 对输入、输出模块同时通过中间级模块建立连接关系，由于 Clos 交换结构的特点，使得这 k 对连接关系所经过的路径互不重叠，也就是说它们在建立路径时相互独立，不会发生内部冲突现象。这样总共需要进行 k 次并行匹配操作，也就是每个输入模块和每个输出模块都完成了一次路径建立过程。因此，卡罗尔算法的复杂度是 $O(k)$，相较于循环算法，复杂度已降低数倍。

由于各个中间级模块的路径分配是以分布式方式完成，并不能保证总体上达到最优。另外，如果每个信元周期的匹配都是从 $r=0$ 开始，那么 IM 与 OM 的配对顺序就一直不会发生变化，这会影响各对连接之间的公平性。为了尽可能达到更好效果，让分配路径的结果更加公平，使业务量更加均匀地分布在交换结构中，可以用一种循环方式改变 r 的初始值，这样每个信元周期开始的配对关系就会发生变化，让模块的匹配顺序在所有可能的匹配关系中轮换。例如，在当前信元周期是 IM_i 与 OM_j 开始第一轮匹配过程，那么在下一个信元周期，就是 IM_i 与 OM[$(j+1)$模 k]开始第一轮匹配过程，等等。

下面举例说明卡罗尔匹配算法的工作过程。考虑一个 9×9Clos 交换结构，它的输入模块、中间级模块、输出模块均为 3 个。所以将一个信元周期分为 3 个小时隙，在第 1 个小时隙完成“IM_1与OM_1”“IM_2与OM_2”“IM_3与OM_3”这三对模块之间的匹配过程；在第2个小时隙完成“IM_1与OM_2”“IM_2与OM_3”“IM_3与OM_1”这三对模块之间的匹配过程；在第3个小时隙完成“IM_1与OM_3”“IM_2与OM_1”“IM_3与OM_2”这三对模块之间的匹配过程，如图11-11所示。

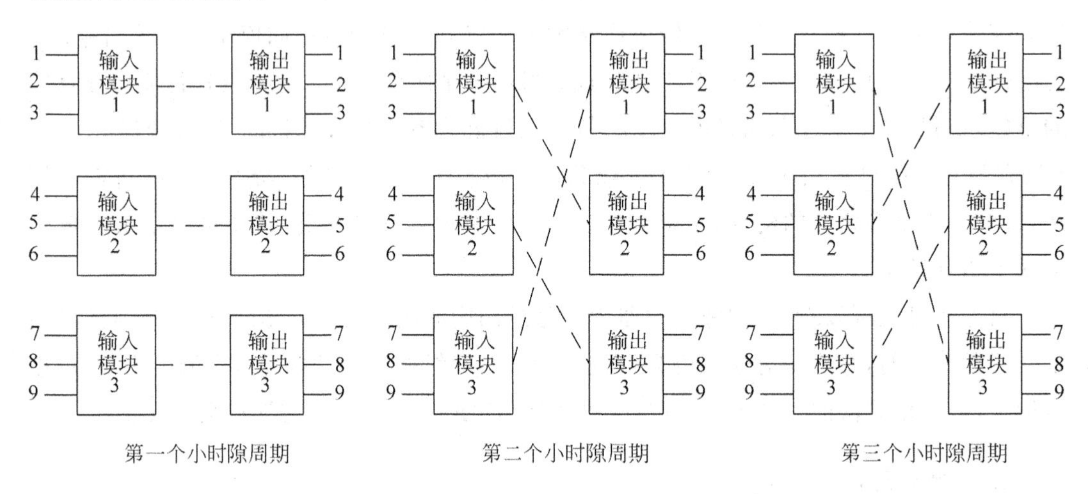

图11-11 9×9的Clos交换结构卡罗尔匹配算法

此外，在每一轮匹配时(总共有k轮匹配)，都需要确定所经过的中间级模块。为了便于操作，卡罗尔算法给每个输入模块和每个输出模块均配置了一个向量记录表，表中有m项，分别表示与各中间级模块连接线路的使用情况。表项为“1”表示该条连线已被占用，表项为“0”表示该条连线空闲。在进行IM_i与OM_j匹配时，只有当两个向量记录表中同样编号表项下的值均为“0”时，所对应的中间级模块才能使用，如图11-12所示。在图11-12中，IM_i与OM_j的向量记录表分别是A_i、B_j，对比A_i和B_j可以发现，编号为3和m两个表项中的数值均为“0”，所以编号为3和m的中间级模块是IM_i与OM_j建立连接的可选路径，其余路径已经被前几轮建立的连接占用。由此也可以看出，匹配的轮次越靠前就越容易建立连接。

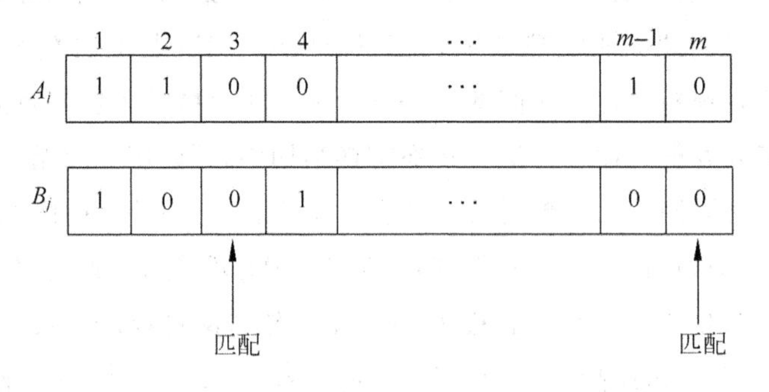

图11-12 卡罗尔算法中的向量记录表

11.3　Banyan 交换结构的路由特点及改进

11.2 节介绍的 Clos 交换结构属于全连接多级交换结构，在其相邻两级之间，上一级的每个模块与下一级的全部模块均有连线，这样就存在多条可选路径。而本节将要介绍的是 Banyan 交换结构，它属于部分连接多级交换结构，上一级中的每个模块只与下一级中的部分模块相连。这就是为什么又将 Banyan 称为单路径交换结构的原因，也就是对于常规 Banyan 交换结构，从任意输入端口到任意输出端口有且只有一条路径，因此，Banyan 交换结构的阻塞率一般较高。为了降低 Banyan 交换结构的阻塞率，又提出了一些改进措施，例如，通过增加级数，将其变为增强的 Banyan 交换结构，等等。本节首先介绍 Banyan 交换结构的特点，然后重点说明如何构建无阻塞的 Banyan 交换结构。

11.3.1　Banyan 交换结构的特点

早期关于多级交换结构的研究是基于电路交换的应用背景，其基本要求是减少交叉点的数量，以便降低维护成本，所以往往用交换结构中的交叉点数量与同规模单级 Crossbar 交换结构进行对比。Banyan 和混洗交换结构就是早年典型的研究成果，由于可以通过多条路径同时传输信息，大幅提高了传输效率，这些交换结构后来也用于构建大规模分组交换结构，以及计算机系统中的处理器和存储器互连，等等。

一个规模是 $N\times N$ 的 Banyan 交换结构由 $\log_b N$ 级构成，每一级由多个规模为 $b\times b$ 的交换单元构成。如果每个交换单元均采用 Crossbar 交换结构，其交叉点的数量就是 $Nb\times\log_b N$，一般情况下采用 $b=2$，所以其复杂度为 $O(N\log_2 N)$。11.2 节已计算严格无阻塞 Clos 交换结构的复杂度是 $O(N^{3/2})$，同规模单级 Crossbar 交换结构的复杂度是 $O(N^2)$。将三者进行对比，当端口数量 N 较大时，Crossbar 交换结构的复杂度最高，Banyan 交换结构的复杂度最低。

在图 11-13 中展示了三种交换结构，分别是混洗交换(shuffle exchange)结构、反混洗交换结构、Banyan 交换结构。混洗交换结构的形态与扑克牌的洗牌过程类似，反混洗交换结构就是将混洗交换结构翻转而得。另外，对比图 11-13(a)和图 11-13(c)可以发现，只要互换中间 A、B 两个模块的位置，它们的结构形态就完全相同。因此，混洗交换结构、反混洗交换结构都属于 Banyan 交换结构。

Banyan 交换结构除了复杂度较低的优点以外，还有一个显著优点，就是具有自路由能力。信元进入输入端后，只要将目的输出端口的二进制地址码添加在其头部，就不需要再为其选择路由，信元每到一级交换模块，通过解析相应的二进制码就可确定其输出方

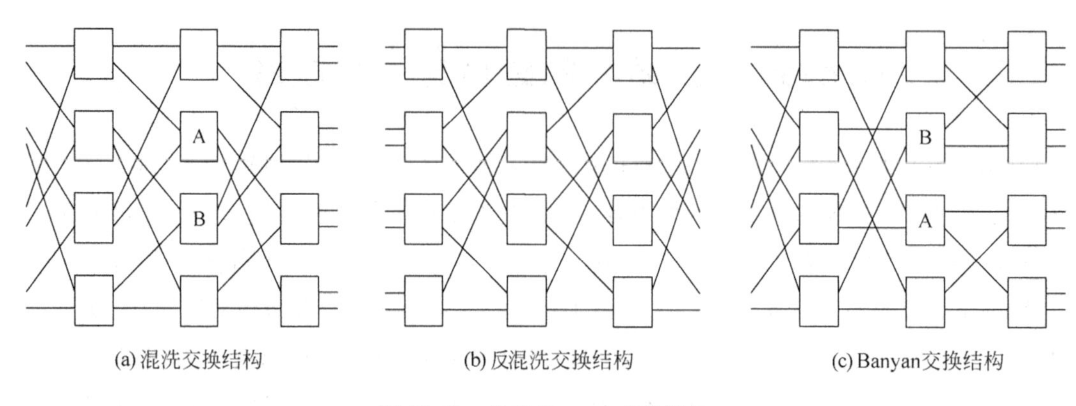

图 11-13　几种 Banyan 交换结构

向，直到对应的输出端口。而且 Banyan 交换结构各输出端口的地址固定不变，无论是从哪个输入端口进入的信元，只要目的地址相同，这些信元都会到达相同的输出端口。在逐级进行地址解析时，地址码中的"1"表示从下面端口输出，地址码中的"0"表示从上面端口输出。

图 11-14 给出了一个 8×8 的 Banyan 交换结构自路由例子。在图中，输出端地址从 000 到 111 在右边从上到下升序排列，图中两条粗体实线分别显示了从不同端口输入、但目的端口地址相同的自路由过程，它们最终都到达 110 输出端口。交换结构输入级的两个模块均检测地址的第一位为"1"，都从模块的下面端口输出，交换结构第二级的两个模块均检测地址的第二位为"1"，仍然从模块的下面端口输出，两条路径在第三级到达相同的模块，该模块检测地址的第三位为"0"，于是从上面端口输出，到达指定输出端口。

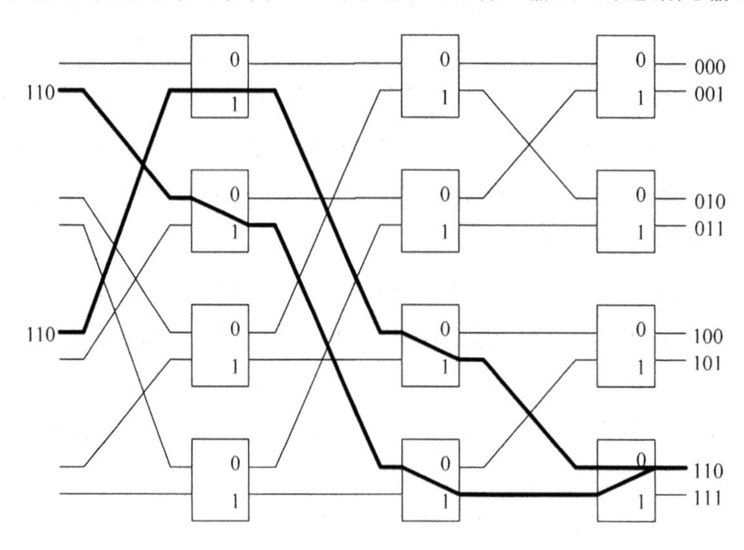

图 11-14　Banyan 交换结构的自路由

除上述优点以外，Banyan 交换结构的主要缺点是其内部容易出现阻塞。内部阻塞是指信元在竞争交换结构内部资源时，因竞争失败而丢失的现象。图 11-15 展示在一个 8×8 的 Banyan 交换结构中，从不同输入端口进入的信元，它们的目的地址分别是 011 和 010，由于要经过相同的内部链路，从而出现的内部阻塞现象。为了减少路由冲突，可采用较大的 b 值，扩大单个模块的规模。

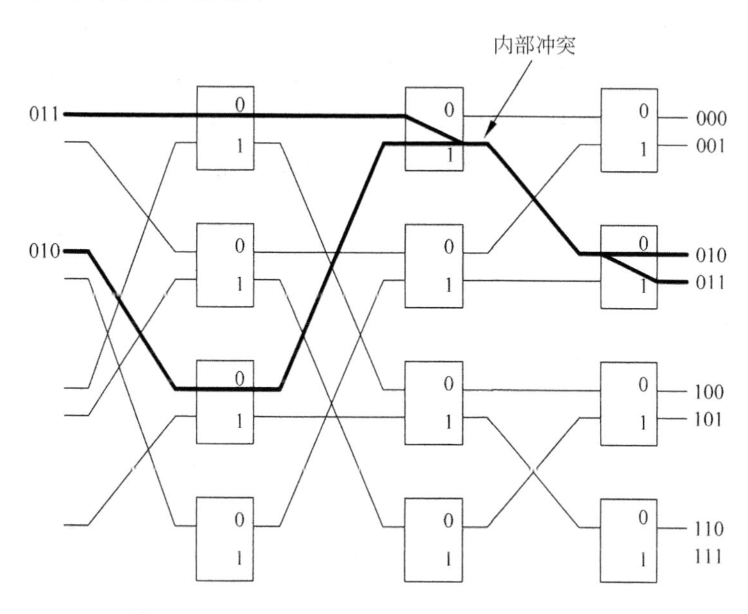

图 11-15　8×8 的 Banyan 交换结构中的内部冲突

11.3.2　无阻塞 Banyan 交换结构

Banyan 交换结构的复杂度较低，而且具有自路由能力，这些都是其优点。而容易发生内部阻塞是其显著缺点。为了改善这一不足之处，采取了较多措施，如通过增加交换结构的级数，将其变为多路径交换结构，等等。但是 Banyan 交换结构还有另一个特点，当同时满足下面两个条件时，就可以实现无内部阻塞。

(1) 任意两个传输数据的输入端口之间没有空闲输入端口。

(2) 在各输入端口，待传输信元的输出地址按照升序或者降序排列。

上述特点表明，如果将交换结构各个输入端口的信元，首先按照它们目的输出端口地址的大小进行排序，然后再进入 Banyan 交换结构，那就不会出现内部阻塞。如图 11-16 所示，如果在 Banyan 交换结构的前面放置一个排序网，用于收集信元并根据它们的输出地址按照升序或者降序排列，那么在 Banyan 交换结构内部就不会发生内部阻塞。图 11-16(a)展示了 4 个目的地址按照升序排列时，它们的内部路径互不重叠，图 11-16(b)展示了“排序网＋Banyan”的组成方式，4 个没有按照升序排列的地址通过排序网后，将形成升序排列。

那么上述第 1 个条件具体指什么呢？这里用具体例子来说明。如图 11-16(a)所示，4 个地址已经按照升序排列，且所在的输入端口分别是 1、2、3、4，它们之间是连续的、没有空闲输入端口，图中结果显示不会出现路由冲突。而如果将它们分开，情况会如何呢？假设将输入端口 3、4 的地址放到输入端口 5、8，还是按照升序排列，只是中间插入了 4 个空闲输入端口 3、4、6、7，其内部路径如图 11-17 所示。从输入端口 1 进入去往 001 地址的信元，以及从输入端口 5 进入去往 011 地址的信元的部分路径有重叠，如图中虚线所示。但从输入端口 8 进入去往 110 地址的信元路径，没有与其他信元的路径重叠，所以不会发生冲突。由此看出，在不满足条件 1 的情况下，内部可能会出现路径冲突。

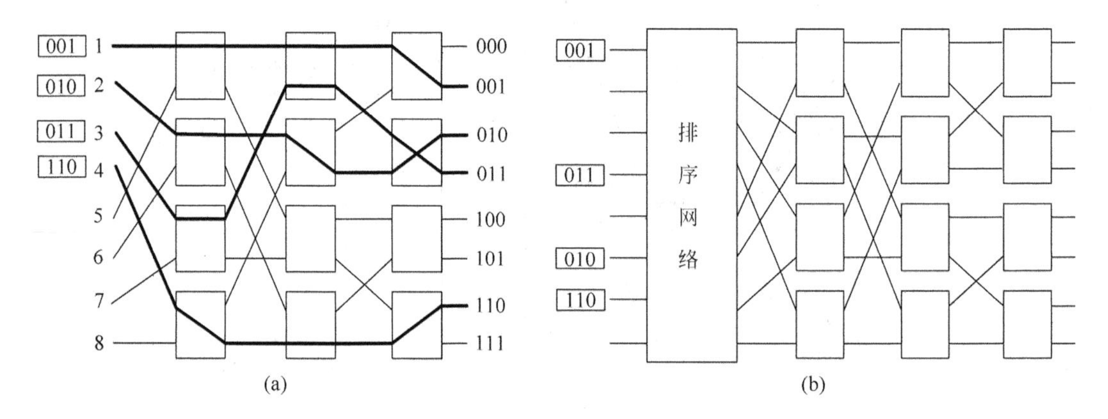

图 11-16 Banyan 交换结构输入端信元的目的地址顺序

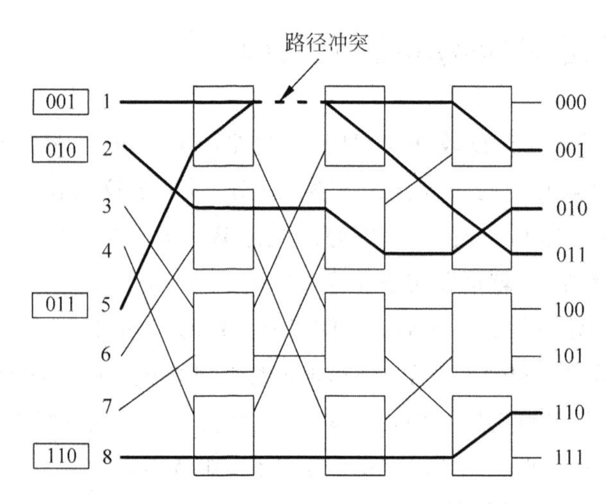

图 11-17 数据输入端之间存在空闲输入端

下面介绍一种典型的 Batcher 排序网，它是由一系列不同规模的排序单元组成，如果其输入(输出)端口数量是 N，则其总级数$=(1+2+\cdots+\log_2 N)=(\log_2 N)(1+\log_2 N)/2$。

图 11-18 是一个 8×8 的 Batcher 排序网,由三个不同规模的排序单元组成,总级数是 6。三个排序单元的结构如图 11-19 所示,其最小单元是 2×2 的排序单元,单元中的箭头方向代表其输出按照升序或降序排列。各排序单元相邻两级之间的连接方式与 Banyan 结构相同。

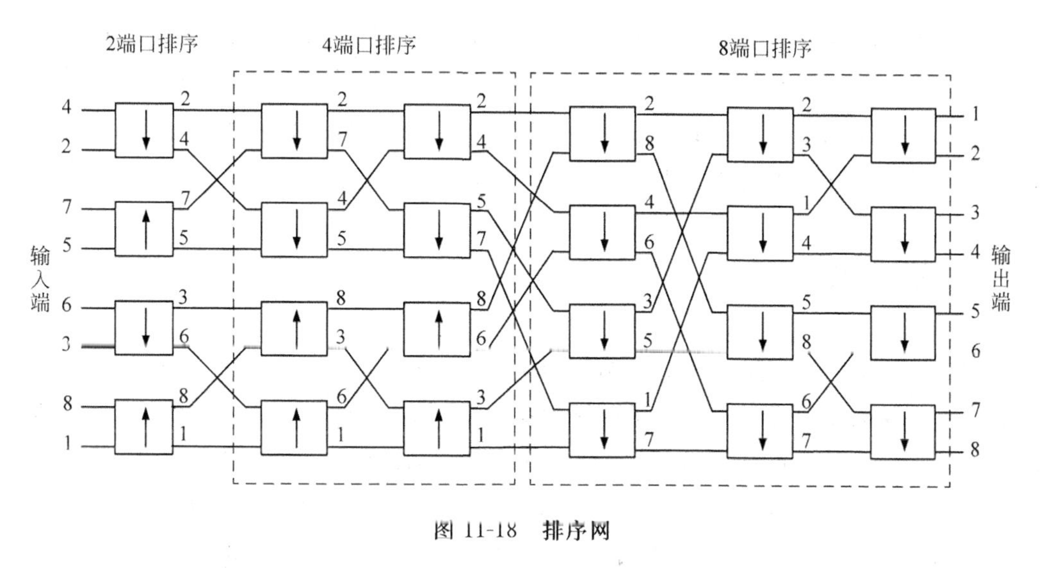

图 11-18 排序网

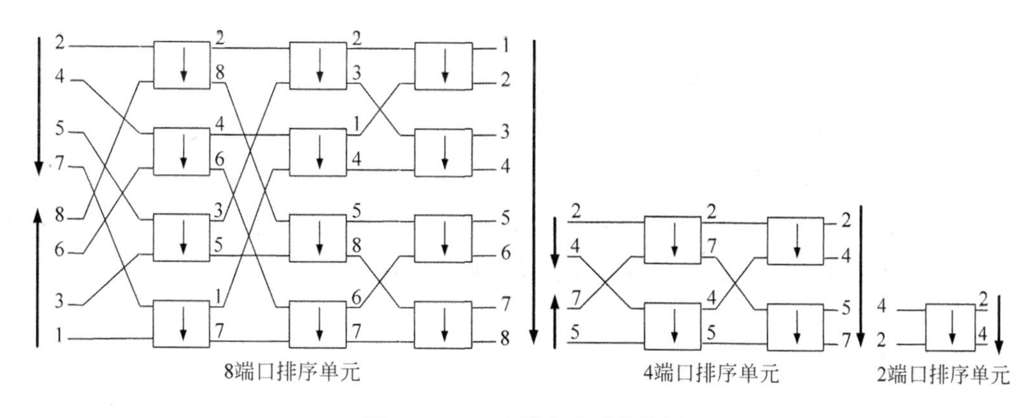

图 11-19 三个排序单元结构图

如果在一个 8×8 的排序单元前放置 2 个 4×4 的排序单元和 4 个 2×2 的排序单元,就能够组成一个 8×8 的排序网,图 11-18 中的排序网就是这样构成的。对于构成排序网的相同规模排序单元有如下规律,如果上面一个排序单元的输出地址按升序排列,那么下面一个排序单元的输出地址将按降序排列。这一点从图 11-18 的 4 端口排序、2 端口排序情况均可看出,在 4 端口排序中,上下两个排序单元的输出地址顺序分别是升序和降序,而在 2 端口排序中,从上到下共 4 个排序单元的输出地址顺序依次为升序、降序、升序、降序。如果要构建更大规模的排序网,可以按此方法类推。

在图 11-18 中，各输入端口的数字代表这组输入信元分别要去往的 Banyan 交换结构输出端口编号，图中给出了各排序单元分别进行升序、降序操作后的输出结果，通过这个示例可以详细地了解排序网的工作过程。另外，也可以在输入端假设其他不同的目的端口组合，验证该排序网的正确性。

通过排序网将不同组合的目的端口地址进行升序（降序）排列后，再将这些信元送入 Banyan 交换结构，就可以避免 Banyan 交换结构的内部冲突，使其成为一种严格无阻塞的交换结构，而且原则上不需要缓存，这是一种提高交换结构传输效率的有力措施。但其代价是增加了排序网，实质上是增加了 Banyan 交换结构的级数。

本章小结

大规模交换结构都是多级交换结构，在大规模交换结构中如何避免冲突一直是关注的焦点。在大规模交换结构中的路由决策问题实质上就是如何确定路径、避免冲突的发生。本章首先重点分析、说明了 Clos 交换结构的路由决策，以及典型调度算法，然后对 Banyan 交换结构的特点以及如何构建无阻塞交换结构进行了介绍。由此可以看出，一个看似阻塞严重的交换结构，只要掌握了其特点，都能够将其转化为无阻塞结构。

无论是 Clos 交换结构还是 Banyan 交换结构，要成为无阻塞交换结构都需要提供一定的冗余。对于 Clos 交换结构，通过理论推导得知，中间级模块的数量需要达到一定值，才能成为无阻塞交换结构。对于 Banyan 交换结构，通过在其前面加排序网的方式使其成为无阻塞交换结构，其实质是增加交换结构的级数。因此，它们都是以硬件的冗余来获得较好的性能，这实质上也是一种性能和代价的取舍和折中。

思考题

1. 缓解多级交换结构内部冲突的方法包括（　　）。

   A. 采用多平面交换结构

   B. 增加缓存容量

   C. 提高内部信息处理速率

   D. 在级与级之间采用反压机制

2. 设计一个 3 级 Clos 交换结构，其输入、输出端口均为 24 个。

(1) 当采用具有 3 个输入端口的输入级模块时，要成为严格无阻塞交换结构，需要多少个中间级模块？

(2) 当采用具有4个输入端口的输入级模块时，要成为严格无阻塞交换结构，需要多少个中间级模块？

3. 第2题中，哪一种安排的故障率较低？

4. 试比较循环算法和卡罗尔算法的优缺点。

5. Banyan是无阻塞交换结构吗？如果是，请说明原因，如果不是，有方法可将其变为无阻塞交换结构吗？

第12章 队列调度

CHAPTER 12

初期的分组交换结构一般是共享缓存结构或输入缓存结构，其规模往往较小、负载较轻。随着交换规模的扩大、负载的加重，共享缓存结构在规模上受到明显限制，而输入缓存结构的时延较大，因此，输出缓存结构受到重视和应用。在输出缓存交换结构中，到达各输入端口的信元无须存储，直接通过交换结构发送到对应的输出端口，虽然这要求交换结构以及输出缓存的工作速率要达到输入端线速率的 N 倍以上，但由于各输入端口的速率不高、输入端口数量 N 也不大，所以整个交换结构的容量为 100Mb/s～10Gb/s，而且缓存能够支持与此相适应的读写速率，因此，输出缓存交换结构能够满足当时的需求。然而，随着交换结构各输入端口线速率的进一步加快、端口数量的增多，整个交换结构的容量成几何倍数增加，这就要求输出缓存结构的缓存读写速率也要相应加快，但进一步提高缓存的速率受到技术、成本两方面制约，所以，尽管对于任何流量分布情况，输出缓存交换结构的时延、吞吐量参数均较好，但缓存的 N 倍提速限制了这种结构的规模，因此，输出缓存交换结构的应用也逐渐减少。

为了构建更大规模的交换结构，同时又要避免大幅提速给交换结构带来的技术、成本压力，输入缓存结构(或联合输入输出缓存结构)再次受到重点关注。其关键问题是要协调各输入端口缓存向输出端发送信元的先后次序，相关调度策略的运行需要占用一定时间，所以其时延比输出缓存结构要长一些。为此，效率高、复杂度低的调度策略成为研究的重点，其目标都是在较短的时间内完成更多“输入端/输出端”的匹配。于是基于输入缓存交换结构，涌现了较多的匹配方法，本章将在第1、2节进行详细介绍。由于在输入缓存交换结构内部，除传输信元以外，还需要传输调度匹配信息，所以其内部工作速率会略高于输入端线速率。

另一方面，当多个信元同时到达输出端时，由于各输出端口的信元到达速率与发送速率往往不一致，所以需要用缓存将它们暂时存储。为了满足不同业务对服务质量的要求，一般在输出端将来自交换结构的信元存储到不同队列。因此，在交换结构的输出端，同样存在一个各缓存队列信元调度的问题，本章将在第3节对此进行介绍。

研究表明，定长交换技术是高速分组交换结构实现高效率的有效方法，所以在大规模交换结构中，变长分组(packet)将被分割成固定长度的信元(cell)，然后再进入输入端不同的缓存队列，固定长度信元通过交换结构到达输出端后，再重组回原来的分组，从相应的输出端口发出。本章介绍内容均基于定长交换结构。

12.1 交换结构基本模型及最大极限匹配

在输入端缓存交换结构的每个输入端口均有FIFO队列，用来存储到达的信元。这些信元均需要等待统一调度的安排，在指定的信元周期通过交换结构到达目的输出端口。因此，如何将输入端和输出端进行配对，对交换结构的性能起关键作用。初期的IQ交换结构如图12-1所示，在每个输入端口均设置有一个缓存队列，由于存在队头阻塞，使交换结构的利用率较低，当业务均匀分布时，其吞吐率仅为58.6%，而当业务非均匀分布时，其吞吐率更低。

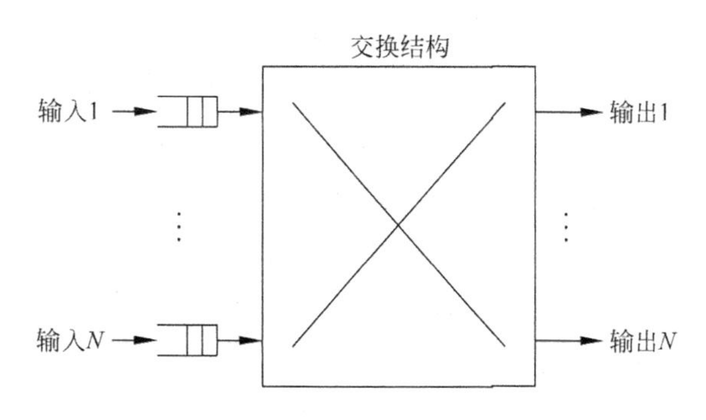

图12-1 输入缓存交换结构

为了避免输入端缓存队列的队头阻塞现象，后来交换结构的IQ队列一般采用VOQ形式，如图12-2所示，其吞吐率可达100%。在每个输入端有N个FIFO队列，每个FIFO队列对应一个输出端口，所以交换结构输入端共有N^2个VOQ队列。在每个信元周期，每个输入端口最多有一个信元到达，到达输入端口i、去往输出端口j的信元存储在VOQ_{ij}中，队列VOQ_{ij}在时刻t时的长度记为$L_{ij}(t)$。如果不考虑提速，在每个信元周期，最多有N个信元同时通过交换结构传输到输出端，且在各个输入端口的N个队列中，最多有一个队列的队头信元被选中传输。若无特别说明，本章交换结构输入端均采用VOQ缓存结构。

如果各输入端口的信元到达率相同，且等概率地去往各输出端口，就称这种到达过程

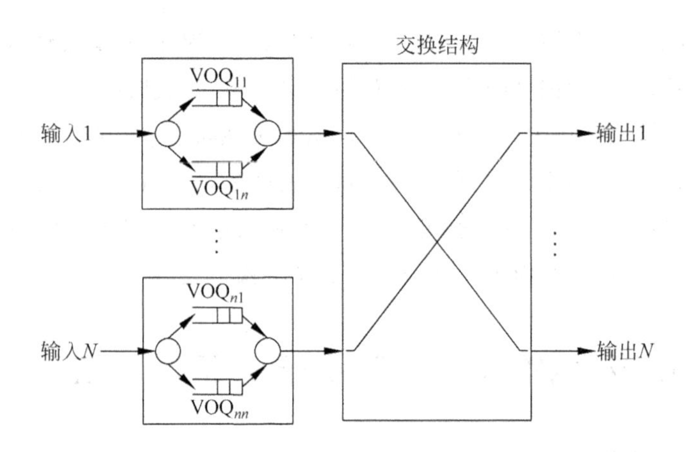

图 12-2　基于 VOQ 的输入缓存交换结构

服从均匀分布。另外，吞吐量和时延是评估交换结构性能的重要指标。吞吐量是指在单位时间内（或一个信元周期内）交换结构传输的平均数据总量（或信元数量），时延是指信元从进入输入端缓存到离开输出端缓存之间的时间。如果队列长度的均值有限，则称该交换结构稳定，也就是对于任意时刻 t，都满足 $E\left[\sum L_{ij}\right]<\infty$。

在每个信元周期，交换结构除了将各输入端口信元传递到输出端以外，还需要为下一个信元周期将要传输的信元进行调度安排。因此，在每个信元周期都需要用调度算法来确定下一个信元周期将要转发的信元，这些调度算法可以通过“输入/输出”匹配图进行说明，如图 12-3 所示。图中左边的 N 个点表示 N 个输入端口，右边的 N 个点表示 N 个输出端口，输入端口和输出端口之间的连线表示它们之间有信元需要传输。调度器在进行匹配时，从最多 N^2 条连线中选出一组连线，作为下一个信元周期将要进行信元传输的匹配关系。在选出的这组匹配关系中，一个输入端口最多与一个输出端口相连，同时一个输出端口最多与一个输入端口相连。输入与输出的匹配可以用矩阵 $\boldsymbol{M}=(M_{ij})$ 表示，其中 i、j 分别代表输入端口和输出端口，如果输入端口 i 与输出端口 j 匹配成功，则矩阵中的元素 $M_{ij}=1$。

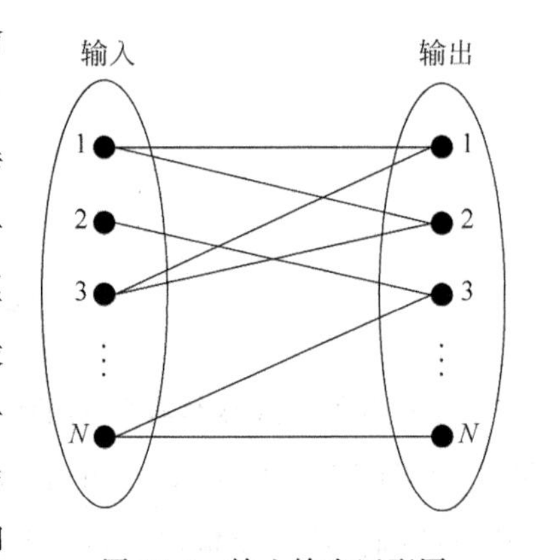

图 12-3　输入输出匹配图

在进行匹配时，一般将一个信元周期进一步细分为多个小周期，在每个小周期均完成一轮匹配。这样，匹配算法经过多次循环迭代后，可以获得一个较好的匹配结果。当然，并不是每次匹配都要经历同样数量的迭代次数才会获得满意结果，而且不同匹配算法的迭代次数也可能不一样。算法的运行时间由每一轮迭代所花费的时间以及迭代次数决定，由算法的复杂度具体反映。

图 12-4 是一个匹配例子，图中分别有 4 个输入、输出端口，在两个可能的匹配结果中，虚线代表未同意的请求。从中看出，不同的匹配方法可能产生不同的结果，一种匹配结果有 3 对匹配成功，另一种匹配结果有 2 对匹配成功。

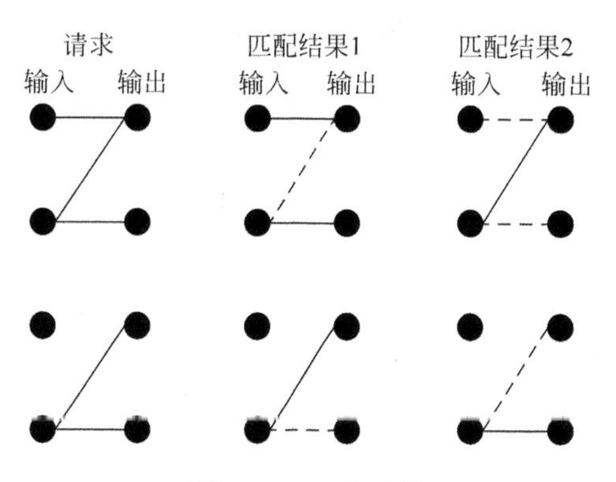

图 12-4　匹配示例

为了选择适当的算法，考虑的因素包括效率、公平性、稳定性、复杂度。所谓效率是指在一个信元周期，能实现较多的“输入/输出”配对，以便获得较高的吞吐量和较低的时延。在各个队列之间要有较好的公平性，就需要避免部分队列长期得不到服务的现象。而稳定性要求在任何业务模型情况下，各队列平均长度均有限。复杂度用来衡量算法运行所耗费的时间长短，高复杂度算法一般效果较好，但执行时间较长，考虑到需要在一个信元周期完成下一轮调度决策，所以高复杂度算法往往会限制交换结构的线速率，影响整个交换结构的规模。基于这些因素，涌现了不同种类的匹配算法，并且在不断地完善、改进。

使某项参数指标达到极值的一类算法称为最大极限匹配（Maximum Matching）算法，包括最大权重匹配（Maximum Weight Matching，MWM）、最大规模匹配（Maximum Size Matching，MSM）等。其中，最大权重匹配就是使匹配结果的权值之和最大，而最大规模匹配就是要求成功匹配边的数量达到最大。

在匹配图中，连接输入端口 i 和输出端口 j 的边 e_{ij} 的权值用 w_{ij} 表示，权值是一个抽象的概念，它可以表示关注的某一项具体参数，例如各个 VOQ 队列的长度等。最大权重匹配（MWM）就是要在全部可能的配对组合中，选择各条边权值之和为最大的那个匹配组合，图 12-5 给出了一个最大权重匹配的例子。图中分别有 4 个输入、输出端口，在全部可能的匹配组合中，组合“输入 1/输出 1、输入 2/输出 3、输入 3/输出 4”的权值之和最大（为 135），所以，如果按照最大权重匹配策略，下一个信元周期将传输这个组合中的 3 个信元。值得注意的是，这时只有 3 对连接匹配成功，而不是 4 对连接，也就是在下一个信元周期分别有一个输入端口、输出端口轮空，但其原因并不是没有信元等待传输。这是由于所使用算法的目标函数是权值之和最大，而不是匹配边的数量最大。

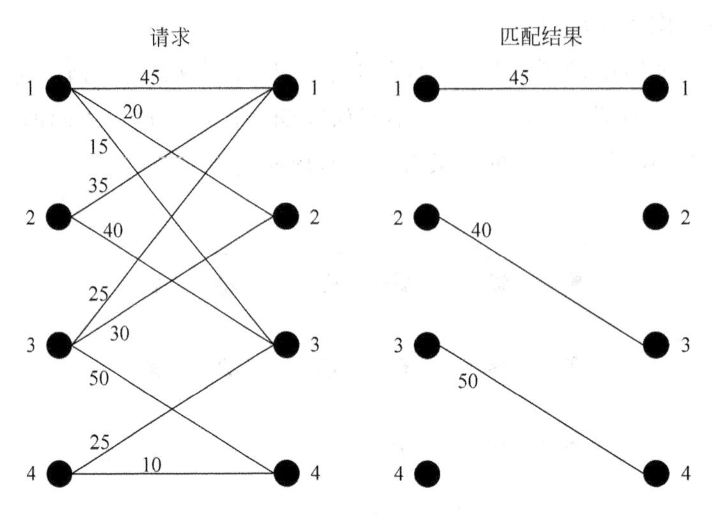

图 12-5　最大权重匹配示例

最长队列优先（Longest Queue First，LQF）和等待时间最久信元优先（Oldest Cell First，OCF）是早期提出的两种最大权重匹配算法。LQF 使用队列长度 $L_{ij}(t)$ 作为权值 $w_{ij}(t)$，这可能将交换结构资源集中分配给业务量较重的队列，而使部分业务量较少的队列长期得不到服务，所以 LQF 存在公平性问题。而 OCF 使用各个队列第一个信元在队列中的等待时间作为权值 $w_{ij}(t)$，将不会出现部分队列长期得不到服务的"饥饿"现象。

如果不将权值最大化作为目标，而是将成功匹配边的数量最大化作为目标，这就是最大规模匹配（MSM）。显然，最大规模匹配是最大权重匹配的特例，在最大权重匹配中，如果将各条边的权值都置为 1 就成为最大规模匹配。为了对比，将图 12-5 的示例用最大规模匹配原则进行匹配，结果如图 12-6 所示。从匹配结果看，如果以权值计算，匹配成功的

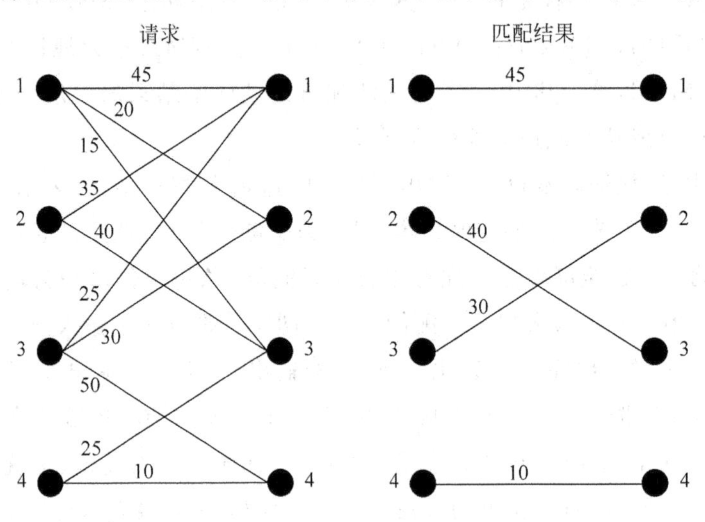

图 12-6　最大规模匹配示例

4 条边权值之和是 125，比最大权重匹配时的结果小，但其成功配对边的数量最多。

无论是最大权重匹配还是最大规模匹配，最大极限匹配算法的目标就是要使一项参数指标达到最优，为了实现这一目标，当后面的迭代轮次认为以前轮次的迭代结果不是最优时，会撤销以前轮次的迭代结果，这样反复循环操作，导致其算法的运行过程较为复杂，使算法的复杂度很高。因此，在大规模交换结构中一般不采用最大极限匹配算法，而是采用一些复杂度较低、运行时间较短的匹配算法，这就是 12.2 节将要介绍的最大匹配算法。最大匹配算法的迭代次数不超过 N 轮，且每一轮迭代都不删除以前迭代所产生的匹配结果，因此，其算法的复杂度是可控的。

12.2 最大匹配

无论是最大极限匹配还是最大匹配(Maximal Matching)，如果在一轮迭代过程中没有建立新的配对，迭代过程都会结束。与最大极限匹配不同的是，最大匹配在每一轮迭代过程中不会拆除已建立的匹配关系，所以，即使每一轮迭代只建立一对匹配关系，其迭代次数也不会超过 N 次。而最大极限匹配的迭代过程可能会拆除已建立的匹配关系，因此，其迭代次数可能会超过 N 次。由此看出，最大极限匹配的迭代次数一般会多于最大匹配。而且，从每一次迭代过程的运算量看，最大极限匹配也往往较大。因此，在大规模交换结构中，为了缩短算法的运行时间，一般不采用最大极限匹配。

最大匹配算法在迭代过程中不拆除已建立的匹配关系，这就保证了每一轮迭代完成后匹配结果是在逐步增加，由此来实现最大匹配效果。在最大匹配中，如果一个非空的入端口在一个匹配周期未实现匹配，其目的输出端口一定与其他输入端口实现匹配。另一方面，最大匹配的配对结果一般少于最大极限匹配情况，如图 12-7 所示。图中仍以最大

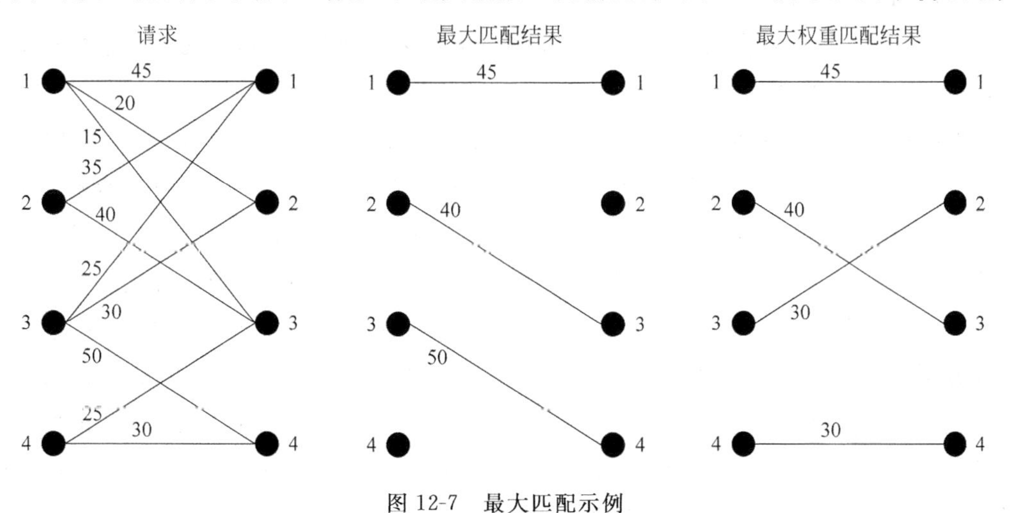

图 12-7 最大匹配示例

权重来进行对比，可以看出，最大匹配结果的权重之和为 135，而最大极限匹配结果的权重之和是 145。这表明最大匹配的结果不一定是最优，而是接近最优。

最大匹配算法与最大权重匹配算法相比，具有较低的实现复杂度。下面分别介绍几个较常见的最大匹配算法，包括 PIM、iRRM、iSLIP、FIRM、DRRM、EDRRM 等，主要介绍它们的工作原理及特点。若无特别说明，每个信元周期均被进一步细分为 N 个小周期，也就是每个算法的每一次匹配最多可以进行 N 轮迭代，在每一次匹配开始时，全部输入端口、输出端口均处于未匹配状态。在介绍工作原理时，一般只说明一轮迭代过程，多次迭代过程的运行方式相同，只是对于已经匹配成功的输入端口或输出端口，它们将不再参与后续轮次的匹配过程。

1. 并行迭代匹配(PIM)算法

并行迭代匹配(Parallel Iterative Matching，PIM)中的“并行”是指各输入(输出)端口的匹配是同时进行的，而“迭代”是指同样的操作过程会反复进行，前面操作过程的结果是后续操作过程的初始条件。在每次匹配开始时(每个信元周期的起始点)，各输入端口信元已按照目的输出端口分别存储在不同的缓存队列中，而且所有的输入端口、输出端口均初始化为未匹配状态。每次匹配过程最多有 N 轮循环迭代，每次迭代均经历请求(Request)、同意(Grant)、接受(Accept)三个步骤。PIM 算法的核心是每次选择均采用随机的方式完成。当一次迭代结束后，只有未实现匹配的输入端口、输出端口才能参与新一轮的匹配。三个步骤的具体操作如下所示。

(1) 请求：在输入端，每个未匹配的输入端口向其全部目的输出端口发出请求。

(2) 同意：在输出端，如果一个输出端口收到多个请求，就从中随机选择一个，每个请求获得同意的概率相等。

(3) 接受：在输入端，如果一个输入端口同时收到多个同意回复，就从中随机确认一个，并将确认信息告诉对应的输出端口。

下面用一个示例来说明 PIM 算法的三个操作过程。如图 12-8 所示，共有 4 个输入、输出端口，输入端缓存采用 VOQ 结构，每个输入端口有 4 个缓存队列，分别存储去往 4 个输出端口的信元。其中，输入端口 1 有去往输出端口 1、2 的信元，输入端口 2 没有信元等待发送，输入端口 3 有去往输出端口 2、3、4 的信元，输入端口 4 只有去往输出端口 4 的信元。在第一次迭代时，在请求阶段，输入端口 1 分别向输出端口 1、2 发出申请，输入端口 3 分别向输出端口 2、3、4 发出申请，输入端口 4 向输出端口 4 发出申请。在同意阶段，输出端口 1、3 分别同意来自输入端口 1、3 的唯一请求，输出端口 2、4 均随机选择一个输入端口，假设它们都选择输入端口 3，这样，输入端口 1 收到 1 个同意回复，输入端口 3 收到 3 个同意回复。在接受阶段，输入端口 1 接受来自输出端口 1 的唯一同意，输入端口 3 随机选择接受输出端口 2。到此完成这一次匹配的第一轮迭代过程，总共形成 2 对匹配。

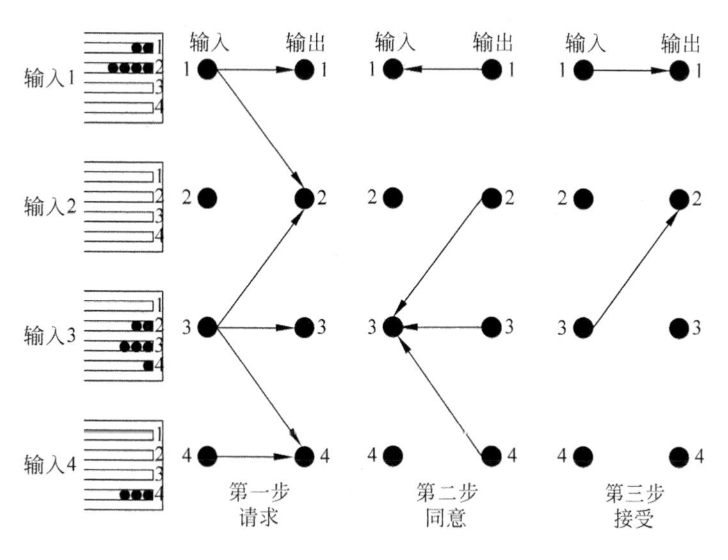

图 12-8 并行迭代匹配

在第二轮迭代时，由于已经成功匹配的输入端无权再发请求，所以只有输入端口 4 向输出端口 4 发请求，再次重复执行请求、同意、接受 3 个步骤。因此，经过 2 轮迭代过程后，这一次匹配过程就结束，共建立 3 对匹配，这表明在下一个信元周期，共有 3 个信元通过交换结构分别发送到输出端口 1、2、4。由此看出，PIM 算法的复杂度较低、便于实施，但其性能如何呢？

对于一个 $N\times N$ 的交换结构，假设其输入端的全部 VOQ 均有信元等待发送，依据 PIM 原则，在第一轮迭代时，每个输出端口将得到 N 个请求，这些请求分别来自 N 个输入端口。按照随机原则，每个输出端口同意某个特定输入端口请求的概率为 $1/N$，因此输入端口未被同意的概率是 $1-(1/N)$。如果一个输入端口没有收到任何输出端口的同意信息，这一轮迭代它将不能匹配，相应的概率为$[1-(1/N)]^N$，当端口数量 N 较大(假设它趋于无穷大)时，$[1-(1/N)]^N=1/e$。这表明在均匀业务条件下，经过一轮匹配后，能成功匹配的概率是 $1-(1/e)\approx 0.63$，也就是一次 PIM 迭代的吞吐率约为 63%。当然，经过最多 N 次迭代后，其吞吐率可达 100%，但随着端口数量的增加，完成匹配所需要的迭代次数也在增加，这势必延长算法的运行时间，进而限制交换结构的规模扩大。因此，完成匹配所需要的迭代次数越少越好，也就是每一次迭代完成配对的比例越高越好。

尽管 PIM 在 N 次迭代后可以获得 100%的吞吐率，但是当业务量较重时，可能引起不同队列之间的不公平性，用图 12-9 进行说明。图中有 2 个输入端口和 2 个输出端口，输入端口 1 的 2 个队列中均有信元等待发送，输入端口 2 的第 1 个队列有信元等待发送。从统计的意义上看，在同意阶段，输出端口 1 同意输入端口 1、2 的概率均为 1/2，输出端口 2 同意输入端口 1 的概率为 100%。在接受阶段，由于输入端口 1 的 2 号队列一定能收到同意回复，而 1 号队列收到同意回复的概率为 1/2，按照随机原则，输入端口 1 最终与输出端口 1 匹配成功的概率是 $(1/2)^2=1/4$。因此，从匹配的最终结果看，在输出端口 1，它与输入端口 1 匹配成功的概率是 1/4，那么它与输入端口 2 匹配成功的概率就是 3/4；在输入端口 1，它与输出端口 1 匹配成功的概率是 1/4，那么它与输出端口 2 匹配成功的概率就是 3/4。由此看出，输入端口 1 的 1、2 号队列的服务率分别是 1/4、3/4，输入端口 2 的 1 号队列的服务率为 3/4，显然，输入端口 1 的 1 号队列所得到的服务少于其他 2 个队列，出现了明显的不公平性。

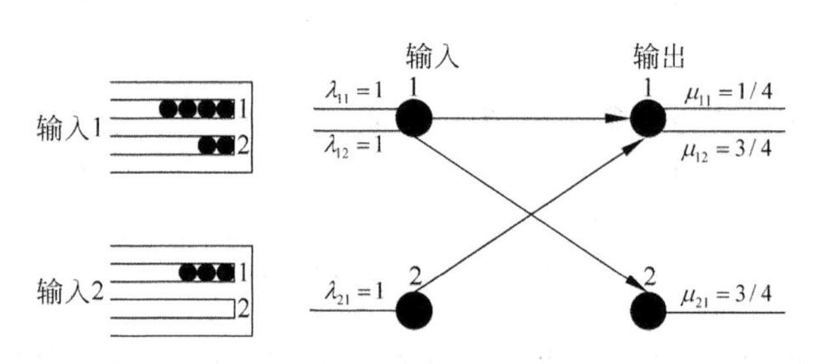

图 12-9 PIM 的不公平性

2. 迭代轮询匹配(iRRM)算法

为了解决 PIM 算法的不公平性，出现了迭代轮询匹配(Iterative Round Robin Matching，iRRM)算法。造成 PIM 算法不公平的原因在于随机选择方法，为此，iRRM 加入了轮询机制，无论在输入端还是输出端都采取轮流优先的选择方法。iRRM 的其他工作方式与 PIM 相似。在具体操作上，在每个输入、输出端口均设置循环指针，时刻指向最高优先级端口，各输入端口指针指示优先级最好的输出端口，而各输出端口指针指示最高优先级输入端口。其中，输入端口 i 的指针称为接受指针 a_i，输出端口 j 的指针称为同意指针 g_j。每一轮迭代同样执行请求、同意、接受这三个步骤，三个步骤的具体操作如下所示。

(1) 请求：在输入端，每个未匹配的输入端口向其全部目的输出端口发出请求。

(2) 同意：在输出端口 j，如果收到一个请求，就直接回复同意。如果收到多个请求，且其中有指针 g_j 当前指向的端口，就直接回复同意该输入端口请求；如果多个请求中没有指针 g_j 当前指向的输入端口，那么指针 g_j 将顺时针开始轮询，并选择最接近 g_j 当前位置的请求输入端口。同意的输入端口确定之后，g_j 指向所同意输入端口的下一个位置(模 N)。无论输入端的请求是否得到同意，都会收到输出端的回复。

(3) 接受：在输入端口 i，如果收到一个同意回复，就直接回复接受。如果同时收到多个同意回复，且其中有指针 a_i 当前指向的输出端口，就直接回复确认与该输出端口的匹配关系；如果多个同意回复中没有指针 a_i 当前指向的端口，那么指针 a_i 将顺时针开始轮询，并选择最接近 a_i 当前位置的输出端口。接受的输出端口确定之后，a_i 指向所接受输出端口的下一个位置(模 N)。同样，无论输出端的同意回复是否得到接受，都会收到输入端的回复。

下面举例说明 iRRM 算法的三个操作过程。如图 12-10 所示，共有 4 个输入、输出端口，每个输入端口有 4 个缓存队列，分别存储去往 4 个输出端口的信元。其中，输入端口 1 有去往输出端口 1、2 的信元，输入端口 2 有去往输出端口 2 的信元，输入端口 3 有去往输出端口 2、4 的信元，输入端口 4 只有去往输出端口 4 的信元。图中显示了一次匹配过程的第一轮迭代，与 PIM 算法不同的是，在每个输入、输出端口均设置了仲裁器，分别负责相应端口的轮询机制，本例中假设各仲裁指针的初始值均为 1。

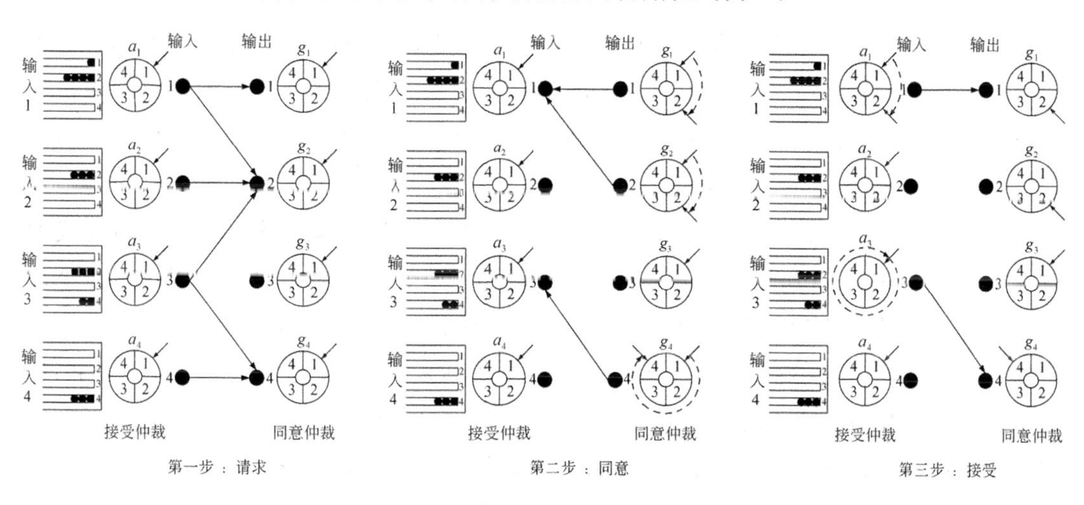

图 12-10 迭代轮询匹配

在请求阶段，输入端口 1 分别向输出端口 1、2 发出请求，输入端口 2 向输出端口 2 发出请求，输入端口 3 分别向输出端口 2、4 发出请求，输入端口 4 向输出端口 4 发出请求。

在同意阶段，输出端口 1 同意来自输入端口 1 的唯一请求，同时 g_1 指针顺时针转动到所同意输入端口的下一个位置，即指向输入端口 2；输出端口 2 收到 3 个请求，其中输入端口 1 正好是 g_2 指针的当前位置，具有最高优先级，所以输出端口 2 同意来自输入端口 1 的请求，同时 g_2 指针顺时针转动到所同意输入端口的下一个位置，即指向输入端口 2；输出端口 3 没有收到任何请求，所以不采取任何行动；输出端口 4 收到 2 个请求，其中输入端口 3 按顺时针方向最靠近 g_4 指针的当前位置，具有较高优先级，所以输出端口 4 同意来自输入端口 3 的请求，同时 g_4 指针顺时针转动到所同意输入端口的下一个位置，即指向输入端口 4。

在接受阶段，输入端口 1 收到 2 个同意回复，其中输出端口 1 正好是 a_1 指针的当前位置，具有最高优先级，所以输入端口 1 接受来自输出端口 1 的同意回复，同时 a_1 指针顺时针转动到所接受输出端口的下一个位置，即指向输出端口 2；输入端口 2 没收到同意回复，不进行任何操作；输入端口 3 只收到输出端口 4 的同意回复，所以直接接受该同意回复，并将 a_3 指针顺时针转动到所接受输出端口的下一个位置，结果又回到原位置(模 4)，指向输出端口 1；输入端口 4 没收到同意回复，也不进行任何操作。在接受阶段完成后，输入端会将接受的最后结果通知输出端。否则，在这个示例中，输出端口 1、2、4 就无法确认是否能在后续迭代轮次中继续同意其他请求。输入端口 1 将接受的最后结果通知输出端口 1、2 后，输出端口 1 就知道不能在后续迭代轮次中同意其他请求，而输出端口 2 获知其同意回复没有被接受后，就可以在后续迭代轮次中继续同意其他请求。

这样就完成了一次匹配的第一轮迭代过程，总共形成 2 对匹配。在第二轮迭代时，由于已经成功匹配的输入端口无权再发请求，所以只有输入端口 2、4 继续向各自的输出端口发请求，再次重复执行请求、同意、接受这三个步骤。直到在一轮迭代过程中没有新的匹配产生，一次匹配过程才会结束。

尽管 iRRM 通过使用轮询策略可以带来较好的公平性，但其一次迭代过程所完成的配对数量可能更少，特别是当业务量较重而各输出端指针的初始值又相同时。假设全部 N 个输入端口的 VOQ 队列均有信元等待发送，同时各输出端口仲裁器指针均指向 i。虽然在第一轮迭代过程的请求阶段，各输出端口会收到来自各个输入端口的 N 个请求，但由于它们的仲裁指针都指向 i，所以在同意阶段，各输出端口都只会同意输入端口 i 发出的请求。这样只有输入端口 i 会收到同意回复，其他输入端口均不会收到同意回复，这表明在接受阶段，只有输入端口 i 在 N 个同意回复中选择一个，其他放弃。由此看出，通过一轮迭代只完成了一对匹配。而且，由于在同意阶段各输出端口均同意输入端口 i，按照 iRRM 规则，各输出端口仲裁指针又会同时指向 $i+1$，如此继续下去，最终导致每一轮迭代都只能完成一对匹配。这种现象称为输出端同步。输出端同步现象会使一轮迭代的吞吐率下降到 $1/N$，延长完成整个匹配过程所需要的时间。

3. iSLIP 算法

尽管 iRRM 算法具有较好的公平性，且较容易实现，但会发生输出端同步现象。为了解决这一问题，出现了一种改进算法 iSLIP，iSLIP 为了解决输出端同步现象，将 iRRM 算法中输出端指针更新时刻改为输入端接受以后，而不是输出端同意后就立即更新。这样修改以后，即使在某个时刻各个输出端口仲裁指针值相同，也会由于它们的更新时间不同，而最后消除短暂的同步现象。iSLIP 策略三个步骤的具体操作如下所示。

(1) 请求：在输入端，每个未匹配的输入端口向其全部目的输出端口发出请求。

(2) 同意：在输出端口 j，如果收到一个请求，就直接回复同意。如果收到多个请求，且其中有指针 g_j 当前指向的端口，就直接回复同意该输入端口请求；如果多个请求中没有指针 g_j 当前指向的输入端口，那么指针 g_j 将顺时针开始轮询，并选择最接近 g_j 当前位置的请求输入端口。无论输入端的请求是否得到同意，都会收到输出端的回复。当且仅当在第一轮迭代过程中的同意信息在第三步中被输入端口接受，g_j 才会指向所同意输入端口的下一个位置(模 N)。

(3) 接受：在输入端口 i，如果收到一个同意回复，就直接回复接受。如果同时收到多个同意回复，且其中有指针 a_i 当前指向的输出端口，就直接回复确认与该输出端口的匹配关系；如果多个同意回复中没有指针 a_i 当前指向的端口，那么指针 a_i 将顺时针开始轮询，并选择最接近 a_i 当前位置的输出端口。接受的输出端口确定之后，a_i 指向所接受输出端口的下一个位置(模 N)，并且仅在第一轮迭代结束时进行更新。同样，无论输出端的同意回复是否被接受，输出端都会收到输入端的回复。

由于 iSLIP 仍然采用轮询的方式，所以该算法保持了较好的公平性。这里采用与 iRRM 算法相同的示例来说明 iSLIP 算法一次匹配第一轮迭代的三个步骤，如图 12-11 所示。在请求阶段，iSLIP 算法与 iRRM 算法完全相同。在同意阶段，iSLIP 算法与 iRRM 算法的不同点在于，输出端口指针保持不变，仍然全部指向 1，其他操作与 iRRM 算法相同。在接受阶段，iSLIP 算法除了采取与 iRRM 算法相同的操作以外，还进行了输出端口指针的更新。也就是当输入端口确认接受后，除了完成输入端口仲裁指针的更新以外，还需要将接受消息告知输出端口，获得接受的输出端口这时才会更新其仲裁指针。各输入、输出端口指针的更新均在接受环节。

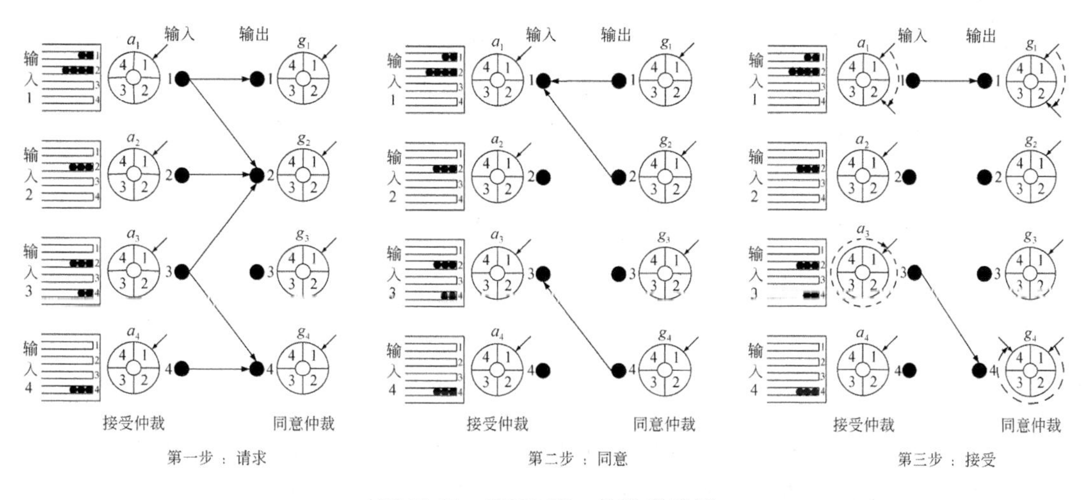

图 12-11　iSLIP 第一轮迭代示例

对比 iSLIP 算法与 iRRM 算法的第一轮迭代结果可以看出，建立的匹配关系相同，都是“输入端口 1/输出端口 1”和“输入端口 3/输出端口 4”，不同的是输出端口 2 的指针位置，虽然输出端口 2 在第一轮迭代中没成功匹配，但在 iRRM 算法中进行了指针更新，而在 iSLIP 算法中没有进行更新。当然，在后续轮次的迭代过程中，只有没成功匹配的输入端口 2、4 继续参与。

除了输出端指针的更新时刻不同以外，iSLIP 算法与 iRRM 算法的另一个不同之处是，iSLIP 算法后续轮次的迭代均不更新指针，这就是上述 iSLIP 算法准则中所规定的仅在第一轮迭代结束时才进行输入、输出端口指针的更新，这是为了防止出现部分队列长期得不到服务的现象。用图 12-12 来说明这一问题，图中分别有 4 个输入、输出端口，假设第一轮迭代开始时，各输入、输出端口指针值全部为 1，而且在第 1 轮迭代结束后，“输入端口 1/输出端口 1”和“输入端口 3/输出端口 4”完成匹配，如图 12-12(a)所示。

在第 2 轮迭代结束后，“输入端口 2/输出端口 2”完成匹配，如图 12-12(b)所示，这时 g_2 指针没有发生变化，但是如果此时允许 g_2 指针发生变化，将其移动到输入端口 3，如图 12-12(c)所示，情况会如何呢？如此操作以后，在输出端口 2 本来具有最高优先级的输入端口 1 的 2 号队列，就不再具有最高优先级，导致在下一个信元周期进行匹配时，输入端口 1 的 2 号队列仍有可能无法匹配成功。这就有可能使输入端口 1 的 2 号队列长期得不到服务，造成不公平现象。而如果在第二轮迭代时不允许指针 g_2 更新，那么在输出端口 2，输入端口 1 的 2 号队列就始终处于最高优先级。

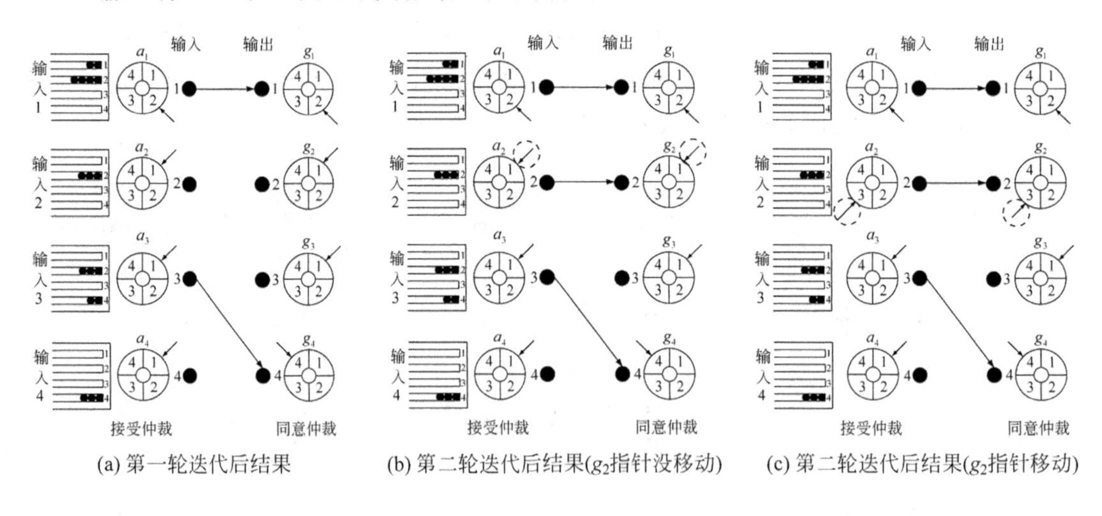

(a) 第一轮迭代后结果　(b) 第二轮迭代后结果(g_2指针没移动)　(c) 第二轮迭代后结果(g_2指针移动)

图 12-12　iSLIP 的指针更新对比

iSLIP 算法另一个有趣的特点是，当业务量很重，使各输入端口每个队列都有信元等待发送时，其一次迭代的吞吐率可达 100%。也就是各输出端口指针会在算法去同步作用下，逐渐指向不同的输入端口，而各输入端口均有信元发往每个输出端口，所以仅进行一次迭代就可完成一次匹配，并实现100%的吞吐率。另外，在公平性方面，各个队列在2($N-1$)个信元周期内至少可以获得一次服务机会。

4. FIRM 算法

iSLIP算法解决了iRRM算法的输出端同步现象，而且还保证了较好的公平性。但由于其采用只有当输入端口接受后才可能更新输出端口指针的方法，一旦某个同意回复没有被输入端口接受，其所对应的队列就会继续等待下一个信元周期的匹配机会，如果此时在其他输入端口目的端口相同的空队列中有新到信元，在下一个信元周期就可能出现其他输入端口新到信元先匹配成功的情况，而上一个信元周期未匹配成功的先到信元需要继续等待，出现后到先服务的状况。为了实现先到先服务(First Come First Serve, FCFS)的准则，又出现了一种称为FIRM(Fcfs In Round robin Matching)的改进算法。FIRM与iSLIP的工作方式相似，唯一不同点是，如果在第一轮迭代过程中，输出端的同意回复未被输入端接受，则输出端口指针更新为被同意输入端口的位置。这就保证了未匹配成功、先到的信元在下一个信元周期能得到优先匹配，实现先到先服务的思想。FIRM算法三个步骤的具体操作如下所示。

(1) 请求：在输入端，每个未匹配的输入端口向其全部目的输出端口发出请求。

(2) 同意：在输出端口j，如果收到一个请求，就直接回复同意。如果收到多个请求，且其中有指针g_j当前指向的端口，就直接回复同意该输入端口请求；如果多个请求中没有指针g_j当前指向的输入端口，那么指针g_j将顺时针开始轮询，并选择最接近g_j当前位置的请求输入端口。无论输入端的请求是否得到同意，都会收到输出端的回复。在第一轮迭代过程中，如果同意回复在第三步中被输入端接受，g_j指向所同意输入端口的下一个位置(模N)；如果同意回复在第三步中没有被输入端接受，g_j指向所同意输入端口的位置。

(3) 接受：在输入端口i，如果收到一个同意回复，就直接回复接受。如果同时收到多个同意回复，且其中有指针a_i当前指向的输出端口，就直接回复确认与该输出端口的匹配关系；如果多个同意回复中没有指针a_i当前指向的端口，那么指针a_i将顺时针开始轮询，并选择最接近a_i当前位置的输出端口。接受的输出端口确定之后，a_i指向所接受输出端口的下一个位置(模N)，并且仅在第一轮迭代结束时进行更新。同样，无论输出端的同意回复是否得到接受，输出端都会收到输入端的回复。

FIRM算法进一步改善了iSLIP算法的公平性，较好地实施了先到先服务(FCFS)策略。为了说明这一问题，首先参见图12-13，图中显示FIRM算法一个信元周期的第一轮迭代过程，同意和接受指针的初始状态如图中所示。其中，输入端口2有去往输出端口2、4的信元，输入端口3有去往输出端口1、3的信元，输入端口4有去往输出端口4的信元，输入端口 1 没有等待发送信元。在请求阶段，各个输入端口向其全部目的输出端口发出请求。在同意阶段，由于输出端口 1、2、3 均只收到 1 个请求，所以全部回复同意，而输出端口 4 收到来自输入端口 2、4 的两个请求，因为输入端口 2 按照顺时针方向更靠近 g_4 当前的位置，所以选择同意输入端口 2 的请求。在接受阶段，因为输入端口 2、3 均收到两个同意回复，所以需要按照上述准则进行选择，结果分别选择接受输出端口 4、输出端口 3 的同意回复，同时，按照匹配关系“输入 2/输出 4”和“输入 3/输出 3”，分别将这 4 个端口的指针移动到所选择值的下一个位置，值得注意的是，输出端口 1(输出端口 2)的同意回复没有得到输入端口 3(输入端口 2)的接受，所以将输出端口 1(输出端口 2)的指针调整到指向输入端口 3(输入端口 2)，以便让当前已处于等待状态的信元在下一个匹配周期有更高的优先级。注意，这一次匹配过程经过一轮迭代就已经完成。

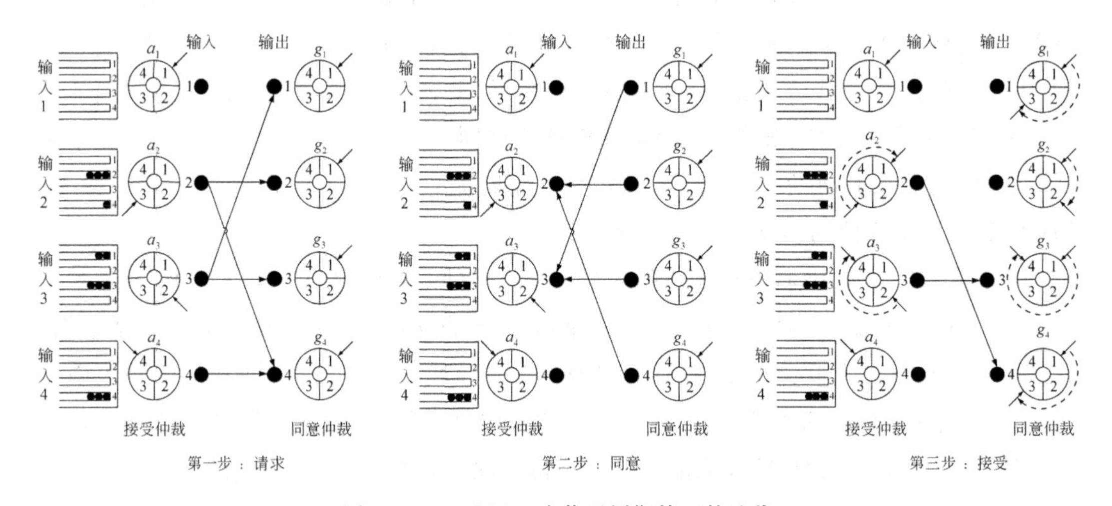

图 12-13　FIRM 一个信元周期第一轮迭代

为了说明 FIRM 算法能够执行 FCFS 策略，接下来继续观察第二个信元周期的匹配情况，如图 12-14 所示，其初始状态就是图 12-13 的结束状态，所不同的是，前一信元周期匹配成功的 2 个信元已经发送，而且在输入端口 2 到达了一个去往输出端口 1 的信元。此时，输入端口 2 有去往输出端口 1、2 的信元，输入端口 3 有去往输出端口 1、3 的信元，输入端口 4 有去往输出端口 4 的信元，输入端口 1 没有等待发送信元。在请求阶段，各个输入端口同样向其全部目的输出端口发出请求。在同意阶段，由于输出端口 2、3、4 均只收到 1 个请求，所以全部回复同意，而输出端口 1 收到来自输入端口 2、3 的两个请求，由于此时输出端口 1 的指针指向输入端口 3，所以输入端口 3 获得同意机会。在接受阶段，由于输入端口 2、4 均只收到 1 个同意回复，所以全部回复接受，而输入端口 3 收到来自输出端口 1、3 的两个同意回复，因为此时输入端口 3 的指针指向输出端口 4，按顺时针方向输出端口 1 更靠近，所以输出端口 1 获得接受，接受阶段的指针调整方式如图 12-14 中所示，共完成3对匹配。同样，这一次匹配过程经过一轮迭代就已经完成。

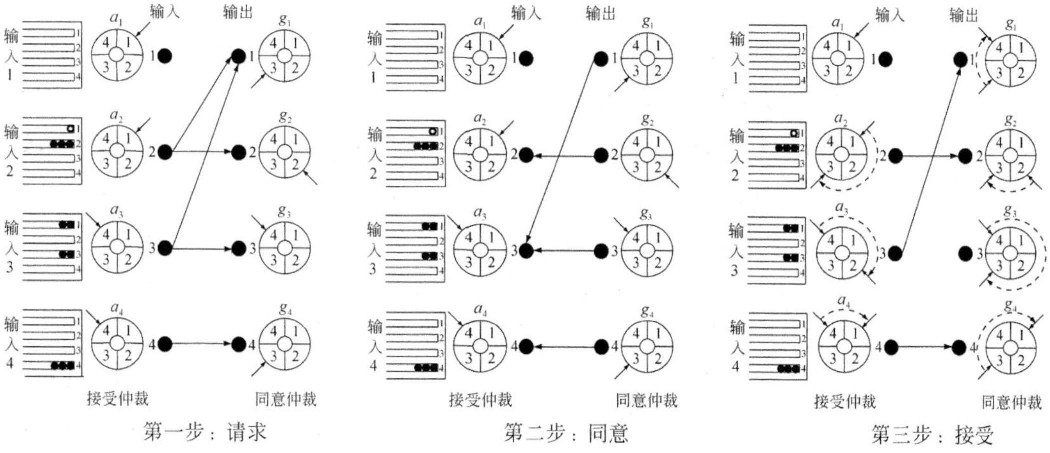

图 12-14 FIRM 第二个信元周期第一轮迭代

从上述前后两个信元周期的匹配过程可以看出，正因为在前一个信元周期已经将输出端口1的指针移动到输入端口3，才会在第二个信元周期进行匹配时，让已经等待较长时间的输入端口3的1号队列具有更高优先级，并获得同意机会。而如果在前一个信元周期不进行输出端口1的指针移动，那么此时获得同意的就是输入端口2新到达的信元。这说明 FIRM 算法能够执行先到先服务的策略，比 iSLIP 算法具有更好的公平性。

5. 双轮询匹配(DRRM)算法

在上述采用轮询的 iRRM、iSLIP、FIRM 算法中，一次匹配的每一轮迭代均采用请求、同意、接受这三个步骤，为了进一步减少环节、缩短匹配时间，出现了只有请求、同意这两个环节的双轮询匹配(Dual Round Robin Matching，DRRM)算法。DRRM 仍然采用轮询方式，其工作方式与 iSLIP 相似，不同之处在于，DRRM 在输入端的请求阶段就开始轮询选择，也就是在非空队列中仅选择一个发送请求，而不是向全部非空队列的目的输出端口发出请求。DRRM 一次匹配过程包含请求、同意两个步骤，其具体操作如下所示。

(1) 请求：在输入端口 i，以当前指针 a_i 的位置为最高优先级，按照顺时针方向选择第一个非空队列，并向其目的输出端口发送请求。如果在同意阶段所发出的请求被输出端同意，输入端口指针 a_i 将顺时针移动到所请求输出端口的下一个位置，否则指针 a_i 不进行更新。如果在输入端口 i 没有队列等待发送，就不进行任何操作。

(2) 同意：在输出端口 j，如果收到一个请求，就直接回复同意；如果收到多个请求，就以当前指针 g_j 的位置为最高优先级，按照顺时针方向选择最靠近的输入端口并做出同意回复。同时将指针 g_j 移动到所同意输入端口的下一个位置。无论输入端的请求是否得到同意，都会收到输出端的通知。如果在输出端口 j 没有收到请求，也不进行任何操作。

由于在一次匹配过程中，每个输入端口只能发送一个请求，因此各输入端口最多收到一个同意回复，所以不需要像其他轮询算法一样再继续第三阶段的接受操作，从而大幅节约了算法的运行时间。下面仍然通过一个示例来说明算法的工作过程，如图 12-15 所示。输入、输出端口指针的初始状态如图中所示，此时，输入端口 1 有去往输出端口 1、2 的信元，输入端口 2 有去往输出端口 3 的信元，输入端口 3 有去往输出端口 2、4 的信元，输入端口 4 有去往输出端口 4 的信元。在请求阶段，每个输入端口选择一个 VOQ 并向其输出端口发送请求，按照以顺时针方向最靠近当前指针的原则，输入端口 1、2、3、4 分别选择向输出端口 1、3、4、4 发出请求。在同意阶段，输出端口 1、3 分别只收到一个请求，直接回复同意，而输出端口 4 收到来自输入端口 3、4 的两个请求，同样按照以顺时针方向最靠近当前指针的原则，输出端口 4 选择输入端口 4 回复同意，然后完成匹配的 3 对输入、输出端口指针分别进行调整，调整方法还是移动到其匹配端口的下一个位置，如图 12-15 中所示。需要注意的是，由于输入端口 3 没有完成匹配，其指针保持不变。

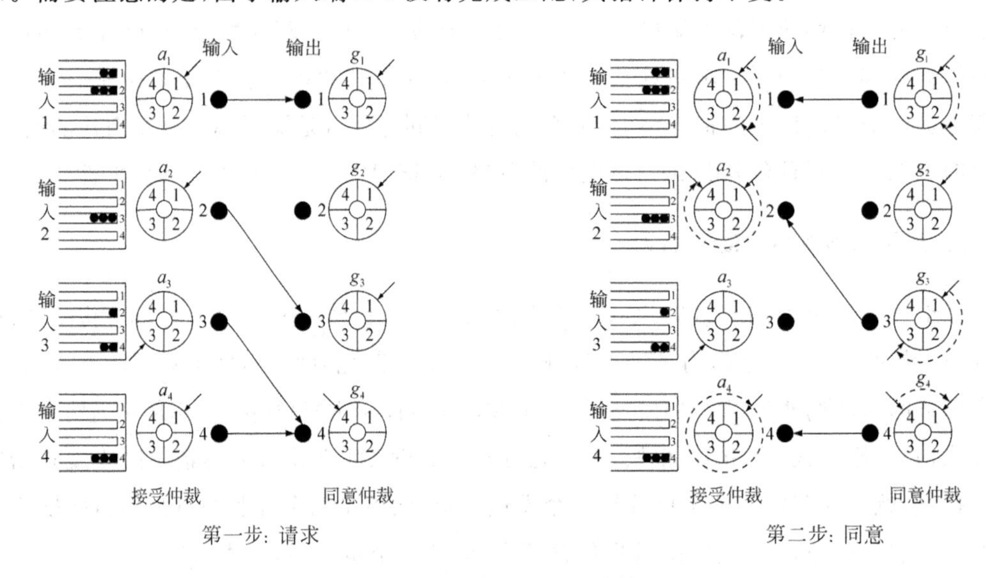

图 12-15　DRRM 匹配示例

与 iSLIP 算法一样，DRRM 算法也没有输出端同步现象，这是因为无论在输入端还是输出端，每个端口发出的请求或同意都具有唯一性，即使在某个时间点全部输入端口向同一个输出端口发出请求，也会随着时间的推移自动实现去同步。下面同样以满负载情况进行说明，如图 12-16 所示。假设分别有 3 个输入端口(1、2、3)和 3 个输出端口(A、B、C)，且当前各输入端口指针均指向输出端口 A，各输出端口指针均指向输入端口 1。同时，各输入端口 3 个队列均有信元等待发送。

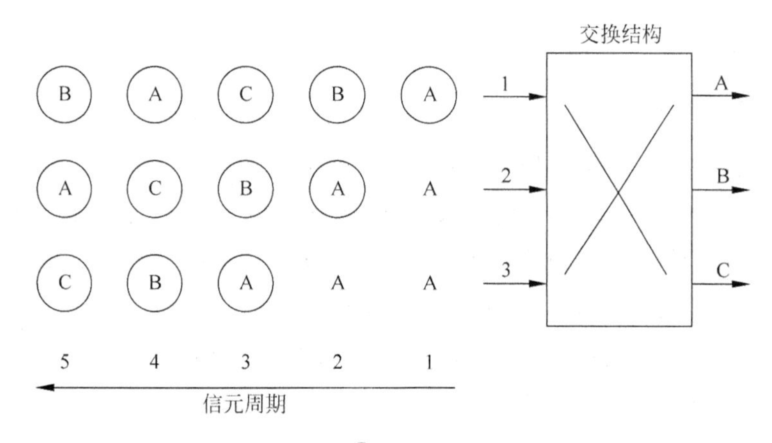

图 12-16 全负载时 DRRM 的非同步效果

在第 1 个信元周期的请求阶段，按照以顺时针方向最靠近当前指针的原则，3 个输入端口均会向输出端口 A 发请求。在同意阶段，按照相同的原则，输出端口 A 会选择同意输入端口 1，输出端口 B、C 均未收到请求。匹配完成后，输入端口 1 的指针会指向输出端口 B，输出端口 A 的指针会指向输入端口 2，而其他 4 个指针均未发生移动。匹配结果如图 12-16 中第 1 个信元周期所示。

在第二个信元周期，按照指针靠近原则，在请求阶段，输入端口 1 会发请求到输出端口 B，而输入端口 2、3 会继续向输出端口 A 发请求。在同意阶段，输出端口 A 会选择同意输入端口 2 的请求，输出端口 B 会同意输入端口 1 的请求。匹配完成后，输入端口 1、2、3 的指针分别指向输出端口 C、B、A，而输出端口 A、B、C 的指针分别指向输入端口 3、2、1，匹配结果如图 12-16 中第 2 个信元周期所示，其中，带圆圈的表示匹配成功队列，不带圆圈的表示等待匹配队列。

在第三个信元周期，同样按照指针靠近原则，输入端口 1、2、3 会分别向输出端口 C、B、A 发请求，而输出端口 A、B、C 会分别同意输入端口 3、2、1 的请求。匹配完成后，输入端口 1、2、3 的指针分别指向输出端口 A、C、B，而输出端口 A、B、C 的指针分别指向输入端口 1、3、2，匹配结果如图 12-16 中第 3 个信元周期所示。

后续信元周期的匹配结果如图 12-16 所示。由此可以看出，从第 3 个信元周期结束开始，各输入端口(输出端口)的指针均不相同，并一直持续下去，因此在以后的每个信元周期都能全部匹配成功，不会出现同步现象。

相对于其他轮询算法，DRRM 算法的运行时间较短。一方面，将每次迭代过程的 3 个环节减少为 2 个环节，节约了输入端和输出端之间信息传递的往返时间。另一方面，DRRM 算法只需要一轮迭代过程就可以完成匹配，不需要多轮次的反复迭代。

6. 穷尽双轮询匹配(EDRRM)算法

在前面介绍的轮询匹配算法中,每一个信元周期都要为下一个信元周期的传输进行输入端和输出端的匹配,交换结构采取的是基于信元逐个进行调度的方案。但匹配成功的队列中常常不止一个信元,为了实现基于信元的绝对公平,每个信元都单独进行调度,这会耗费大量的资源及时间,使效率降低。为了提高交换结构的效率,特别是当业务分布不均匀、突发业务量较大的时候,可采取一种效率更高的策略,即:将一个匹配队列中的信元传输完毕后,再传输其他队列中的信元,这就是穷尽策略。将此策路与DRRM算法相结合,就形成了穷尽双轮询匹配(Exhaustive Dual Round Robin Matching,EDRRM)算法。

在EDRRM算法中,当目前传输的VOQ中没有信元时,输入端指针才进行更新。与DRRM相比,除了应用穷尽策略以外,EDRRM还有另外两个不同之处。首先,输出端指针指向最新匹配的输入端口,而不是指向所匹配输入端口的下一个位置。这实际上就是不主动更新指针的位置,因为输出端不知道正被服务的VOQ在这次服务后是否为空。其次,如果输入端向输出端发送的请求未被同意,输入端指针将更新到该请求所对应输出端口的下一个位置,而不是像DRRM一样保持不变。这是因为,如果输入端未得到输出端的同意,就说明该输出端口已经被其他输入端口占用,而且其正在传输的队列中很可能不止一个信元,所以没有必要一直等下去。EDRRM的具体操作如下所示。

(1) 请求:在输入端口i,以当前指针a_i的位置为最高优先级,按照顺时针方向选择第一个非空队列,并向其目的输出端口发送请求。如果在同意阶段所发出的请求被输出端同意,当队列中只有一个信元时,输入端口指针a_i就更新到所选择输出端口的下一个位置;当队列中不止一个信元时,输入端口指针a_i保持不变。如果在同意阶段所发出的请求没有被输出端口同意,输入端口指针a_i就更新到所选择输出端口的下一个位置。如果在输入端口i没有队列等待发送,就不进行任何操作。

(2) 同意:在输出端口j,如果收到一个请求,就直接回复同意;如果收到多个请求,就以当前指针g_j的位置为最高优先级,按照顺时针方向选择最靠近的输入端口并做出同意回复。同时将指针g_j移动到所同意输入端口的位置。无论输入端的请求是否得到同意,都会收到输出端的通知。如果在输出端口j没有收到请求,也不进行任何操作。

这里通过一个示例来说明EDRRM算法的工作过程,如图12-17所示。各输入、输出端口指针的初始状态如图中所示,此时,输入端口1有去往输出端口1、2的信元,输入端口2有去往输出端口3、4的信元,输入端口3有去往输出端口3的信元,输入端口4有去往输出端口2、3的信元。在请求阶段,输入端口1指针指向输出端口1,而输出端口1指针未指向输入端口 1，这说明在前一个信元周期，输入端口 1 没有和输出端口 1 匹配，现在输入端口 1 到输出端口 1 的请求属于新业务。同样，输入端口 2 请求输出端口 3 进行新业务的传输。同时看到，由于输入端口 3 指针指向输出端口 3，而输出端口 3 的指针指向输入端口 3，因此它们很有可能在前一个信元周期就开始匹配传输信元。输入端口 4 和输出端口 2 的情形与输入端口 3 和输出端口 3 的情形相似，只是在输入端口 4 中，相应队列只剩 1 个信元。

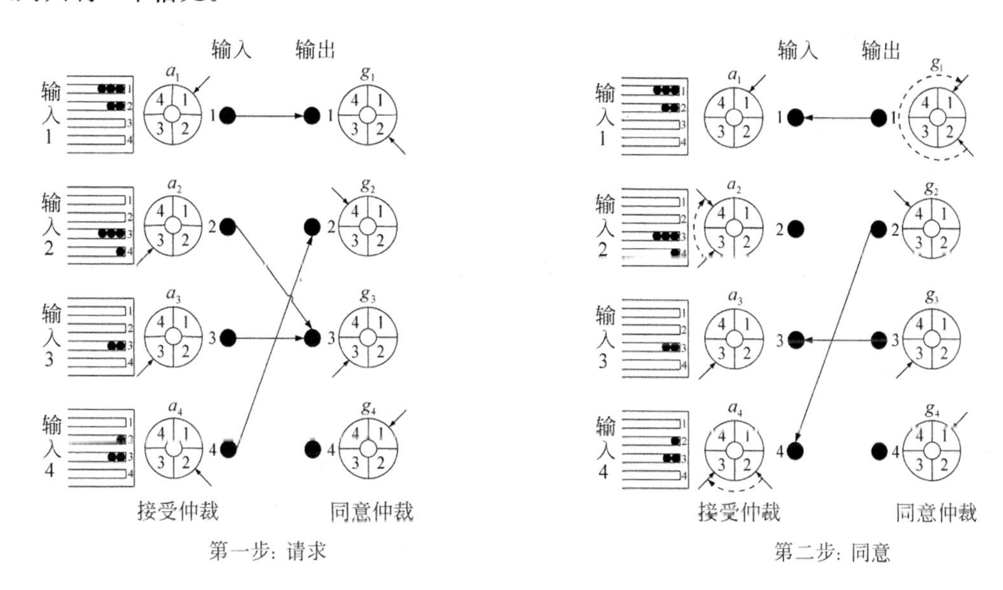

图 12-17 EDRRM 匹配示例

在同意阶段，输出端口 1 同意来自输入端口 1 的唯一请求，并将输出端口 1 指针指向输入端口 1。输出端口 2、3 分别同意来自输入端口 4、3 的请求，但由于输入端口 4 到输出端口 2 的队列只有 1 个信元，因此需要将输入端口 4 的指针移动到所匹配输出端的下一个位置，即 $a_4=3$。输入端口 2 到输出端口 3 的请求未被同意，因此输入端口 2 指针移动到所请求输出端的下一个位置，即 $a_2=4$。由于输入端口 1 的第 1 个队列以及输入端口 3 的第 3 个队列长度都超过 1，因此这两个输入端口的指针均保持不变。

由上述过程不难发现，在接下来的第二轮迭代过程中，输入端口 2 将会与输出端口 4 匹配成功，从而实现 4 对成功匹配。达到这一效果的原因，正是由于输入端口指针在匹配未成功时会发生变化，从而使 EDRRM 算法的迭代过程不止一轮，进而获得较多的匹配成果。如果在第一轮匹配结束时，未匹配成功的输入端口 2 不进行指针更新，就不可能有第 4 对成功匹配，因为输入端口 2 会一直向输出端口 3 发请求，而输出端口 3 已经成功匹配，不会再接受其他请求。其实，如果不进行未匹配成功端口的指针更新，该算法在一轮匹配后就结束。

7. 其他高效匹配算法思路

效率和性能往往是一对矛盾，为了追求最佳性能往往耗费大量时间，而为了达到实用化目标，一般采用较高的效率去接近最佳性能，就如同本章介绍的最大极限匹配和最大匹配一样。因此，从某种意义上讲，可以实用化才是首要目标。随着交换结构规模的迅速扩大，缩短匹配算法的运行时间一直是人们研究的重要课题，能否实现高效、快速匹配已成为交换结构发展的瓶颈，为此，出现了一些减少匹配环节、缩短匹配总时间的方法和思路，包括采用等待队列长度、新到达信元信息、块状信息结构等。

在一个信元周期，每个输入端口按照线速率最多到达一个信元，并且最多发送一个信元到交换结构的输出端。因此，经过一个信元周期后，输入端各个 VOQ 的长度基本不变。所以，如果使用等待队列长度作为匹配权值，那么一个具有较大权值的匹配在连续几个信元周期往往会保持其较大权值。正是基于这一思路，在使用等待队列长度作为匹配权值时，每次匹配可以将上次匹配结果中权值较大的匹配结果保留下来，继续使用，不需要进行反复迭代过程，以加快匹配进程。

另一方面，每个信元周期队列长度的变化是基于新到信元的目标输出端口，所以在寻找为哪个队列建立匹配时，不一定在每个信元周期都要进行各个队列的轮询，而是直接使用新到达信元的信息，就可以快速确定希望与哪个输出端口建立匹配关系。虽然决策过程不是基于大型交换结构的完整信息，但却是改变以前状态的关键样本，所以可以简化决策过程，大幅缩短匹配时间，尽管其匹配结果不一定是最优方案。

为了节约匹配时间，对于大型交换结构可以采用基于帧结构的调度匹配方法，将多个输出端相同的信元组合在一起，形成一个更大的块状信息结构，通过一次匹配就将其全部传输到输出端，相比于每个信元逐个匹配的方式，可节约大量匹配时间。随着线速率从10Gb/s 增加到 40Gb/s、100Gb/s，信元周期越来越短，如果仍采用逐个信元进行调度的方法，虽然性能更好，但时间成本太高。因此，基于帧的匹配有较大发展空间。

12.3 输出端分组调度

前面两节主要介绍了交换结构输入、输出端的匹配问题，其目的是将存储在输入端的信元高效、有序地通过交换结构传输到输出端。来自不同输入端的信元到达交换结构的输出端后，首先进行重新组合，恢复为以前的分组，然后分别存储在不同的队列中等待从线路的输出端口发出。那么在不同队列中的分组是如何确定发送的先后次序呢？所以，需要有一个分组调度规则来决定发送分组的先后次序。也就是需要一个调度算法，在充分利用网络资源的同时，按照业务的优先级来匹配不同的传输质量。图 12-18 为一个输出端的分组调度构架，包括缓存队列和分组调度两部分，缓存队列用于存储来自不同输入端的分组，而分组调度模块用于确定发送分组的先后顺序，并将指令发送给缓存队列。下面介绍几种较常见的输出端分组调度方案。

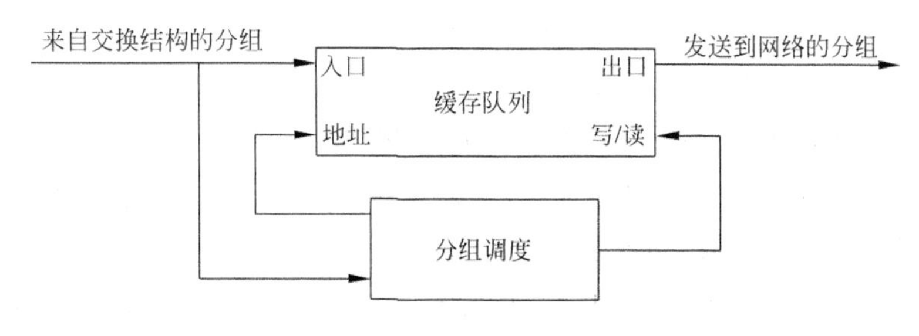

图 12-18　分组调度构架

1. 最大-最小调度

分组调度就是要在多个连接之间公平地分配带宽。参见图 12-19，图中有 3 个节点和一个路由器 R，节点 A 到路由器 R 之间的链路速率是 5Mb/s，节点 B 到路由器 R 之间的链路速率是 50Mb/s，路由器 R 到节点 C 之间的链路速率是 1.1Mb/s。如果节点 A、B 到路由器 R 的数据都需要转发到节点 C，那么 R 到 C 的链路速率就显然不足，于是就出现了如下问题，路由器 R 如何在节点 A、B 之间分配它去节点 C 的传输资源，才算是具有公平性？是分别给节点 A、B 分配 0.55Mb/s 的传输速率，还是分别给节点 A、B 分配 0.1Mb/s、1Mb/s 的传输速率，也就是采取等额分配还是采取等比例分配。

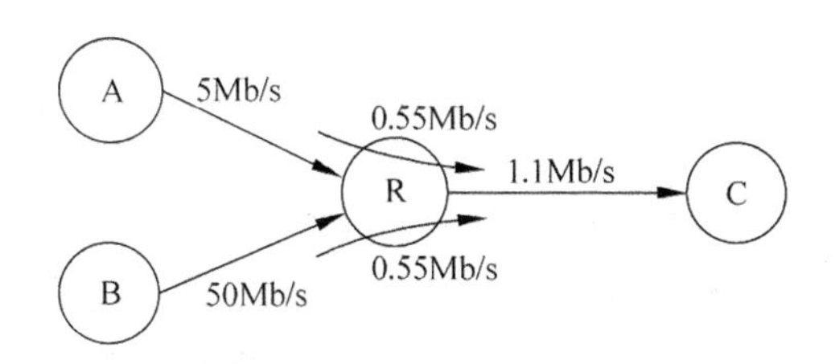

图 12-19　资源的公平分配

一种简单的公平分配方案就是直接给每个节点分配相同的传输速率。例如，当 R 个节点同时接入一个速率为 C 的链路时，为了保证公平性，就给每个节点分配 C/R 的传输速率。但由于部分节点的接入速率可能低于这一平均速率，如此分配后可能导致部分资源的闲置浪费。因此其改进方法是，首先分配给全部节点一个相同的最小传输速率，然后由各个节点共享剩余资源，以保证网络资源的充分利用，这就是最大-最小分配方法。具体到实际应用中，当 N 组流量共享速率为 C 的链路时，假设 $W(f_i)$、$R(f_i)$ 分别表示流量 $f_i(1\leqslant i\leqslant N)$ 希望的传输速率和分配的传输速率，且有 $\sum R(f_i)\leqslant C$，最大-最小分配方法具体步骤如下。

(1) 从集合$\{W(f_i)\}(1\leqslant i\leqslant N)$中选择最小速率所对应的流量 f_j。

(2) 如果 $W(f_j)\leqslant C/N$,则令 $R(f_j)=W(f_j)$。

(3) 如果 $W(f_j)>C/N$,则令 $R(f_j)=C/N$。

(4) 计算 $N=N-1$、$C=C-R(f_j)$,将流量 f_j从集合$\{W(f_i)\}$中移除。

(5) 如果 $N>0$,则返回第(1)步。

下面举例说明最大-最小分配方法的具体应用,如图 12-20 所示。图中共有 4 组流量,它们共享路由器 R 到目的节点 D 的传输容量,4 组流量的速率分别是 0.2Gb/s、0.5Gb/s、5Gb/s、3Gb/s,路由器 R 到节点 D 的传输速率为 2Gb/s。按照上述步骤,流量 f_1所需的速率最小,且 $W(f_1)<2/4=0.5$Gb/s,所以 $R(f_1)=0.2$Gb/s。完成流量 f_1的分配后,$N=4-1=3$,$C=2-0.2=1.8$Gb/s。重复步骤(1)～步骤(4),有 $W(f_2)<1.8/3=0.6$Gb/s,所以 $R(f_2)=0.5$Gb/s,且 $N=2$,$C=1.3$Gb/s。继续重复步骤(1)～步骤(4),有 $W(f_4)>1.3/2=0.65$Gb/s,所以 $R(f_4)=0.65$Gb/s,且 $N=1$,$C=0.65$Gb/s。最后,$R(f_3)=0.65$Gb/s,完成 4 个业务流的速率分配。

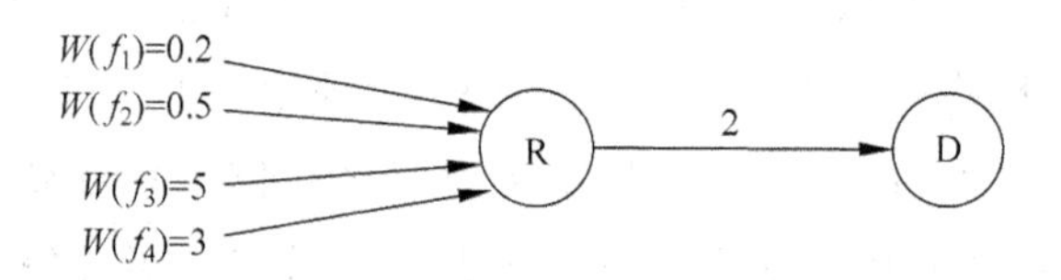

分配结果:$R(f_1)=0.2$、$R(f_2)=0.5$、$R(f_3)=0.65$、$R(f_4)=0.65$

图 12-20 最大-最小分配示例

2. 轮询调度

另一种比较简单的调度策略是轮询调度。到达交换结构输出端的分组将按照其业务流编号(或服务等级)储存到不同队列,调度器以轮询方式依次从非空队列中取出分组并发出。轮询调度器同等对待各个队列,给每个队列提供相同的发送机会。当各个队列的权重相同、全部分组长度相等(例如 ATM 信元)时,轮询调度策略具有较好的性能。

当队列数量十分庞大(例如,几千甚至几万以上)且链路速率较高时,继续采用轮询的方式逐一确定非空队列,势必浪费大量时间、影响工作效率,毕竟在如此庞大的队列中会有很多空队列,它们并不需要发送分组。在这种情况下要采用轮询机制,可单独建立一个离开队列(Departure Queue,DQ),用 DQ 存储非空队列的编号,如图 12-21 所示。来自交换结构输出端的数据分组存储在缓存队列中(图中未显示),各数据分组的存储地址(例如,A_i、A_j、A_k等)按照其业务流编号分别存储到不同的业务流队列(Flow Queue,FQ),共有 M 个业务流队列。每个非空 FQ 的编号(1～M)将被储存到 DQ 中,且每个编号只存储一个。

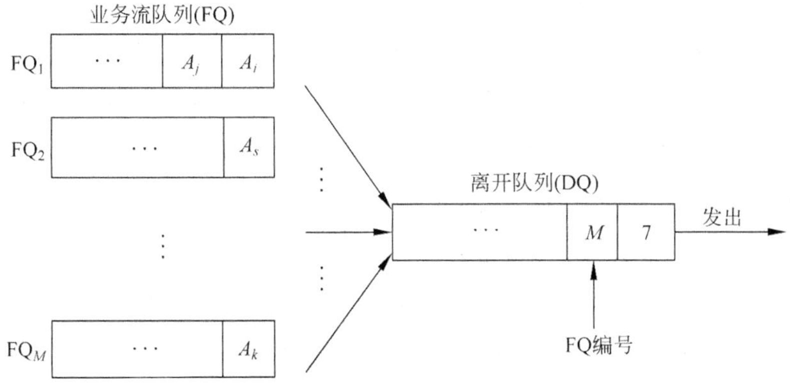

业务流队列(FQ)

FQ$_1$	…	A_j	A_i

FQ$_2$	…	A_s

⋮

FQ$_M$	…	A_k

离开队列(DQ)

…	M	7	发出 →

FQ编号

图 12-21　轮询调度的实现

输出端发送数据分组的顺序就是DQ中的排列顺序。当输出端需要发出数据分组时，首先查看DQ队列的第一个编号，然后按照这个编号去查询对应的FQ，并读取该FQ中第一个分组的存储地址，获取分组地址后，再从数据缓存队列中将相应的数据分组取出并发送。无论是DQ还是FQ，第一个时隙被读取后，排在后面的编号(在DQ中)或地址(在FQ中)均依次向前移动。如果发送数据分组之后，所对应的FQ仍然有数据分组等待发送，其编号将被再次写入DQ的尾部。另外，当一个空FQ有新数据分组地址写入时，该FQ编号也将被写入DQ的尾部，参与轮询排队。

在每个时刻，可能有多个分组同时到达输出端，此时就会有多个地址存储到FQ中，对于开始非空的FQ，其编号不会写入DQ，因为在DQ中已经存储了它的编号，而对于开始为空的FQ，其编号将被写入DQ尾部，但在任一时刻，最多只能有一个数据分组从输出端发送。在这种轮询机制中，FQ的数量可以任意设定，M值可以是交换结构端口数量的几十倍。因此，这种方式的扩展性较好。

3. 加权轮询调度

轮询调度可以给每个非空业务流队列相同的服务机会，但是当一些队列的业务量较重或优先级较高时，要让其获得更多的传输机会就比较困难。为此，引入了加权轮询(WRR)调度。在一个加权轮询系统中，每一个FQ$_i$都有一个与之相关联的整数权重W_i，当服务到队列i时，将发送该队列W_i个分组。这有利于给不同的队列分配不同的服务量。假设输出线路速率为V，那么队列i所分配的速率就是$V \times W_i / (\sum_k W_k)$。例如，一个有3个队列的加权轮询系统，A、B、C三个队列的权重分别为$W_A=3$、$W_B=2$、$W_C=5$，那么A、B、C三个队列得到的服务份额分别是30%、20%、50%。在一轮服务中，从输出端发出的数据分组序列就是AAABBCCCCC。

在具体实施 WRR 调度策略时，每个队列都有一个权重寄存器 W_i 和一个计数器 F_i，计数器 F_i 用于记录该队列在一轮服务中还剩余的分组数量，如图 12-22 所示，各个队列权重之和就是一轮服务发送的数据分组总数，也就是一个数据帧，它包含的数据分组总数 $F=\sum_k W_k$。各队列权重寄存器中一直存储预设的整数权值。在一轮服务开始时，也就是开始一帧的传输时，计数器 F_i 均初始化为它的权重 W_i，然后，每个非空队列被轮流服务。当队列 i 被服务时，每发出一个数据分组，计数器 F_i 值就减 1，当计数器 F_i 值减为零时就接着服务下一个非空队列。当发送完 F 个分组后，一个数据帧就发送完毕。另外，当部分队列的分组数量比其权重小的时候，一帧所发出的数据分组数量会小于 F，此时也会重新开始一个新数据帧的发送。

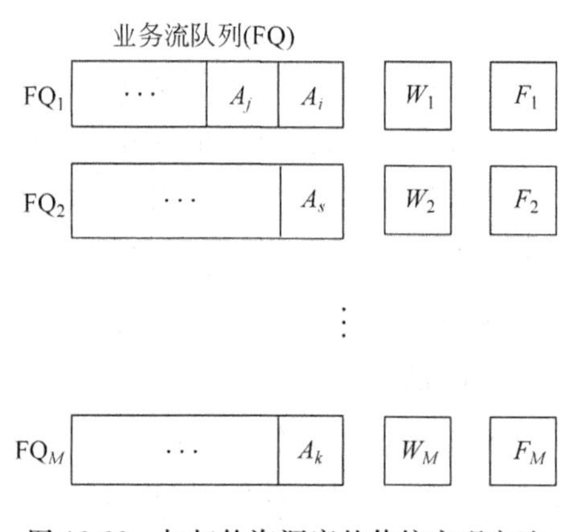

图 12-22 加权轮询调度的传统实现方法

另一方面，当队列数量庞大且存在较多空队列时，逐个轮询各个队列显然会浪费较多时间、降低效率。为此，可添加两个离开队列，如图 12-23 所示。在两个 DQ 队列中，一个处于激活状态，负责安排当前数据帧的传输，另一个处于备用状态，负责安排下一个数据帧的传输，两个 DQ 队列分别记为 DQ_a 和 DQ_s。储存新到达数据分组及其地址的方法与前面介绍的轮询调度方法相同。当一个新的数据帧开始传输时，按照 DQ_a 中的队列顺序依次发送数据分组，每个队列编号发送一个数据分组，直到 DQ_a 变空为止。然后，DQ_a 和 DQ_s 的功能互换，在图 12-23 中，DQ_1 和 DQ_2 分别轮换完成 DQ_a 和 DQ_s 的功能。

在一个新数据帧开始传输时，每一个计数器都会初始化为它的权重。当一个新数据分组到达时，如果它是队列中的第一个分组且该队列的计数器不为零，就将该队列的编号加入 DQ_a 的尾部；如果它是队列中的第一个分组但该队列的计数器为零，就将该队列的编号加入 DQ_s 的尾部；如果它不是队列中的第一个分组，就仅将其存储地址加入相应 FQ 的尾部。对于 FQ_i，该队列每发送一个数据分组，其计数器 F_i 减 1，如果此时 FQ_i 非空且 F_i 不为零，就将队列编号 i 写入 DQ_a 的尾部，表明该队列在一个数据帧中的分组数量还没

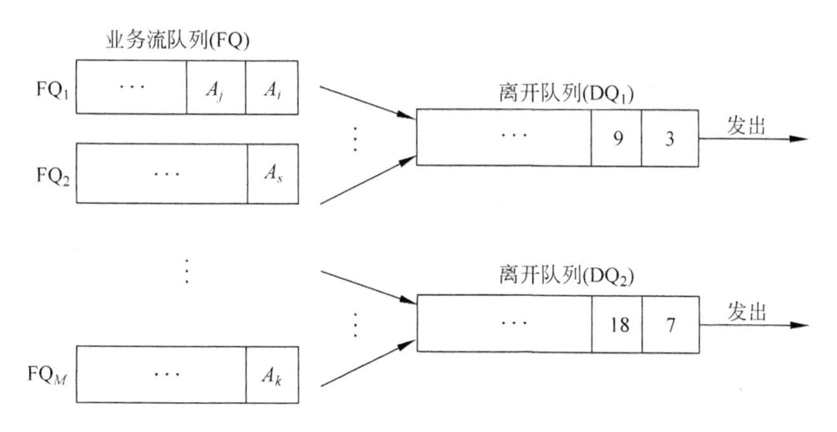

图 12-23 加权轮询调度的改进实现方法

传输完毕，需要继续传输；如果此时 FQ_i 非空但 F_i 为零，就将队列编号 i 写入 DQ_s 的尾部，表明该队列在一个数据帧中的分组数量已经传输完毕，剩余分组需要在下一数据帧中传输；如果 FQ_i 变为空，不进行任何操作。

交换结构输出端除采用上述调度方法以外，还可以依据等待队列长度、队头信元的等待时间等参量进行调度决策，也可以将不同方法结合在一起综合运用。

本章小结

为了降低大规模交换结构对内部提速的要求，在输入端配置缓存的方式被大量采用，而且一般采用 VOQ 方式。这时，各信元到达交换结构的输入端后，不能立即被转发到输出端，而是要首先存储到缓存队列中。这样便出现了如何安排这些信元去往交换结构输出端的问题，解决这一问题的方法就是选用合适的队列调度算法。调度算法的实质就是提前确定下一个信元周期要服务的队列，不同算法的确定过程(或选择过程)各不相同。如果想获得极限性能效果，就需要选取最大极限匹配类算法，但这类算法的复杂度太高，往往需要较长时间才能获得结果，这在高速数据通信中很难满足。如果只是想获得一个接近最优的效果，那么最大匹配类算法都可以做到，由于其迭代周期较少，所需时间往往较短。

本章重点介绍了几种最大匹配类算法，主要有 PIM 算法、iRRM 算法、iSLIP 算法、FIRM 算法、DRRM 算法、EDRRM 算法等，从这些算法的演进过程可以看出，一个问题解决以后又会出现新的问题，技术总是在解决问题的过程中不断进步、完善。

另外，来自交换结构各个输入端的信元到达交换结构的输出端后，首先存在一个重新组装的过程，其次，在各个线路输出端口往往不止一个数据分组在等待发出，因此，在输出端不仅需要配置缓存，而且同样需要进行队列调度。在本章的最后一部分，对交换结构输出端的队列调度问题进行了分析、说明，并介绍了几种典型的调度方法。

思考题

1. 交换结构队列调度算法需要考虑的因素有(　　)。

   A. 效率　　B. 公平性　　C. 稳定性　　D. 复杂度

2. 对于 PIM 算法，下列说法正确的是(　　)。

   A. 存在输出端同步现象

   B. 存在部分队列长期得不到服务的现象

   C. 适用于 VOQ 结构

   D. 存在不同连接间的不公平性

3. PIM 算法有什么不足之处？如何解决？
4. iRRM 算法有什么不足之处？如何解决？
5. iSLIP 算法有什么不足之处？如何解决？
6. DRRM 算法有什么突出优势？
7. 用什么方法可以缩短轮询调度所需要的时间？

第13章 多协议标记交换(MPLS)技术

CHAPTER 13

在传统路由器中,选择路由和交换是分开完成的,路由选择由网络层负责,而交换由数据链路层完成。路由选择的目标是确定走哪条路径去往目的节点,也就是确定从路由器的哪个端口发出数据分组。而交换的作用是在输出端口确定以后,如何将数据分组快速、无差错地送往对应的输出端。因此,在传统数据通信网中,每个路由器均需要完成路由选择和交换两项功能。为了进一步提高网络的传输效率、保证不同业务的服务质量,将路由选择和交换功能在网络中分离,把路由选择功能安排在网络的边缘节点,而让中心节点只负责交换功能,这就是多协议标记交换(Multi-Protocol Label Switching,MPLS)网络的核心思想。让整个网络相当于一个大型路由器,网络的边缘节点相当于输入、输出端口,中心节点相当于交换结构。

在OSI(开放系统互连)模型中,MPLS位于网络层和数据链路层之间,有时将其称为2.5层,它负责将网络层连接映射到数据链路层,也就是将数据链路层的标记与网络层数据流相关联。从而简化数据分组的转发过程,每经过一个节点,只需要完成标记查找、标记替换等简单操作。MPLS中多协议的含义,是指它不仅可以支持多种上层网络协议,而且可运行于不同的数据链路层之上,也就是其上下层均可支持多种协议。

13.1 基本概念及工作原理

在传统IP网络中,通常把连通性作为核心目标,即在各种情况(例如,拓扑结构改变、网络发生故障等)下都尽力维持网络通畅,为此,路由决策一般采用最短路径算法,将跳数最少、时延最短等简单原则作为判决依据。由于原则简单且单一,使目的地址相同的数据分组在被转发时,选择的下一跳也相同。而且每个节点都独自选择路径,缺乏较广泛的协调合作。从而最终导致网络流量的分布经常处于不均衡状态,当网络上有些地方产生拥塞时，另一些地方的资源却处于闲置状态。因此，从网络的整体上看，其资源利用率不高。其原因在于，路由决策没有从全局出发，而且在资源分配和网络性能优化等方面没有足够的技术支持。

MPLS将一个无连接的网络映射成一个面向连接的网络，采用标记交换的方式，将进入该网络的数据分组沿着固定路径传输到目的端。由于路径可以提前建立，而且标记可以被赋予不同的属性，这就增强了网络的可管理性，便于实施网络资源的合理分配。典型的MPLS网络结构如图13-1所示，其基本组成单元是标记交换路由器(Label Switching Router，LSR)，由LSR构成的网络区域称为MPLS域(如图中粗实线区域所示)，位于MPLS域边缘与其他网络或用户相连的LSR称为边缘LSR，而位于MPLS域内部的LSR则称为核心LSR，边缘LSR也称为标记边缘路由器(Label Edge Router，LER)。在MPLS域的边缘，LER与域外路由器之间采用传统方式通信，而在MPLS域内部，LSR之间使用MPLS协议进行通信。在MPLS网络中，数据传输通过标记交换路径(Label Switching Path，LSP)完成，它引入了标记的概念，通过标记在各个LSR处的不断替换，就形成一条连接发送端和接收端的LSP，图中用箭头显示了一条已建立的标记交换路径。

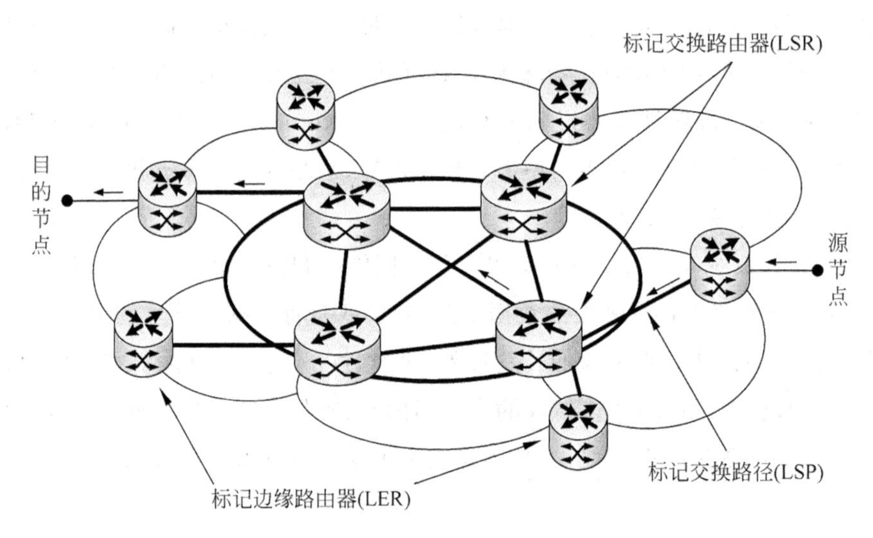

图13-1　MPLS网络结构

在IP网络中，转发的对象是单个数据分组，路由器按照从网络层分组头中提取的信息进行转发决策，也就是转发的数据分组每到一个路由器，都需要进行第三层解析，并按照解析结果确定下一跳，采取的是逐跳转发方式。而在MPLS网络中，为了将网络层的路由信息映射为链路层所能理解的信息，标记被用来标识具有相同属性的网络层数据流，一旦LSP建立完毕，LSR便不再对数据分组的网络层信息进行任何提取和处理，转发工作根据标记完全在第二层进行，也就是只在 MPLS 域的边缘节点进行第三层解析，而在 MPLS 域的内部只进行第二层的标记交换。MPLS 网络的操作一般分为如下 4 个步骤，这 4 个步骤已标示在图 13-2 中，其中，LSP 的建立是进行标记交换的前提。

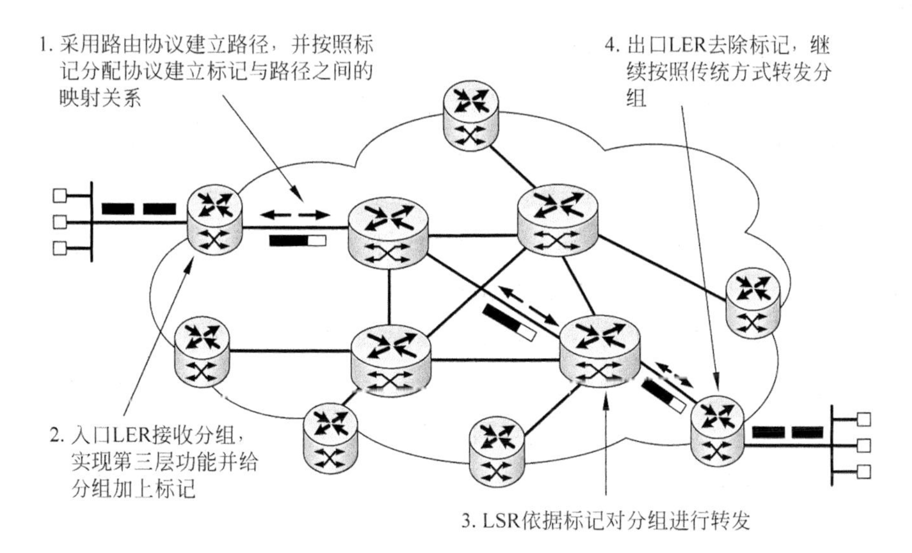

图 13-2 MPLS 基本工作过程示意图

(1) 使用已有的选路协议(例如 OSPF)建立源节点到目的节点之间的路径，标记分配协议(Label Distribution Protocol，LDP)完成标记与路径之间的映射。

(2) 输入端 LER 接收到分组，完成第三层功能，根据分组的业务属性为分组加上标记，使之成为标记分组。

(3) MPLS 域内的 LSR 不再对分组进行第三层处理，依据分组携带的标记以及 LSR 中的标记交换表对分组进行交换、发送。

(4) 输出端 LER 去掉分组所携带的标记，并将分组按照传统路由协议继续转发。

由于 MPLS 的基本概念及术语较多，为了更好地理解 MPLS 网络的基本工作过程及原理，下面先介绍一些基本概念，包括标记与标记交换表、标记交换路由器、标记交换路径、转发等价类、数据流和业务流、上游和下游、标记的合并与聚合，等等。

1. 标记与标记交换表

标记包含在每个分组中，具有较短的固定长度，用于标识一个数据流。而一个数据流是指在相同路径上转发并以相同方式处理的分组流，一个数据流包含一个或多个业务流。标记只具有本地意义，标记完全由标记交换路由器自行管理，标记的分配也只在相邻 LSR 之间展开，标记无须在全网唯一。同一个数据流在不同的 LSR 处可能采用不同的标记进行标识，这也说明同样的标记在不同的 LSR 处往往具有不同的含义。数据分组在 LSR 之间传递时，每经过一个 LSR，标记一般是变化的，但经逻辑级联就构成标记交换路径(LSP)。

标记的格式依赖于分组封装所采用的链路层协议，不同的链路层协议所采用的标记格式、大小等均有所差异。当网络层数据分组进入一个 MPLS 网络域时，在 LER 中将给数据分组加标记，然后在该 MPLS 域内沿固定路径传输，在不同的 LSR 处只进行标记交换，最后在该 MPLS 域的出口 LER 处将标记去除。在 LER 处加入或去除标记、在 LSR 处进行标记交换等均采用查表方式完成。

在一个 LER 中的标记交换表包含如下项目：输入端口、入口标记、FEC 标识符、标记操作(加入或去除)、出口标记、输出端口、出口链路层封装形式等。当分组进入 MPLS 网络时，按照入端口及 FEC 标识符，查询标记交换表，将出口标记加入分组头，并将分组从指定的输出端口发出。当分组离开 MPLS 网络时，按照入口标记查询标记交换表，去除标记，按照出口链路层封装形式将分组从指定输出端口发出。由此看出，标记交换表中的部分表项供进入 MPLS 网络的分组使用，而另一部分表项供分组离开 MPLS 网络时使用。

在一个核心 LSR 中的标记交换表包含如下项目：输入端口、入口标记、标记操作(替换、加入或去除)、出口标记、输出端口、出口链路层封装形式等。当分组进入一个 LSR 时，按照输入端口及入口标记，查询标记交换表，按照查询到的标记操作指示，分别进行标记的替换、加入或去除操作，并将完成操作的分组从指定的输出端口发出。这里标记的操作分三种情况，替换是指在同一个 MPLS 域内，在各个 LSR 处将入口标记替换为出口标记的操作；而加入和去除是指在多级 MPLS 域的情况下，如果 LSR 位于两个不同 MPLS 域的边界，当分组进入或离开一个更高级别 MPLS 域时，会出现与 LER 相类似的加入标记或去除标记操作，此时，一个分组中会存在多个标记，分别负责构建不同层级 MPLS 网络中的标记交换路径。

每一个标记交换表都对应一个标记集合，这个集合就是标记空间。在同一个标记空间内，标记必须具备唯一性，但不同的标记空间则完全可以使用相同的标记。每个 LSR 既可以使用唯一的标记交换表，维护单独的标记空间，也可以针对每个端口分别建立标记交换表，维护每个端口的标记空间。前一种情况下，由于没有入口信息，从不同端口输入的分组就不能使用相同的标记，这就增加了标记的使用率，使标记可用空间相对缩小，其优点是可以减少标记交换表的维护开销。后一种情况下，每个端口所对应的标记空间有可能完全相同，但这并不妨碍转发的准确性和效率，因为不同的标记交换表之间不存在任何关联，不会因为使用相同的标记而引起混淆。单标记空间的优点在于占用资源少、容易管理，而多标记空间则更有利于扩充标记数量。

2. 标记交换路由器

无论是边缘 LSR(LER)还是核心 LSR 均统称为标记交换路由器，它是具有标记交换能力的路由器，是标记交换的基本构成单元。边缘或核心是针对一个特定 MPLS 域而言，对于多级 MPLS 域情况，同一个 LSR 在一个域内是核心 LSR，在另一个域内可能就是边缘 LSR(LER)。

LER 的主要功能包括：在建立 LSP 时与 LSR 通信，以交换 FEC 与标记的绑定信息；当 LSP 建立后、数据分组到来时，在输入端口进行流分类，并给分组添加标记，在输出端口去除标记，并从指定端口发出。核心 LSR 的主要功能包括：具备第三层转发和第二层交换功能；运行传统 IP 选路协议并执行控制协议以便与相邻设备协调 FEC 与标记的绑定信息。LSR 可以由一个传统交换机扩充 IP 选路后演变而来，也可以在一个传统路由器的基础上添加 MPLS 功能后实现。

标记交换路由器由转发部件和控制部件两部分组成。转发部件的功能是，根据分组中携带的标记信息和 LSR 中保存的标记交换表完成分组的转发。首先从分组中提取标记，然后在标记交换表中检索匹配的信息条目，最后按照条目中的信息进行转发。而控制部件主要负责在 LSR 之间建立和维护标记交换表。其工作原理是，通过在 LSR 之间运行路由协议(例如 OSPF、BGP 等)来获取路由信息，并利用 LDP 获得相应的标记信息，然后根据这些信息构造标记交换表。同时，当信息发生改变时(例如拓扑结构发生变化)，需要对标记交换表进行动态更新。

3. 标记交换路径

标记交换路径(LSP)是一条事先确定的路径，数据分组通过该路径以标记交换的方式从一个 LSR 转发到另一个 LSR。LSP 来自于虚电路交换的构思，它并不独占一条实际的物理链路，而只占用一个物理链路的部分传输能力，而且不同 LSP 所占用的比例可大可小。在建立 LSP 时，需要首先使用已有的选路协议(例如 OSPF)确定源节点到目的节点之间的路径，然后采用标记分配协议，固化标记与路径之间的关联。这样，通过一串标记的级联就构成了一条 LSP。

4. 转发等价类

转发等价类(Forwarding Equivalence Class，FEC)顾名思义就是标记交换路由器按照相同的方式转发的同一类网络层数据分组。它是 LSR 根据某些策略对数据流进行分类的结果，通常将具有某些相同属性(例如具有相同目的地址前缀)的分组映射到同一个 FEC。把分组映射到某个 FEC 是通过让该分组携带相应的标记实现。一个具体的标记值就代表了一类 FEC，通常情况下，一个标记只代表一类 FEC，而一类 FEC 可以对应多个标记。把数据分组映射到某个 FEC 可以有多种策略，常用的方法有静态映射方法和动态映射方法。对于一个 LSR，属于同一 FEC 的分组具有相同的转发路径，但在同一 LSR 上具有相同转发路径的分组不一定属于同一 FEC，多个不同的 FEC 完全可以具有相同的转发路径。FEC 用于在 LSR 内部将业务分类转发。

在 MPLS 网络中，FEC 用来描述数据流的转发特性，是转发决策的依据。数据分组与 FEC 之间的映射只需在 MPLS 网络的入口边缘节点实施。FEC 所能涵盖的内容非常丰富，除了数据分组的源、目的地 IP 地址等取自网络层分组头的信息以外，还可以赋予各种影响转发决策的内容，以完成不同粒度的服务质量、流量调节等功能，从而为提高转发决策的灵活性和精确度提供了前提保证。在数据转发过程中，MPLS 网络核心节点的转发决策完全以 FEC 为依据，无须重复执行提取、分析 IP 分组头信息的烦琐工作。与 IP 技术相比，这是一个巨大进步。

前面已介绍标记只具有本地意义，实际上与标记密切相关的 FEC 也同样只具有本地意义，如何建立数据流分组到 FEC 的映射，如何划分 FEC 等，这些策略都由每个 LSR 自己决定，这是为了便于各个 LSR 进行相对独立的分布式管理，使其具有较大的灵活性。也就是在一个 LSR 中属于同一 FEC 的两个数据分组，在下一个 LSR 中可能属于不同的 FEC。倘若一定要在 MPLS 网络中建立统一的标记管理机构，除了增加技术复杂性以及管理成本外，还会出现两方面不足。首先，LSR 在建立 FEC 到标记的映射之前，必须向标记管理机构提出申请，使标记分配过程复杂化。其次，既要保证标记在全网的唯一性又要满足不同 FEC 对标记数量的巨量需求，就只能像解决 IP 地址空间不足所采用的方法一样，增加标记的字节长度，但简短的标记更有利于提高效率。因此，让标记和 FEC 只具有本地意义能获得较大的灵活性，同时减少各个 LSR 之间的信息交互，减轻网络负担，提高网络效率。

5. 数据流和业务流

沿着同一路径传输且属于同一类 FEC 的一组数据分组被视为一个数据流（stream），它通常是一个或多个业务流（flow）的集合。而一个业务流是指一个应用到应用的数据流。

在业务流进入 LSR 时首先需要进行分类，将业务流划分为不同的 FEC。正是因为 FEC 只具有本地意义，所以各个 LSR 可以按照自己的标准进行流分类，只要与上下游 LSR 沟通好即可。因此，LSR 可以将一个业务流定义为一类 FEC，也可以将多个业务流定义为同一类 FEC。有两种标准的流分类机制，粗分类和细分类，前者可以将具有相同网络层地址前缀的数据分组归为一类 FEC，后者则要求必须是同一对主机之间，甚至必须是同属于某一对特定应用的数据分组才可归属为一类 FEC,也就是只有具有相同源和目的网络层地址,并且具有相同的传输层端口号(例如,TCP 端口号)的数据分组才可归为同一类 FEC。

6. 上游和下游

在 MPLS 网络中,按照数据分组的传输方向,有上游和下游之分。对于一个 LSR,数据分组的进入方向称为该 LSR 的上游,数据分组的发出方向称为该 LSR 的下游。由于在 MPLS 网络中,两个 LSR 之间传递数据分组的来回路径往往并不重叠,因此,这与电信网中常见的双向通话情况不同,电信网中双向通话业务的来去路径完全相同。两个 LSR 之间的上下游关系可能因为不同的数据流方向而发生改变。

7. 标记的聚合与合并

如果认为 LSR 应该为每一个源、目的地节点对之间的数据流建立单独的标记转发路径,这是典型的路由思维在作怪。对于 LSR 而言,标记也是一种有限的资源,并非取之不尽用之不竭。标记交换表中条目的数量总是被限制在标记空间所含标记数量以内,倘若标记空间中已经没有多余的标记,即使有充足的带宽作保证,也无法建立新的标记交换路径。因此,标记空间中需要有足够数量的标记。另外,如果标记交换表中的标记数量太多,势必延长每次查找标记的时间,从而降低转发效率。为了在传输较多数据流的同时减少标记的使用量,标记的聚合(aggregate)与合并(merge)是两种常用方法。

在传统的 IP 网络中,转发决策的依据是 IP 分组头信息,所以路由器需要处理每个 IP 分组头信息。在 MPLS 网络中,分组转发的依据是封装在 IP 分组外面的标记,而标记分配的依据是 FEC。FEC 的粒度具有很大弹性,既可以精细到一个源、目的节点对之间的单个业务流,也能够包容源和目的地完全不同的一组数据流,不过前提是它们拥有某些共同属性。在上文中已经提到,IP 数据流与 FEC 之间的映射是在 MPLS 网络的边缘完成的。在很多情况下,MPLS 被应用于骨干网,作为用户接入设备的仍然是传统路由器。因此进入 LER 的往往是多个数据流的集合,相对应的 FEC 也是对这些数据流公共属性的描述。

在 MPLS 网络内部,多个 FEC 有可能遵循相同的转发路径,或者在某一段 LSP 上如此。尽管它们也许会在 MPLS 网络的边缘或者某个中间节点分道扬镳,但对于一部分 LSR 而言,这些分组对应着一致的转发行为,从实际效果而言,无论是为其中的每一个 FEC 分配单独的标记,还是将其视为整体赋予相同的标记,并没有任何区别。因此就出现了标记的聚合与合并的可能。在 MPLS 网络中,将单个标记绑定给多个 FEC,并依据此标记转发这些 FEC 所对应的数据流,这一过程称为标记的聚合(或合并)。聚合与合并的差异在于，合并是指将来自不同源的分组，以同一标记从同一输出端口发出，这时，“分组来自不同的源”这一信息将不再显示。而聚合的处理方式与合并基本一样，但不丢失源信息，它利用标记堆栈将源信息存入堆栈中，需要时再将其弹出。合并通常用于最终目的地相同的数据流，而聚合则可用于中继。

LSR 能否实施标记的聚合与合并取决于设备硬件是否支持。在 MPLS 体系结构中并不要求所有设备都支持标记的聚合与合并。对于不具备聚合与合并功能的 LSR 而言，所需要的出标记数量与入标记一样多。如图 13-3 所示，假设 LSR1 不具备标记的聚合与合并功能，并且从 3 个不同的端口收到 La、Lb、Lc 共 3 个 FEC 数据流，3 个数据流分组所携带的标记各不相同，且这 3 个数据流都要去往 LSR4。在 LSR1 处，尽管这 3 个数据流最终都要经过相同的端口转发至 LSR2，LSR1 仍然必须向位于下游的 LSR2 申请 3 个标记，导致 LSR1 的出口标记数量与入口标记一样多。但由于 LSR2、LSR3 具有标记的聚合与合并功能，因此 LSR2、LSR3 只需要一个出口标记就足够了。

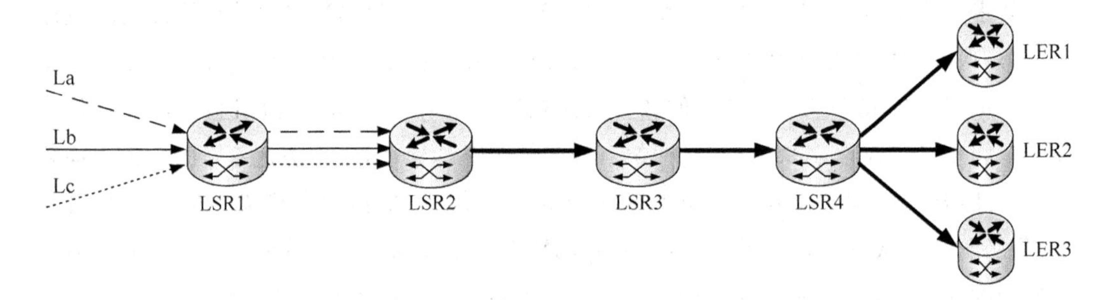

图 13-3 标记的聚合与合并

另一方面，如果 La、Lb、Lc 这 3 个数据流最终的目的节点均是 LER1，那么在 LSR2 处就可以进行标记的合并；如果 La、Lb、Lc 这 3 个数据流最终的目的节点分别是 LER1、LER2、LER3，那么在 LSR2 处就只能进行标记的聚合。无论是合并还是聚合，在 LSR2 到 LSR4 这一段共同路径上，这 3 个数据流都使用一个相同的标记，从而减少了使用标记的总量。只是当它们的最终边缘节点不一样时，在 LSR4 处，为了能够将它们分别发往正确的目的端，需要查看它们以前的标记，因此，在 LSR2 处就需要保留以前的标记信息，只能采用标记聚合的方式，也就是要使用到标记堆栈。

针对某一个 FEC，无标记聚合与合并功能的 LSR 所需标记的数量，取决于发送此 FEC 数据流的上游节点数量。在图 13-3 中，LSR1 没有标记聚合与合并功能，当有 3 个上游节点发来同一类 FEC 数据流时，为了完成转发，LSR1 就需要 3 个标记，而 LSR2 事先无法知晓 LSR1 需要多少标记，而且这种需求本身就可能发生变化。因此，在 MPLS 体系结构中，为了避免标记的浪费，规定无标记聚合与合并功能的节点只能通过下游按需分配的方式获取标记。也就是说，在 LSR1 没有提出明确的请求之前，LSR2 不会主动提供任何 FEC 标记绑定信息给 LSR1。

受硬件限制,标记的聚合与合并不总是能够按照 $N:1$ 的模式实现。有些 LSR 聚合与合并标记的数量有一个限度,当针对相同 FEC 的入标记数量超过此限度时,便只能使用两个或者更多的出口标记。分组的转发特性归根到底是由 FEC 决定,标记只是一个本地的标识而已。因此,即使一条 LSP 中各个 LSR 的标记聚合与合并能力各异,也不会影响分组转发的正确性。

8. 标记堆栈

MPLS 的另外一个特性是允许对数据分组实施多次标记封装,形成标记堆栈。在标记堆栈中,底层标记为第一层,其他层次按照由下向上的顺序依次为第二层、第三层等。未做标记封装的 IP 分组则可以被视为标记堆栈深度为 0。由于封装的过程并非在原有标记字段中添枝加叶,每次添加的都是一个新字段标记,因此 LSR 在对分组的处理过程中,只需要将顶层标记作为转发依据。在 MPLS 网络中,不允许 LSR 越过顶层标记直接窥视标记堆栈的内部情况。

标记堆栈机制的一个重要作用是支持层次路由,它允许细粒度的路由操作和粗粒度的路由操作同时进行,即路由可以从一个 LSR 到另一个 LSR,也可以从一个 MPLS 域到另一个 MPLS 域。标记堆栈类似于 IP 网络中的隧道机制,每一层标记即对应于一条完整的标记交换隧道。对于第 N 层标记而言,$N+1$ 层标记所对应的隧道在逻辑功能上等同于 N 层相邻 LSR 之间的链路。由第 N 层标记所封装而成的分组,原封不动地穿越上层标记所对应的隧道。第 N 层标记所携带的信息只对 $N+1$ 层隧道入口和出口 LER 有意义,能够作为它们转发决策的依据。

13.2 标记分配

标记分配过程是建立 LSP 的重要环节,由于其方式较多、过程较复杂,这里单独用一小节进行说明,它实际上是后面将介绍的建立 LSP 过程中一个关键环节。这里再次强调标记仅具有本地意义,也就是只对一个 LSR 及其相邻 LSR 有相同的含义。在标记分配对等体之间(即 LSR 之间)就标记的含义达成一致之前,分组不能用标记交换的方式进行转发。标记分配就是标记分配对等体之间就标记的含义、使用进行协商的过程。

FEC 与标记的绑定是 LSR 控制部件的一个主要功能,标记有本地分配和远地分配两个来源。所谓本地分配,就是需要生成绑定的 LSR 从其自身的空闲标记库中选择一个。而远地分配就是需要生成绑定的 LSR 从其他 LSR 接收一个标记绑定信息。同时,数据流总是从上游节点向下游节点移动,但分组所携带的标记却可以按照“顺流”或者“逆流”的方向分配，也就是所谓的上游标记分配和下游标记分配。

1. 上游标记分配

在上游标记分配方式中，对于某个 LSR，分组的入标记（即本地标记交换表的索引项）是来自上游节点，而出标记（即本地标记交换表查询的结果）则需要自行分配，并事先通告给下游节点。也就是由上游节点为 FEC 分配一个上游节点的出口标记，然后将该标记通知下游节点，让下游节点将该标记填入其标记交换表的入口标记项中。即：用本地分配的标记作出口标记，用远地分配的标记作入口标记。

上游标记分配的性能与 LSR 所使用的标记空间类型有较大关系。如果使用每端口标记空间，所有端口的标记交换表互不相关，表中的索引项只在本端口有效，即使 LSR 从两个端口同时接收到相同的标记也不会影响分组的正确转发。然而当 LSR 使用每平台标记空间（即 LSR 各端口共用一个标记交换表）时，由于上游节点并不了解下游节点的标记使用情况，因此向下游 LSR 分配的标记有可能已经在下游标记交换表中使用，从而无法满足标记交换表的索引必须保证唯一性的要求，所以这种情况下就不能采用上游标记分配方式。因此，一般较少采用上游标记分配方式。

另一方面，上游标记分配方式也并非一无是处。由于组播环境中的 LSP 多为树状结构，中间节点往往要将收到的一个分组从多个端口转发出去，因此采用上游标记分配方式便于 LSR 对所有输出端口使用相同的标记，从而有效地节约标记资源。当然，此时 LSR 各个端口需要配置单独的标记空间。

2. 下游标记分配

与上游标记分配形成鲜明对比的另一个策略就是下游标记分配，是下游节点按照与数据流相反的方向分配标记，这也是 LDP 所采用的标记分配方式。在下游标记分配方式中，下游 LSR 为某个 FEC 所分配的标记是作为本地标记交换表的索引（即入口标记），而出口标记则来自其下游的 LSR。也就是由下游节点根据本节点的使用情况为 FEC 分配入口标记，然后通过 LDP 将所分配的标记通知上游节点，让上游节点将该标记填入其标记交换表对应条目的出口标记中。即：用本地分配的标记作入口标记，用远地分配的标记作出口标记。

根据触发节点的不同，下游标记分配又分为下游按需标记分配和下游主动标记分配。在下游按需标记分配方式中，任何节点都不会主动向外发布 FEC 与标记之间的绑定信息，只有在收到上游节点针对某个 FEC 发出的标记绑定请求信息后，下游 LSR 才会将与该 FEC 相对应的标记绑定信息作为应答返回给上游节点。如图 13-4 所示，下游 LSR 在接收到上游 LSR 所发出的“标记与 FEC 绑定请求”信息后，检查本地标记交换表，如果已有标记与该 FEC 绑定，则把该标记绑定信息作为应答反馈给上游 LSR，否则就从本地的标记空间中取出一个空闲标记，与该 FEC 进行绑定，并将绑定信息返回给上游 LSR。在下游主动标记分配方式中，无须上游节点提出标记绑定请求，下游节点便可将本地的标记绑定信息告知上游节点。

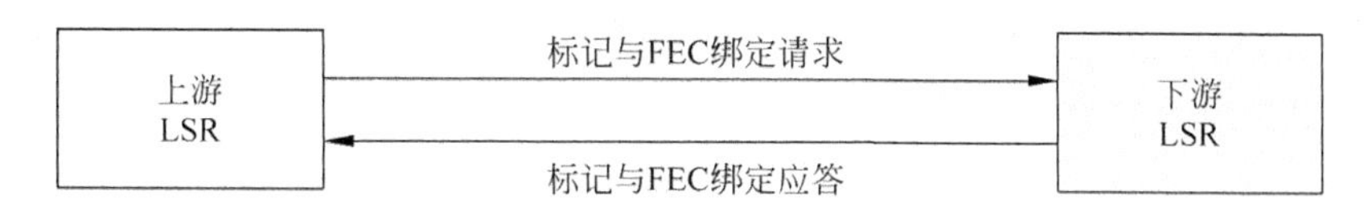

图 13-4　下游按需标记分配

当采用下游标记分配方式时，由于本地标记交换表的索引由 LSR 自行确定，因此不会出现相同标记同时绑定给不同 FEC 的情况。下游标记分配的两种模式可以同时存在于一个 MPLS 域中，但两个 LDP 对等体必须使用相同的标记分配模式，否则 LSP 将无法建立。

这里再次总结一下 LSR 中标记交换表的配置与标记分配的关系。在 LSR 中标记交换表的配置有两种方式，各端口配置一个标记交换表（每端口标记空间）和各端口共用一个标记交换表（每平台标记空间）。而标记分配方式有上游标记分配、下游按需标记分配、下游主动标记分配。当采用各端口分别配置一个标记交换表时，所有接口的标记交换表互不相关，采用上述 3 种标记分配方式均可。当采用各端口共用一个标记交换表时，由于在标记交换表中没有输入端口号，所以入口标记在全节点有效而且不能重复，这时就只能使用下游节点标记分配，即：先在本地进行入口标记的分配。而如果采用上游节点标记分配，就要求上游节点了解下游节点的入口标记使用情况，这在 LSR 只有一个标记交换表的情况下无法做到，所以无法采用上游节点标记分配方式。

3. 标记分配过程中的消息

MPLS 是一种将路由与交换相结合的技术，这种技术的精髓在于根据网络层的要求对分组进行分类，使用附加在分组上的标记控制链路层的转发行为，建立标记交换路径。无论标记的背后所隐藏的路由、服务质量保证、流量工程等方面的信息多么复杂，分组在 MPLS 网络中的转发都只不过是针对标记本身的操作而已。因此，标记的分配在 MPLS 网络中起关键作用，是建立 LSP 的重要环节。

标记分配协议（Label Distribution Protocol，LDP）规定了标记分配过程中的各种消息以及相关的各种处理进程，其根本目的是实现标记交换路径（LSP）的建立。在 MPLS 标准中，并没有要求只能使用一种标记分配协议。利用 LDP 的各种进程和所获消息，LSR 可以把网络层的路由信息直接映射到数据链路层的交换路径上，进而建立起网络层上的标记交换路径。在一条 LSP 的所有中间节点上都会使用标记交换。每条 LSP 都与特定的转发等价类(FEC)对应,带标记的分组将被分配到相应转发等价类所对应的 LSP 上。

在 LDP 协议中主要有 4 种消息,分别是发现、会话、通告、通知。其中,发现消息用于通告和维护网络中 LSR 的存在,会话消息用于建立、维护和终止 LDP 对等体之间的会话连接,通告消息用于建立、修改和删除 FEC 标记绑定,通知消息用于提供建议性的消息和差错通知。

在 LDP 发现过程中,LSR 通过周期性地发送 Hello 消息来通告自身的存在。Hello 消息以 UDP 分组的形式发往"所有路由器"的组播地址。通过相互发送会话消息,两个 LSR 将能够完成初始化过程,成为 LDP 对等体。两个 LDP 对等体之间便可以通过交换通告消息执行标记的分配、收回等操作。而对 LDP 协议执行过程中出现的差错及意外事件,则由通知消息传递。为了保证这些操作正确可靠,LDP 使用 TCP 协议传送会话、通告和通知消息。

除发现消息以外的所有 LDP 消息都被封装在 LDP 协议数据单元(PDU)中,通过 LDP 对等体之间的 TCP 会话连接进行传递。LDP 消息封装的方式非常灵活,既不限制一个 LDP PDU 中承载消息的数量,也不要求这些消息之间存在任何关联。

LDP 消息是 LSR 之间信息交互的基本单元,对于各种消息中所包含的信息,LDP 使用"类型-长度-值"(Type-Length-Value,TLV)的格式结构进行封装,如图 13-5 所示。经过 TLV 封装后的信息将包含 3 个部分:首先是用于指示消息类型的部分,后面的"长度"字段指示"值"字段所包含的字节数,而"值"字段则是消息的具体内容。"类型"与"长度"字段分别占用固定的字节数,而"值"字段的长度却没有限制,而且它可以由多个 TLV 组成。其中,U 比特是未知消息比特,当 U 比特为 0 时,LSR 将向消息的发送者返回一个通知消息,同时忽略消息中的全部 TLV;当 U 比特为 1 时,LSR 不发送通知消息,TLV 按照正常方式处理。有些 LDP 消息在被 LSR 接收后需要继续向其他 LSR 传递,只有当 U、F 比特均为 1 时,LSR 才能执行消息的转发。

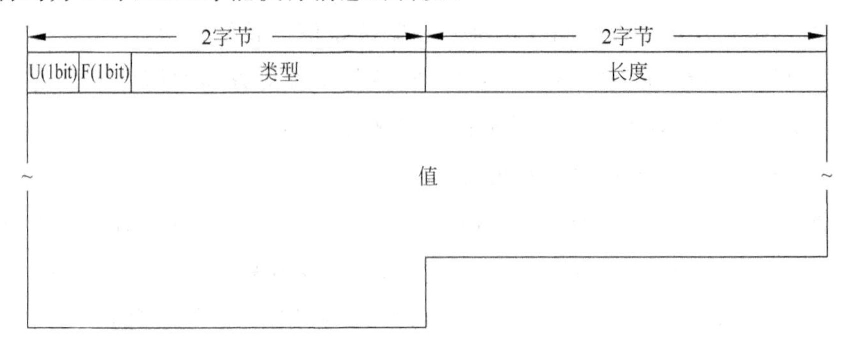

图 13-5 TLV 的格式结构

1个PDU可以包含多个消息，而TLV则是消息的子结构，多个TLV可以相互嵌套，从而形成较为复杂、但功能更强的数据结构。LDP PDU由LDP头和一个(或多个)LDP消息组成，LDP头部的格式结构如图13-6所示，其中，版本号2个字节，PDU长度2个字节，它以字节为单位表示PDU长度，不包括版本号和PDU长度段，默认的最大长度值为4096字节。LDP标识符长度为6个字节，其作用是标识PDU所属发送LSR的标记空间，开始的4个字节表示LSR的IP地址，后2个字节表示LSR内的标记空间序号，其形式为< LSR ID >：<标记空间 ID >，例如112.54.64.33：0,193.6.54.4：2。

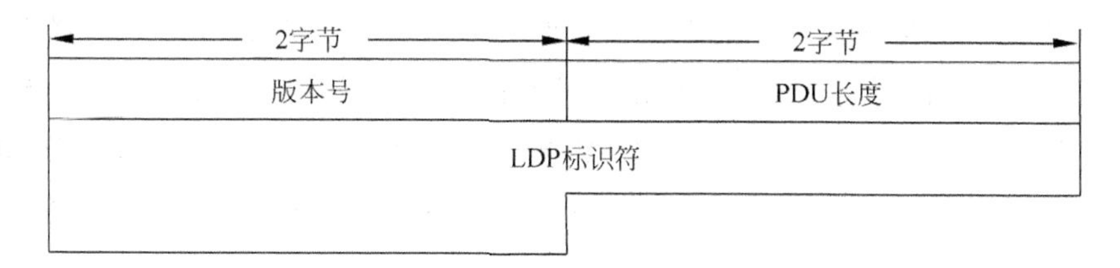

图13-6 LDP头部的格式结构

13.3 LDP的操作过程

按照事件顺序，LDP的操作过程主要由发现、会话路径建立与维护、标记交换路径建立与维护、会话的撤销这四个阶段构成，如图13-7所示。其中，发现阶段用于发现潜在的LDP对等体。在这一阶段，希望与相邻LSR建立会话的LSR将向相邻LSR周期性地发送Hello消息，并通知相邻节点自身的存在。如果接收到邻近节点的Hello消息，则表明在网络层有潜在可达的LDP对等体。建立网络层的邻居关系后，LSR之间就可以开始建立会话路径，它们将交换LDP初始化消息、协商LDP会话参数。需要协商的参数包括

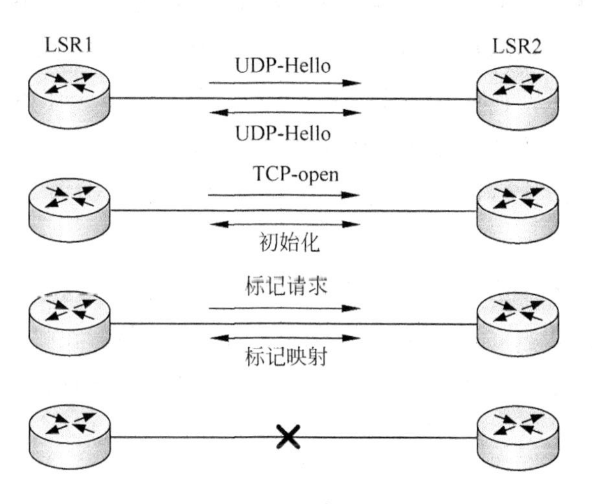

图13-7 LDP操作过程

LDP 协议版本、标记分配方式、会话保持定时器值、标记的取值范围等。会话路径建立后存在一个会话路径维护的工作，LSR 针对每个 LDP 会话连接维护 1 个会话保持定时器，当 LSR 接收到来自特定会话连接的 LDP PDU 后，会话保持定时器将会重新启动。如果会话保持定时器超时，且 LSR 仍然没有从 LDP 对等体收到 LDP PDU，那么 LSR 将认为 LDP 会话连接出现错误，或者 LDP 对等体的设备发生故障。它将关闭 TCP 连接，结束 LDP 会话。

当会话路径建立后，LSR 之间就可以通过已建立的会话路径开始协商、沟通，以建立标记交换路径。与邻居关系、会话连接需要进行维护一样，LSP 建立后也同样存在维护问题。最后，如果不需要会话连接就可以将其撤销，一种撤销方法是，LSR 直接发送关闭消息，终止 LDP 会话。另一种撤销方法是依赖超时判决，LSR 若在收到新的 LDP PDU 之前定时器超时，该 LSR 就会终止会话进程。下面重点对前两个过程进行说明，有关 LSP 的情况在 13.4 节单独说明。

LDP 操作过程的第一阶段是发现过程，LSR 使用 LDP 发现机制向外通告自身的存在以及发现潜在的 LDP 对等体。在 IP 网格中，路由器必须通过在本地子网广播 Hello 消息来声明自己的身份和状态，同时根据收到的其他路由器所发出 Hello 消息来发现自己的邻居。LDP 的发现机制也基本如此。

LDP 有两种发现机制，基本发现机制和扩展发现机制，二者的区别在于适用范围不同。当需要建立 LDP 会话的 LSR 之间有直接的链路层连接时，采用基本发现机制，否则就采用扩展发现机制。为了实现基本发现机制，LSR 需要通过特定端口周期性地向外公布“链路 Hello 消息”，这些消息以 UDP 分组的形式，发往子网内所有路由器组播地址的 LDP 发现端口，Hello 消息中包含有发送端口所属标记空间的 LDP 标识符。如果 LSR 在特定端口收到“链路 Hello 消息”，就表明在特定端口的链路层存在潜在可达的对等体。在这一过程中，LSR 还可获得对等 LSR 在特定端口使用的标记空间信息。

当使用扩展的发现机制时，将“目标 Hello 消息”以 UDP 分组的形式，发往某个确定地址的 LDP 发现端口，Hello 消息中同样带有 LSR 希望使用的标记空间以及其他可选信息。该消息发出后，若能收到对方回复的“目标 Hello 消息”，则表明二者之间建立起了网络层的 Hello 邻居关系。

了解发现过程后再来看看会话路径建立与维护过程，LDP 会话用于在 LSR 之间进行标记信息交换。Hello 邻居关系的建立仅仅回答“LDP 邻居在哪里”以及“LDP 邻居有哪些标记空间”这两个问题，而 LDP 会话则要解决“LDP 对等体之间交换的标记来自哪个标记空间”以及“怎样使用标记”等问题。因此 LDP 会话必须建立在每个标记空间的基础上，同时为了保证可靠性，使用 TCP 建立会话连接。

在 MPLS 网络中，使用 LDP 交换“标记与 FEC 绑定”信息的两个 LSR 称为标记分配对等体。假设由 LSR1 发往 LSR2 的数据流被映射为 FEC_7，LSR1 和 LSR2 经过协商，决定将标记 L 绑定给 FEC_7。就 L 与 FEC_7 之间的绑定关系而言，LSR1 和 LSR2 称为标记分配对等体，作为数据发送方的 LSR1 被称为上游 LSR，LSR2 被称为下游 LSR。所谓标记分配对等关系以及上下游关系都是针对单个“FEC 与标记之间的绑定”而言，是一种基于标记分配协议的逻辑关系，与两个 LSR 在物理上是否相邻并无直接联系。

由图 13-7 可以看出，LDP 会话的建立过程由两个 LSR 之间的 Hello 消息触发，它包含连接建立和会话初始化两个阶段，为了便于描述，此处假设 LSR1 和 LSR2 为 LDP 对等体，它们的标记空间分别为“LSR1：A”和“LSR2：B”，下面就从 LSR1 的角度详细说明这两个阶段。

对于连接建立，LSR1 检查是否已经存在与标记空间“LSR1：A”和“LSR2：B”关联的 LDP 会话，如果没有，则着手与 LSR2 建立新的 TCP 连接。LSR1 通过比较双方的 IP 地址来决定自己在会话建立过程中的角色，IP 地址所对应整数数值较大的一方应采取主动行为，另一方居被动地位。会话双方一般通过 Hello 分组当中的“传输地址”选项获取对方地址，若此选项为空，则使用对方 Hello 消息的源地址。如果 LSR1 发现自己应居于主动地位，则向 LSR2 的 LDP 端口发起 TCP 连接建立过程；若 LSR1 是被动方，则等待对方发起 TCP 连接建立过程。

连接建立过程仅为建立 LDP 会话提供了传输通道，并未涉及实质性内容。当可用的标记空间不止一个时，处于被动一方的 LSR 仍然无从知晓新建立的 TCP 连接应该与哪个标记空间相关联，这需要通过初始化过程确定。

连接建立后就是会话初始化，标记分配对等体之间通过交换 LDP 初始化消息，完成对 LDP 协议版本、标记分配方式、会话保持定时器值、标记的取值范围等参数的协商过程。会话初始化依然由 TCP 连接建立中的主动方发起，LSR1 首先向 LSR2 发出会话初始化消息，消息中携带有双方的 LDP 标识符以及其他参数。当 LSR2 经由某个 TCP 连接收到此消息后，便可看清 LSR1 的情况，了解主动方希望通过这个 TCP 连接交换哪两个标记空间内的消息。

由于初始化消息中的参数与标记空间密切相关，因此在仔细斟酌 LSR1 所提出的条件之前，LSR2 首先需要核实主动方所提及的标记空间是否存在，验证的方式是与本地已经建立的 Hello 邻居关系进行匹配。若匹配失败，LSR2 会回复一个“会话拒绝(No Hello Error)”消息，并关闭 TCP 连接。如果匹配成功，LSR2 进一步查看 LSR1 的建议能否接受。若无法接受，就返回一个“会话拒绝/参数错误”消息，并关闭 TCP 连接。如果 LSR2 认为主动方所提出的条件可以接受，便回复一个“会话保持(Keep Alive)”消息以示同意。同时，LSR2 会发出一个会话初始化消息以申明自己的要求。LSR1 收到对方的初始化消息后，也要判断其中的要求能否接受。如果可以接受，就返回一个“Keep Alive”消息，谈判大功告成。否则，LSR1 会返回一个“会话拒绝/参数错误”消息，并关闭 TCP 连接。无论是主动方还是被动方，只要收到对方的拒绝消息，都会自动关闭 TCP 连接。

会话初始化完成后就可进行标记请求、标记映射等操作，并最终完成 LSP 的建立。那么在这一系列后续过程中，开始建立的 LDP 邻居关系、LDP 会话连接是如何保持及维护的呢？LDP 会话的建立取决于两个 LSR 之间是否存在相应的 Hello 邻居关系，以及它们之间的会话参数能否被对方所接受。要将新建的会话保持下去，也需要以这两个条件继续成立为前提，因此，需要继续维护 LDP 邻居关系以及 LDP 会话连接。

首先来看 LDP 邻居关系的维护。在 LDP 协议中，LSR 定时向外发送 Hello 分组以声明自己的存在，同时也通过接收其他 LSR 的 Hello 分组来验证邻居关系是否仍然有效。显然，验证邻居关系最有效的方式就是要求发送持续不断的 Hello 流，以便精确地获知 LDP 实体在每一个时刻的状态，但这会导致网络资源的巨大浪费。所以 LDP 采用了一种折中方式，由 LSR 为 LDP 邻居关系设置有效保持时间，只要连续收到两个 Hello 消息的时间间隔不大于保持时间，就认为邻居仍然处于活跃状态。如果某个 LDP 对端在规定保持时间内没有发出 Hello 消息，将被认为已经失效。当然，如果主动取消特定标记空间与链路的绑定关系，相应的 Hello 邻居关系也随之解除。

既然以发送不连续 Hello 消息的方式维护邻居关系，那么保持时间如何确定呢？保持时间设置过长会降低准确性，但过短又会造成不必要的额外开销。网络中各处的链路与设备状况千差万别，很难设置全局统一的标准值。所以 LDP 将决定权交给了 LDP 对等体，由它们自行协商决定保持时间。LDP 对等体采用一种简单方式确定保持时间，将双方建议参数中较小者作为协商结果。在 Hello 消息中，有 16 个比特被专门用来指示保持时间的数值。

再来看 LDP 会话的维护。与维护 LDP 邻居关系一样，LDP 会话的维护同样依赖于定时器机制。LSR 针对每一个 LDP 会话维护一个会话保持定时器，当接收到来自特定会话连接的 LDP PDU 后，会话保持定时器就被重新启动，如果直到会话保持定时器超时仍然没有收到对等体的 LDP PDU，LSR 则认为 LDP 会话连接出现错误，或者 LDP 对等体设备出现故障，于是关闭 TCP 连接，结束 LDP 会话。

为了保持会话关系，在每个会话保持时间间隔内，每个 LSR 均需要向对等体发送一个 LDP PDU。LSR 可以发送任何 LDP 消息以维护会话连接，包括会话保持消息。如果 LSR 希望结束 LDP 会话，只要向 LDP 对等体发送“关闭(Shutdown)”消息即可。另外，会话保持定时器的值也要通过会话双方的协商决定。在会话建立阶段，LSR 所建议的会话保持时间就包含在初始化消息中，如果会话双方的意见不一致，就自动选择其中较小的那一个。

本节介绍了 LDP 的四个操作过程，对发现、会话路径建立与维护进行了重点说明。

其中,发现用于确认自己的网络层邻居,包括基本发现机制和扩展发现机制。而会话路径建立包含连接建立和会话初始化两个阶段,是基于每个标记空间而建立,也就是每一个标记空间均需要建立单独的TCP连接。在这两个阶段中,连接建立负责提供会话的传输通道,会话的规则由初始化确定。另一方面,无论是网络层邻居关系还是会话路径都需要在后续操作过程中继续保持,所以对如何维护LDP邻居关系并保持会话关系进行了介绍。

13.4 标记交换路径

在MPLS网络中,LSR依据链路层分组所携带的标记以及本地标记交换表实施转发决策。分组所携带的标记由LER对网络层数据进行分类后添加,添加标记后的分组在MPLS网络中有确定的传输路径,这种确定的传输路径由分布在各个LSR中的标记交换表构建。因此,各个LSR处的标记交换表就是已建立LSP的具体体现。尽管MPLS体系结构的核心是标记,但标记只具有本地意义,不与特定的数据流永久绑定,属于各个LSR私有的可重复利用资源。所以要建立LSP、构建标记交换表,每个LSR都需要不断地进行标记与FEC的绑定。那么什么时候开始这种绑定呢?由13.3节可知,在邻居关系确定、会话连接建立后,就可以开始标记的请求与映射过程,也就是开始LSP建立过程。但这并不是说邻居关系确定、会话连接建立后就立即开始建立LSP,需要依据所采取的驱动模式。在LDP中定义了控制驱动和数据流驱动两种基本的标记分配驱动模式。

1. 控制驱动

在控制驱动模式下,标记与FEC的绑定由路由协议或控制信令触发,它可以进一步划分为拓扑驱动和请求驱动两种类别。路由表是路由器进行数据转发的主要依据,表中每一个表项都显示了去往某个目的地址的下一跳地址。拓扑驱动就是要为路由表中的每一个表项分配专门的标记,从而在数据到达之前就建立好路由与交换之间的联系。只要LSR收到其他节点向外发布的路由更新消息,并且已在路由表中添加或更新了对应的表项,即使没有数据传输,也要开始进行标记的分配。由于标记分配与路由表的生成、维护密切相关,因而用于标记分配的开销也会受到网络规模、路由协议、网络拓扑等因素影响。拓扑驱动事实上是在链路层使用标记为路由表建立了一套完整的副本,一旦有数据需要传输,便可立即使用相应的标记进行标记交换,不需要临时建立LSP。这种方式在减小分组转发时延方面性能较好。拓扑驱动的LSP建立过程如下所示。

(1) 当网络的拓扑发生改变时,如果有边缘节点发现自己的路由表中出现了新的目的地址,则该边缘节点需要为这一目的地址建立1个新的FEC。对于这个FEC,边缘

LSR 将决定该 FEC 将要使用的路由，并向其下游 LSR 发出标记请求消息。

(2) 收到标记请求消息的下游 LSR 记录这一请求消息，依据本地路由表找出对应于该 FEC 的下一跳，继续向下游 LSR 发出标记请求消息。

(3) 当标记请求消息到达目的节点或 MPLS 网络的出口节点时，如果节点还有可供分配的标记，而且判定上述标记请求消息合法，则该节点将为相应的 FEC 分配标记并向上游发出标记映射消息，标记映射消息中将包含分配的标记等信息。

(4) 收到标记映射消息的 LSR 检查本地存储的标记请求消息状态。对于某一 FEC 的标记映射消息，当数据库中记录了相应的标记请求消息时，该 LSR 也将为该 FEC 进行标记分配，并且在其标记交换表中增加相应条目，同时向其上游 LSR 发送标记映射消息。

(5) 当入口 LSR 收到标记映射消息后，该 LSR 也将在标记交换表中增加相应条目，LSP 即告建立。此后，就可对该 FEC 对应的数据分组进行标记交换。

请求驱动的标记分配也能够在数据流到达之前完成 LSP 建立，但触发这一过程的并非路由协议，而是控制信令。在一些情况下，为了保证某个应用或者业务的服务质量，通常需要使用 CR-LDP(基于约束路由的 LDP)等协议预先建立路径。请求驱动可让 LSR 在收到资源预留请求后进行标记分配，在标记交换表中添加或更新相应表项。请求驱动也是一种标记预分配方式，实现无时延的标记交换。在请求驱动中，标记交换建立在数据流的基础上，所以 LSR 所需标记的数量与经过此节点的数据流数量成正比。而在拓扑驱动中，LSR 所需标记的数量取决于路由表中的表项数量。

2. 数据流驱动

在数据流驱动模式下，只有当数据流到达时才进行标记分配并建立 LSP。它可以在数据流的第一个分组到达时就启动标记绑定过程，也可以在该数据流的若干个分组到达后再启动标记绑定过程，这是一种按需生成绑定的方式。当数据传输结束后，LSR 便收回标记以备它用，所以这种方式能够更加有效地利用标记空间。同时，由于标记分配过程由数据流触发，因此信令开销与网络上数据流的数量以及持续时间长短密切相关。另一方面，临时建立 LSP 需要占用一定时间，为了缩短等待时间、避免丢失数据分组，在 LSP 建立之前，各 LSR 仍然按照传统路由器的工作方式进行逐跳转发。

数据流驱动与控制驱动下的请求驱动方式都是将标记绑定给数据流，而不是路由表中的表项。请求驱动往往应用于特殊场合，能够支持任何粒度的数据流划分，其标记分配的粒度精细至单个数据流。而对于数据流驱动，LSR 仅仅依靠第三层分组头信息做出转发决策，粒度相对较粗。控制驱动与数据流驱动的对比如下。

(1) 数据流驱动是适时、按需生成和释放标记，而控制驱动是提前建立各节点之间的标记交换通道。

(2) 数据流驱动更节省标记资源，而且在建立标记交换通道时具有较大的灵活性。控制驱动会占用较多的标记资源。

(3) 由于数据流的变动性较大，其标记绑定的更新速率较快，所以会占用更多的网络资源来传递标记绑定信息。

(4) 由于数据流驱动是在数据分组到达后才开始建立标记绑定，在LSP建立以前，势必有一些数据分组需要以传统方式转发，这一方面要求设备要同时提供两种转发方式，另一方面也降低了数据业务流的整体转发效率。

3. LSP的维护

LSP建立后，需要有一定的机制来确定数据传输结束后是否拆除LSP，以释放标记资源，供其他LSP使用。采用的方式有软状态和硬状态两种。软状态要求系统周期性地更新LSP状态，如果长期无数据流通过，就自动拆除LSP。硬状态是指LSP一经建立就一直保持下去，除非有明确的拆除指令。

软状态适合于数据流驱动的LSP建立方式，从提高标记资源利用率的角度出发，按照一定时间段内是否有数据流经过LSP，来判断是否需要终止LSP显得更加实用。同时，判断周期的长短可以参照环境变化进行调整。而且，即使数据流在超时后并未真正终止也不会有太大影响，LSR完全可以将其视为新数据流进行处理。

软状态的缺点是需要不断地监测数据流状态，并刷新状态保持信息，这会消耗LSR中的部分资源。而且软状态对LSP的控制也不像硬状态那样直接、明确。

4. 对标记交换路径的理解

MPLS中的标记交换路径并非实际存在的物理电路，而是针对某一个FEC，由一连串LSR中对应的标记转发条目级联而成的逻辑通道。其实将LSP看成一条隧道更为合理，特别是当一个分组有多层标记的时候，也就是使用标记堆栈时，将其看成形象化的隧道更容易理解其工作原理。所以，对LSP的准确理解应该包括如下几条。

(1) 位于一条LSP入口的LSR，通过为特定的FEC_k分组添加新标记，使分组的标记堆栈深度由$N-1$层增加到N层。

(2) 当FEC_k的分组经过这条LSP的中间LSR时，标记堆栈深度一直保持为N，且这些LSR都依据第N层标记(即顶层标记)进行转发决策。

(3) LSP出口处的LSR对该类分组的转发决策，以第N层以下的标记或者IP分组头为依据。

由此看出，LSP不仅与特定FEC相关联，而且是针对标记堆栈中特定层次的标记，一条LSP中任意两个相邻的LSR，也必定是这一层标记的对等体。一个携带多层标记的分组将穿越多条 LSP，这些 LSP 不仅长度各异，而且起点和终点也无须相同。

如图 13-8 所示，属于转发等价类 k1 和 k2 的 IP 分组分别通过 LSR11 和 LSR21 进入 MPLS 网络，最终通过 LSR13 和 LSR23 离开 MPLS 网络。对于 LSR1、LSR2 和 LSR3 来说，有两种标记转发方式可供选择。一种方式是为每一个 FEC 分配不同的标记，并分别建立单独的 NHLFE(下一站标记转发条目)，另一种方式利用标记堆栈，保留 k1、k2 标记分组中原有的标记信息，并将相同的新标记压入堆栈顶，无须为 k1、k2 分别建立 NHLFE。

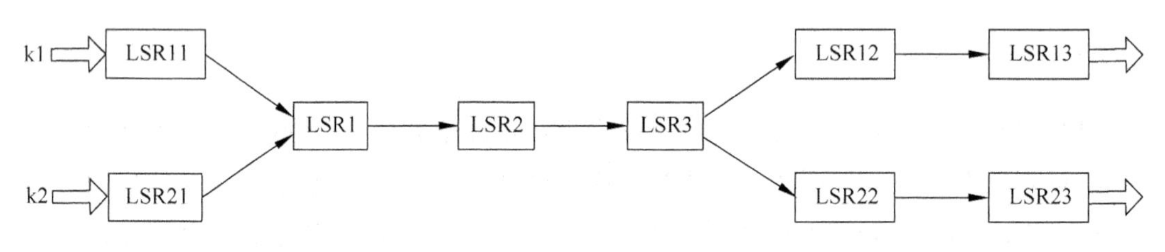

图 13-8　标记交换路径

如果采用第一种方式，在穿越整个 MPLS 网络过程中，k1 和 k2 中的分组都只需要携带一层标记，与此相对应的 LSP 分别是 LSP1：LSR11→LSR1→LSR2→LSR3→LSR12→LSR13 和 LSP2：LSR21→LSR1→LSR2→LSR3→LSR22→LSR23。如果采用第二种方式，在穿越整个 MPLS 网络过程中，k1 和 k2 中的分组将携带两层标记，其数据转发过程较复杂，下面以 k1 中的分组转发过程为例进行说明。

(1) 在 LSR11 处，属于 k1 的 IP 数据分组被封装为 MPLS 分组，标记堆栈深度为 2，顶层标记作为 LSR1 转发决策的依据，位于标记堆栈底层的则是 LSR3 将要使用的标记。

(2) 分组到达 LSR1 以后，LSR1 以其栈顶标记完成标记交换和分组转发，也就是以 LSR2 所期望的标记替换栈顶标记，并将分组转发至与 LSR2 相连接的端口。

(3) LSR2 的操作与 LSR1 的操作类似。

(4) 当分组到达 LSR3 后，栈顶标记被弹出，LSR3 依据分组的栈底标记在标记交换表中查找 NHLFE，并进行标记替换和数据转发，此时分组仅携带一层标记，被转发至与 LSR12 相连接的端口。

(5) 在 LSR12 和 LSR13 处均以底层标记为操作依据，所不同的是，LSR13 在除去分组的标记后，将根据 IP 分组头信息以及路由表选择下一跳路由器，也就是当分组离开 MPLS 域后，将按照传统路由器的工作方式进行逐跳转发。

由此不难看出，LSR11→LSR1→LSR2→LSR3 共同构成了对应于顶层标记的 LSP，而 LSR11→LSR3→LSR12→LSR13 所构成的 LSP 则对应于底层标记。这两条 LSP 拥有相同的起点、不同的终点。在 MPLS 网络中，高层标记所构成的 LSP 通常是作为低层的隧道存在，连接隧道两端的是下一层标记所对应 LSP 的相邻 LSR，就如同示例中底层

LSP 的相邻节点 LSR11、LSR3 正好是顶层 LSP 的两个端点。只有位于隧道入口和出口的 LSR 才有可能对不同层次的标记进行处理，执行标记压栈和弹栈操作。

在图 13-8 中，无论采用哪种标记封装方式，k1 中的分组都要穿越相同的物理路径 LSR11→LSR1→LSR2→LSR3→LSR12→LSR13。不同层次的 LSP 隧道之所以能够在相同的 LSR 中正常工作，就是因为标记分配协议能够支持层次化的标记交换机制，使两个标记分配的对等体无须在物理拓扑上直接相连。在上面的例子中，LSR11 同时与 LSR1、LSR3 建立了标记分配对等关系，分别对应标记堆栈的顶层和底层标记，由不同的进程处理。因此 LSR11 与 LSR3 之间的协商过程及其结果，对于 LSR1 来说都不可见，LSR1 所使用的 k1 类分组转发依据，只能是它与 LSR11 协商后，由 LSR11 封装的顶层标记。

13.5 MPLS 提供的服务

除了转发速率快、效率高以外，MPLS 技术的突出优势还体现在便于实现显示路由技术、支持流量工程以及服务质量保证机制等。在传统的 IP 网络中，路由器独立进行转发决策，相互之间很难采取协调一致的动作，加之受路由协议自身局限性制约，流量工程始终难以开展。IP 技术这些与生俱来的缺陷与其面向无连接的特性密切相关。与 IP 技术相比，MPLS 的优势在于它本身就是一种面向连接的技术，具有完善的信令系统，便于网络管理者对网络资源实施更加灵活的控制。在 MPLS 网络中，路由与转发相分离，复杂的控制与协商机制皆集中于 LSP 建立阶段，并不会影响转发效率。由于各类与转发决策有关的信息都是通过专门的信令在 LSR 之间传递，无须标记分组携带，因此监管及决策内容的丰富性不会受到分组头长度的限制。随着 Internet 的迅速发展，单纯依靠增加建设投资并不能完全解决用户需求与网络供给能力之间的矛盾，只有对网络资源实施更加灵活、有效的控制，提高其有效利用率，才能在满足用户需求的同时也提高运营商的盈利能力。

随着网络规模的进一步扩大，显示路由、流量工程、VPN、QoS 保证等关键技术能否便利实施，已成为判断网络优劣的重要依据。MPLS 为这些关键技术的顺利实施创造了便利条件，下面分别进行简要说明。

1. MPLS 的显示路由技术

在传统 IP 网络的逐跳转发方式中，路由器依据路由表做出转发决策，路由表中条目的产生、变更以及粒度大小取决于网络结构以及路由协议，所以路由表的构成因素比较简单。然而在实际运用中，即使是同一对收发地址之间传输的业务也会有不同的服务质量要求，而对于这种情况，传统 IP 网络的转发方式却不会有所变化，只要与某个路由条目中地址前缀相匹配的数据流都会被按照相同的方式转发。因此，很难实施差别化的服务需求。

MPLS 体系结构能够对 LSP 的建立过程实施强有力的控制，也就是实现所谓的约束路由。QOS 要求、流量调节要求等与网络资源分配有关的因素，都可以被用来作为建立 LSP 的依据，而显示路由只是其中一个子集。显示路由是指 LSP 在入口 LSR 处就已经确定，后续节点的转发依据来自入口 LSR 所提供的路径信息，也就是当数据分组进入 MPLS 网络的边缘节点后，经过 FEC 分类，其在 MPLS 网络中的路径就已经确定。

与逐跳路由相比，显示路由的优势在于能够提供定制的数据传输服务，允许将管理、运营、流量调节等方面的策略施加于特定的 LSP，允许按照各种业务的特性以及用户需求对网络资源进行灵活配置。也就是以各条 LSP 为单位，分别实施不同的控制策略，以适应不同数据流对传输服务的不同要求。

2. 基于 MPLS 的流量工程

流量工程从广义上可以定义为，出于某种目的而对流动性物体的运动所施加的影响和控制。流量工程并不是一个陌生的概念，城市交通中的信号和管制系统、长江上的巨型水坝等都是典型的流量工程例子。在那些拥有多部电梯的楼宇中，每部电梯可以通达的楼层往往不同，这种看似微不足道的安排其实也属于流量工程范畴。

互联网自诞生之日起，就一直处在高速发展之中。长期以来，尽管运营商在扩大网络规模、扩充链路容量等方面投入了大量的人力和物力，但用户对带宽的需求似乎永无止境，而网络承载能力的不足也始终为大家所指责。在经历了急剧扩张的阶段之后，网络运营商认识到，单纯依靠扩容不仅不可能解决所有问题，而且无法获得良好的投资回报，于是如何提高资源利用率成为关注的焦点，流量工程因此而受到更多关注。

在传统 IP 网络中，路由机制的局限性是造成资源利用率较低的一个主要原因。其路由选择的核心是最短路径优先（SPF）原则，在路由选择过程中仅考虑到目的地最短的路径，至于链路的承载能力以及数据流量特性则不作为路由决策依据。因此，在互联网中可能出现大量数据流同时经过一条链路的现象，或者在选中的最短路径中，某条链路并不具备所需要的承载能力。这些都会导致部分链路拥塞以及丢失率上升。其根本原因在于整个网络的负载不均衡，部分资源长期处于闲置状态，而另一部分资源又长期处于超负荷运行状态。要做到负载均衡，就需要在全网进行业务流的合理安排，而传统 IP 网络由于其基本机制的原因，很难做到这一点。

MPLS 技术出现以后，就为在传统 IP 网络中实施流量工程提供了一个较好的解决办法。由于 MPLS 是面向连接的技术，而且每条 LSP 都是显示路由，所以在建立新的 LSP

时，一方面知道目标需求，另一方面也清楚网络各处的资源使用情况，因此较容易对新的LSP进行合理安排，实现网络负载的均衡分布，最终提高网络的整体效率。也就是通过对每条LSP施加不同的影响和控制，使整个网络的流量分布更加合理、均衡。

3. 利用MPLS构造VPN

虚拟专网(VPN)并不是一个实际存在的网络实体，而是利用现有网络基础设施，通过资源配置以及虚电路建立的虚拟网络。尽管植根于公共网络，但VPN只为特定的企业或用户群体服务。这些用户可以拥有非常广泛的地理分布，甚至散落于世界各地，但使用者的感受却与置身本地专网没有区别。

为了达到专用网的要求，构建VPN需要保证资源的独立性以及安全性。所谓独立性就是指VPN的资源只能对内部用户开放，不允许承载任何未经授权用户的流量。两个属于同一个VPN、但相隔万里的用户路由器之间的数据传输，也许要经过数十个骨干网路由器的转发，但这一切对于VPN中的设备来说都是透明的，两个用户路由器之间依然可以像存在直接连接一样交换路由信息，本地路由表中不存在与骨干网设备地址有关的条目。如果需要发送数据，那么下一跳必定是另外一个用户路由设备的某个端口地址。在VPN内部路由器所保存的网络拓扑状态图中，骨干网络只是一条或几条链路而已。另外，骨干网络中的设备也无法区分哪些是VPN数据流。既然二者都在按照原有的方式工作，察觉不出对方的存在，那么必定需要某种技术在其中承上启下，这就是隧道机制，隧道是IP VPN的核心。事实上，MPLS VPN的实施很大程度上归功于MPLS与生俱来的隧道机制。MPLS通过为每个VPN分配一个标识符，将VPN的成员和一组标记相关联，从而实现在公共网络上构建一个逻辑专网的目标。

VPN技术为用户依托公共网络组建灵活多样、安全可靠的内部专用网络提供了极大便利。MPLS VPN并没有改变VPN的基本原则和机制，只是将MPLS和VPN两者的优势相结合，在网络的安全性、灵活性、可扩展性以及业务的QOS保证、流量工程管理等方面提供更好的性能。MPLS技术提供了类似于虚电路的标记交换业务，这种基于标记的交换可以提供类似于帧中继、ATM的网络安全性。同时MPLS VPN可以向客户提供不同服务质量等级的服务，也更容易实现跨运营商骨干网的服务质量保证。

此外，MPLS VPN存在所谓的N^2问题。如果一个机构有N个分支，这N个分支通过MPLS LSP连接，如果采用全互联的方式，就需要$N\times(N-1)$条LSP，这就是N^2问题。例如，一家大公司有100个办事处，要实现各个办事处的互联就需要9900条LSP，这种方式显然成本太高。如何减少LSP的数量，层次化逻辑拓扑是一种较常用的方法。

4. MPLS对QOS的支持

随着互联网规模的不断扩大以及业务种类的增加，简单的尽力而为服务已不能满足用户需求。虽然增加带宽是解决问题的重要措施，但代价高昂，且发挥作用的程度受到很多因素制约。相比之下，以提高资源利用率为目标的 QOS 技术更能面向用户的实际需求，且成本低廉、易于部署，可以贯穿于网络运营的各个阶段。

IP QOS 是指 IP 数据流通过网络时的性能，它所追求的传输目标是，数据分组不仅要达到其目的地址，而且要保证数据分组的顺序性、完整性和实时性，向用户提供端到端的服务质量保证。通过 QOS 保证机制，IP 网络可以按照业务流的类型或级别对其加以区分，并进行不同的处理。解决 IP QOS 问题的模型有综合服务模型(IntServ)和区分服务模型(DiffServ)。

综合服务模型能够为各种应用流提供可控、具备多级服务质量保证的传输服务。其原理是对每一个需要进行 QOS 控制的数据流，通过一定的信令机制，在经由的每一个网络节点(例如路由器)上预留资源，以便实施端到端的 QOS 保证。但是，互联网是一个面向无连接的网络，综合服务模型力图通过全程信令使其具备面向连接的特性，因此实现综合服务所希望的绝对服务质量并不现实。

区分服务也是 IETF 制定的 IP QOS 标准，并继承了综合服务的一些特性。但与综合服务模型相比，区分服务模型更符合互联网面向无连接的特性。它并不针对每一个业务流进行网络资源的分配以及 QOS 参数配置，也不使用专门的信令为用户数据流预留资源，而是采用一种更粗的粒度，将具有类似要求的一组业务流归为一类，由分组携带服务质量保证信息，并对同类业务采取相同的处理方式。

区分服务模型的基本实现机制是，由网络边缘设备根据用户和运营商达成的协议，将用户数据流所能获得的网络服务映射为标识代码，并植入 IP 分组头的服务标识字段。在网络的核心节点，路由器根据分组头上的服务标识字段进行操作。区分服务模型抛弃了沿着传输路径进行资源预留的方式，充分考虑了 IP 网络本身的特点，因此减轻了实现的难度。

当 MPLS 技术出现后，无论是综合服务模型还是区分服务模型，都变得更容易实现。对于综合服务模型，入口节点可以通过更加灵活的方式将 RSVP(Resource Reservation Protocol)流与标记绑定，LSR 通过标记就能够确定数据流的预留状态，很方便地实现 IntServ 所规定的各项服务。对于区分服务模型，MPLS 提供了多种支持方式，包括模拟 DiffServ 解决方案、基本 DiffServ 解决方案、多路径方法等。

综上所述，MPLS 能提供的服务及优点包括：通过有效实施流量工程以实现资源的最佳利用，能提供一定的 QOS 保证，支持显示路由、VPN、组播等，同时还增强了传统 IP 网络的可扩展性。由于可以对每条 LSP 实施不同的属性策略，使得在引进新业务时更具灵活性。

本章小结

MPLS技术是介于网络层与数据链路层之间的一种技术，其实质是把网络层连接映射为数据链路层连接，以简化传统路由器的工作方式，提高服务质量。本章首先介绍了MPLS网络中的重要概念及基本原理，然后从标记分配、LSP的建立等方面详细介绍了MPLS网络的关键技术细节，最后对MPLS所能提供的几种典型服务进行了说明。

本章的学习需要首先理解各个基本概念，并注意体会这些基本概念之间的相互关系，只有这样才能逐步理解网络工作过程中的各个环节，最终从总体上掌握MPLS网络的基本工作过程。需要说明的是，这里只是对MPLS技术及工作方式的粗略介绍，并不是MPLS技术的全方位展现，要了解更为详细的技术细节及方法，还需要查阅相关的技术资料和书籍。

思考题

1. MPLS相对于传统IP网络的优点是(　　)。
   A. 简化了网络设备的软件　　B. 提高了分组转发速率
   C. 提高了可管理性　　D. 增强了服务质量
2. 简述MPLS的基本工作过程。
3. 简述标签交换路径(LSP)的建立过程。
4. 说明以下术语的含义：LSR，LER，LSP，FEC，LDP。
5. 有哪几种LDP消息？它们的用途分别是什么？
6. 在一个节点配置一个标记交换表的情况下，能采用的标记分配方式有哪些？
7. 解释LSP与FEC的关系。
8. 一个标记边缘路由器不可能成为标记核心路由器，同样，一个标记核心路由器也不可能成为标记边缘路由器。这种说法正确吗？为什么？
9. 在MPLS网络中，如果标记交换路径(LSP)的建立采用数据流驱动方式，当数据分组到达时，是否能立即进行数据的传输，为什么？

参 考 文 献

[1] 韦乐平.光同步数字传送网.北京：人民邮电出版社，1998.

[2] 何一心，文杰斌，王韵，等.光传输网络技术——SDH与DWDM.北京：人民邮电出版社，2013.

[3] H. Jonathan Chao，Bin Liu. High performance switches and routers. Hoboken，New Jersey：John Wiley & Sons，Inc，2007.

[4] 刘颖，王春悦，周航.同步数字传输技术.北京：科学出版社，2012.

[5] 陈新桥，林金才.光纤传输技术.北京：中国传媒大学出版社，2015.

[6] 赵东风，彭家和，丁洪伟. SDH光传输技术与设备.北京：北京邮电大学出版社，2012.

[7] 龚向阳，金跃辉，王文东，等.宽带通信网原理.北京：北京邮电大学出版社，2006.

[8] 申普兵，李荣，王大力.宽带网络技术.北京：人民邮电出版社，2004.

[9] 糜正琨，陈锡生，杨国民.交换技术.北京：清华大学出版社，2006.

[10] 钱渊，刘振霞，马志强.宽带交换技术.西安：西安电子科技大学出版社，2007.